Dr. A. Winter

Angelsport

III. Teil

Flugangeln

Mit 66 Abbildungen

2. Auflage

Verlag von R. Oldenbourg, München und Berlin 1939

Beha-Druck von Breitkopf & Härtel in Leipzig

Vorwort.

Wie bei der Abfassung der vorhergehenden Bände hat mich auch bei diesem der Gedanke geleitet, der Anglerwelt ein Kapitel des Angelns als geschlossenes Ganzes zu widmen — diesen Band als erste Monographie des Flugangelns in deutscher Sprache.

Ich habe es allezeit her als beschämend empfunden, daß gerade der deutsche Angler, dessen Vaterland an der Spitze der Buchproduktion einer ganzen Welt steht, nicht einmal über ein einziges Buch dieser Art verfügen konnte, während in anderen Ländern hierüber schier ganze Bibliotheken existieren und immer neue Veröffentlichungen hinzukommen.

Die Flugangel, ihre Ausübung, die Geräte und Behelfe haben im Laufe der letzten Dezennien verschiedenartige Entwicklungen und Veränderungen durchgemacht, welche einzeln zu schildern weit über den Rahmen des Buches hinausgehen würde.

Ich beschränke mich daher darauf, in den vorliegenden Blättern dem Angler nur das Wissenswerte unseres Flugangelns von heute vorzutragen — es ist Stoffes genug. Ganz entgegen der erst vor kurzem in einem Fachblatt geäußerten Ansicht: „Wer bindet heute noch seine Fliegen selbst?" erwidere ich einfach: Ich. Und nicht nur ich, auch eine Reihe meiner Freunde am Kontinent und jenseits des Kanals, alle durch die Bank hervorragende Angler mit Namen, die in Anglerkreisen den besten Klang haben.

Nicht zu vergessen: Wir sind heute arm geworden, und manchem fällt es schwer, für gute Fliegen verhältnismäßig viel Geld auszulegen. Warum soll dieser Angelbruder sich seine Fliege nicht selbst binden können? Und warum soll der Gutgestellte das nicht aus Passion und Liebe zur Sache tun? Und ist es ein Fehler, sich eine Kenntnis oder Handfertigkeit anzueignen — notabene eine so nützliche, die einem oft aus unangenehmen Verlegenheiten helfen kann?

Infolgedessen bekämpfe ich die überhebliche und durch nichts begründete Meinung, daß der Flugangler der Kenntnis des Selbstbindens entraten könne, und lehre alle, die guten Willens sind, diese nützliche Fertigkeit und darf's kühnlich verraten, daß es mir noch jeder gedankt hat.

Mit Bedacht habe ich keine Fliegentafel in den Text aufgenommen.

In der Beschreibung habe ich außer den 28 angeführten Mustern, welche für den kontinentalen Bedarf völlig ausreichen, und vielfach auch dem des Auslandes bzw. der Übersee genügen, noch verschiedene Fliegensorten angeführt, die sich ebenfalls universell bewährt haben.

Wenn ich auch nicht die suggestive Wirkung farbiger Bilder verkenne, so verschließe ich mich anderseits nicht der Erkenntnis, daß diese ihrerseits verwirren, wenn des Gebotenen zuviel ist, und besonders dem Anfänger viel Kopfzerbrechen bereiten und ihn zu allerhand erfolglosen und oft kostspieligen Experimenten verleiten, bis er zu der Erkenntnis kommt, daß „wenig, aber passend" das Richtige ist.

Ich gestehe es ganz offen, daß ich in jungen Jahren eben jener Suggestivkraft unterlegen, den eben erwähnten Leidensweg des Anfängers auch gegangen bin, den ich meinen Lesern ersparen möchte.

Manch einer wird im speziellen Teile die Besprechung des Angelns auf den Lachs vermissen. Ich habe diese absichtlich unterlassen.

Vorerst einmal ist der Lachs heutzutage für unsere Gewässer ein Fisch, der im besten Fall nur noch Interesse für den Berufsfischer hat, soweit er überhaupt noch unsere Gewässer aufsucht bzw. darin noch die Möglichkeit hat, seinem Laichgeschäft zu obliegen.

Wer heute Lachse angeln will, der muß schon eine hübsch weite Reise machen und über mehr als durchschnittliche Mittel sowie über viel Zeit verfügen. Und das können heute wohl herzlich wenige.

An und für sich ist der Lachs und das Angeln auf ihn ein Problem, ein lebenslanges Studium, dem die prominentesten Angler Englands und Amerikas ergeben sind, die in mehr oder minder umfangreichen Werken ihre Erfahrungen niederlegten.

Selbst wenn man in seinem Leben ein paar Dutzend Lachse erbeutet hat, so hat man eben nur das Glück gehabt, angeln und Beute machen zu können — aber nicht mehr. Erfahrung und eigenes Urteil hat man darüber nicht und tut deshalb besser, gar nicht darüber zu sprechen, als allgemeine Anschauungen anderer wiederzugeben.

Es ist das genau so wie z. B. bei der — sagen wir — Auerhahn- oder Hochwildjagd. Es gibt eine Menge Jäger, welche im Laufe eines Lebens verschiedene Hahnen und Hirsche erlegt haben, geführt vom Jagdpersonal oder auf Treibjagden, und die trotzdem weder als Hahnen- noch als Hochwildjäger zu bezeichnen oder zu werten sind, obzwar sie sonst ganz sichere und weidgerechte Schützen sein mögen. Es fehlt ihnen eben die persönliche Erfahrung, das Studium des Wildes und die intime Kenntnis seiner Lebensäußerungen, kurz das, was eben zum Kriterium eines richtigen Hahn- oder Hochwildjägers gehört. Ein guter Schütze wird ohne besondere Schwierigkeit seinen ersten Hahn oder Hirsch weidgerecht zur Strecke bringen — und ebenso ein erfahrener Angler mit etwas Kaltblütigkeit auch seinen ersten schweren Lachs drillen und an den Gaff führen, schon gar, wenn er einen tüchtigen einheimischen Führer oder Begleiter zur Seite hat, wie sie an solchen Gewässern meist berufsmäßig ihre Dienste zur Verfügung stellen. Wer seine Forellengerte zu handhaben weiß, wird bald den Wurf mit der schweren Lachsrute gelernt haben und auch das Führen der Fliege erlernen und, wenn er Glück hat, ansehnliche Beute machen.

Aber ein „Lachsfischer" ist er deswegen noch lange nicht — wenigstens nicht in den Augen jener, welchen die „Knochen an der Wand" allein nicht imponieren. Und weil ich ein ehrlicher Mensch bin, gestehe ich unumwunden, daß ich selbst mir aus den eben erwähnten Gründen nicht die Berechtigung zuspreche, über ein Thema nicht anders zu schreiben als mit den Worten anderer oder aber anglerische Gemeinplätze wiederzugeben, welche für den Eventualfall gerade nur theoretischen Wert — wenn überhaupt einen — besitzen.

Ich rate daher meinen Lesern, welche in der glücklichen Lage sind, sich eine Reise in Lachsreviere leisten zu können, die Werke der englischen Autoren zu studieren — J. J. Hardy, Hutton u. a. m. werden ihnen die Erfahrungen eines reichen Anglerlebens vermitteln und auch hinsichtlich Ausrüstung und anderer Umstände den besten Rat geben.

Soweit mein Urteil über dieses Thema in Frage kommt, gebe ich den wohlgemeinten Rat, sich für ein so spezifisches Spezialgebiet von dem gewiegtesten Spezialisten des Faches ausrüsten zu lassen und, so sehr ich für den Gebrauch heimischer Erzeugnisse bin, sich diese Ausrüstung in England zu besorgen, wo jahrhundertelange Praxis und Erfahrung den Erhalt des Richtigen und Geeigneten verbürgen. Gerade die führenden englischen Firmen besitzen eine weitgehende Orientierung über die Eigenheiten der verschiedenen Lachsgewässer, teils aus eigener Kenntnis, teils durch den Verkehr und die Information ihrer Kunden, so daß man die Zusammenstellung einer Ausrüstung vertrauensvoll ihrer Hand überlassen kann.

Um wieder auf unsere heimischen Verhältnisse zurückzukommen, möchte ich dem Neuling in der Kunst des Fliegenfischens noch einige Ratschläge auf den Weg mitgeben:

Vor allen den, nicht an der ersten Ausrüstung allzusehr zu sparen und sich stets das Beste zu kaufen, was seine Verhältnisse erlauben — lieber eine solide Greenheartgerte als eine zweifelhafte Gespließte. Auch bei der Anschaffung der Rolle geize man nicht, aber schon gar nicht bei jener von Leine und Vorfach; diese beiden können nicht gut genug sein, und wer es mir heute nicht glaubt, wird bald die bittere Erfahrung machen, daß eine am falschen Orte ersparte Mark sich durch eine Unmenge von Ärger und Mißerfolg rächt.

Darum lege ich es dem Anfänger dringendst ans Herz, im Beginn seiner Laufbahn keine Experimente zu machen und nur bewährte Sachen bei bewährten Lieferanten anzuschaffen, wenn er sich nicht von Anfang an die Freude am Werk vergällen will.

Die Flugangel hat ein viel weiteres Feld und eine viel größere Verwendungsmöglichkeit, als man denkt und bisher glaubte, und selbst Gewässer, die keine Salmoniden beherbergen, geben mit der Fliegenrute mehr und feineren Sport als manches armselige Bergbächlein, in dem man Zwergforellen nur am Wurm erbeuten kann. Nicht zuletzt habe ich dieses Buch für den Grundangler geschrieben, um ihn dazu zu führen, am richtigen Platze Grundrute und Wurm mit der Fliegenrute zu vertauschen und seine Fische mit dem „Federeisen" zu betören. Er darf's mir getrost glauben: Ein Döbel oder ein Rapfen von halbweger Größe geben einen aufregenden Kampf an dem feinen Zeug und sind oft, besonders die ersteren, schwerer zu überlisten und zu erbeuten als knapp drittelmäßige Forellen. Und weil so viele Angelbrüder in Süd und Nord Gelegenheit haben, diesen feinen und eleganten Sport auszuüben, hoffe ich, daß sie mit Freuden meinem Hinweis Folge leisten werden und in Zukunft ebenso begeisterte Flugangler sein werden, wie sie bisher Grundangler waren.

Waldneukirchen, Frühjahr 1929.

Dr. August Winter.

Die Angelgeräte-Fabrik H. Stork-München stellte dankenswerterweise die Druckstöcke bzw. Originalvorlagen für folgende Abbildungen zur Verfügung: Abb. 1a, 1b, 2—9, 10a, 10b, 15, 16, 18, 19, 20, 22, 23, 25, 26, 28a, 28b, 30, 31, 37—40, 42—44, 54, 60.

Inhaltsübersicht.

I. Allgemeiner Teil.

II. Spezieller Teil.

I. Allgemeiner Teil.

Vom Wesen des Flugangelns.

Wenn es einen Sportzweig oder eine sonstige Betätigung gibt, welche den Ausübenden mit der Natur, ihrem Weben und Walten in innigste Beziehung setzt, ihn dabei gleichzeitig zur intensivster Beobachtung und logischer Denkart erzieht und außerdem noch die vollste Beherrschung und Vertrautheit mit dem Geräte erfordert, dann muß das Angeln mit der künstlichen Fliege an erster Stelle stehen.

„Triumph der Kunst über rohe Kraft“ nannte es Altmeister Heintz — ich nenne es das Hohelied der Angelkunst — eine Symphonie von Licht, Leben und Freude.

Es war vielleicht bei uns Deutschen eine zu engherzige Auffassung des Flugangelns, welches auch heute noch in den Augen vieler eine ausschließliche Beschränkung auf den Fang der Salmoniden bedeutet, die der Verbreitung dieser höchsten anglerischen Kunst im Wege stand, ganz zu Unrecht, wie ich später dartun werde. Diese Einschränkung führte naturgemäß zu einem Stagnieren, sowohl hinsichtlich des Stils der Geräteführung als auch in der Literatur, denn im Vergleich zu jener anderer Länder ist die unsere geradezu verschwindend klein und veraltet.

Bis in die letzte Zeit hinein war das Flugangeln beinahe ausschließlich ein Monopol der Salmonidenfischer, das breitere Anglerpublikum hatte vielleicht eine Ahnung davon, daß man auch andere Fische als nur Forellen und Äschen mit der Fliege erbeuten könne, aber es hatte keine Kenntnis von der Technik des Sportes und seiner Vielseitigkeit, und so blieb ihm dieser ein Buch mit sieben Siegeln. Zwar brachten die anglerischen Lehrbücher Hinweise auf den Fang der Nichtsalmoniden mit der Fliege, aber diese sozusagen „unter dem Strich“, so daß der Leser daraus in den allerseltensten Fällen eine Anregung schöpfte.

Gottlob, das ist heute auch anders geworden — Aufklärung durch die anglerischen Fachblätter und nicht zuletzt die Einführung und Veranstaltung von Wurfturnieren brachten da auch Wandel und neues Leben und halfen alte Ansichten zu Falle zu bringen und der Fliegenfischerei neue Jünger und Anhänger zu werben.

An sich ist ja das Prinzip des Flugangelns sehr einfach, darin gipfelnd, daß man dem Fische die Nachbildung eines Insektes als Köder darbietet. Dieses einfache Prinzip ist im Laufe der Zeit und der zunehmenden Entwicklung des Sportes teils ausgebaut, teils kompliziert worden, und so kam es mehr oder minder zwangsläufig zur Bildung zweier grundlegender Ansichten. Die eine davon begnügt sich mit dem Vorführen eines Kunstgebildes, das überhaupt nur Ähnlichkeit mit einem Insekte besitzt, die andere fordert kategorisch die exakte, naturgetreue Nachbildung des Insektes bis in die kleinsten Details von Körperform und Farbe. Die weitere Evolution bringt die Scheidung in zwei prinzipielle Verwendungsarten der Kunstfliege — das Fischen mit der „nassen" und das Fischen mit der „trockenen" Fliege.

Ehe ich zur eingehenden Besprechung dieser beiden Arten zu fischen schreite, will ich den Leser zunächst mit dem Wesen der Kunstfliege selbst bekanntmachen.

Wir haben die Bezeichnung „Fliege" in unseren Sprachschatz aufgenommen als Sammelbegriff für die Nachbildung nicht allein der Fliegen als solcher, sondern auch für die von Raupen, Heupferdchen, Käfern, ja sogar von Fischen. Wir verstehen darunter ein Gebilde, das aus Wolle oder Seide, Haaren und Federn oder anderem Material hergestellt, mit einem Angelhaken bewehrt ist und mehr oder weniger getreu die Form und Farbe seines Vorbildes nachahmt oder wiedergibt. Dementsprechend tragen die Gebilde auch die Namen des Orignales, wie Erlenfliege usf. Da sowohl das Fischen mit Kunstfliegen als auch die Erzeugung derselben in England auf die höchste Stufe gebracht wurde, lange bevor beides bei uns populär ward, so hat sich auch die englische Namensgebung bei uns eingebürgert, und auch erst in letzter Zeit denkt man daran, daß man die Fliegen ebensogut bei ihrem deutschen Namen nennen könne, erst recht, weil es auch naturgeschichtlich dieselben Fliegen sind, die sowohl bei uns wie jenseits des Kanales vorkommen.

Die an sich schon stattliche Zahl der Nachbildungen wirklicher Insekten wird noch überreichlich vergrößert durch jene der sog. „Phantasie"-Fliegen (Fancy flies), die zwar die Form einer Fliege o. dgl. kopieren, aber Farbenzusammenstellungen aufweisen, die in der Natur nicht vorkommen.

Typische Vertreter dieser Kategorie sind die „Lachs-" oder „Glanz"-Fliegen, welche angeblich Meerestiere imitieren sollen, welche Ansicht aber von vielen nicht geteilt wird.

Eine viel diskutierte Frage, deren Beantwortung noch immer nicht exakt und einwandfrei gelang, ist die: „Wie sieht der Fisch die Fliege — besser: Als was sieht er sie?" Sieht der Fisch Farben oder ist er farbenblind, d. h. kann er nur Helligkeitswerte unterscheiden? Und in letzter Konsequenz: ist der Fisch wirklich so erfahren (der Engländer nennt es „educated"), daß er Fliegenarten und Details ihrer Körper als echt oder falsch mit Sicherheit ansprechen kann?

Einige Forscher haben die letztere Auffassung vertreten und experimentell festlegen wollen, andere wieder bekämpfen sie als unrichtig.

Es kann nicht im Sinne und im Rahmen des Buches liegen, Beweise und Gegenbeweise zu zitieren, noch weniger, zu dieser Frage Stellung zu nehmen in dieser oder jener Richtung. Das bleibe den Berufsichthyologen und deren Fachpresse vorbehalten.

Nach meinen Erfahrungen und Beobachtungen bin ich zu einer anderen Auffassung dieser Frage gekommen.

Vor allem einmal sieht der Fisch im Wasser und durch dasselbe Gegenstände und Farben unter Beleuchtungs- und Brechungsverhältnissen, welche von unserem Sehen grundverschieden sind, welche sich mit seinem jeweiligen Stande näher der Oberfläche, im Mittelwasser oder am Grunde ändern und auch durch die jeweilige Helligkeit oder Trübung des Wassers sowie des Außenlichtes beeinflußt werden.

Selbst wir Menschen sehen verschiedene Dinge unter gewissen Beleuchtungsverhältnissen in anderen Farben, als jene sie wirklich haben. So erscheint z. B. unter gewissen Bedingungen eine an sich graue Felswand bläulich oder grünlich, sogar schwarz. Nun müssen wir berücksichtigen, daß wir nahezu alle Dinge im auffallenden Lichte sehen und zu beurteilen gewohnt sind, und auch unser Sehapparat daraufhin eingestellt ist. Der Fisch hingegen sieht alles im durchfallenden Lichte, wozu noch Reflexe und Brechungsvorgänge innerhalb des Wassers hinzutreten, die sich unserer Berechnung entziehen, auf welche aber der Sehapparat des Fisches eingestellt ist. Da wir die Fliegen usw. im auffallenden Lichte gesehen, nach unserem eigenen Farbenempfinden kopieren, ist es anderseits nicht nur allein möglich, sondern vielmehr höchstwahrscheinlich, daß der Fisch unter seinen Sehbedingungen die ihm vorgeführte Farbe ganz anders beurteilt als wir.

Sehr interessante Untersuchungen und Beobachtungen hat in dieser Hinsicht der englische Angler J. W. Dunne in seinem Buche „Sunshine and the Dry Fly“ beschrieben. So kommt er unter anderm zu dem Resultate, daß z. B. der Körper einer Olive, also eines eigentlich graubraunen Insektes, im durchscheinenden Lichte bernsteinfarbig scheint; andere Fliegenarten zeigen wiederum andere Farben, wovon man sich selbst überzeugen kann, wenn man sich die Mühe nimmt, das Gesagte nach der Anleitung des Verfassers nachzuprüfen.

Es wäre demnach als Folgerung daraus dahin zu streben, die Fliegen so herzustellen, daß sie im durchscheinenden Lichte dem Fische die richtige Farbe zeigen, wenn man Wert darauf legt, unbedingte Naturtreue wiederzugeben.

Als Einschränkung dazu muß ich bemerken, daß es sich in diesem Falle ausschließlich um sog. „Trockenfliegen“ handelt, welche dem Fische nur auf der Wasserfläche schwimmend, vorgeführt werden.

In dieser Auffassung Dunnes wäre ja eine plausible Lösung der Farbengebungsfrage zu finden, wenn wir eine Kontrolle des optischen Apparates des Fischauges durchführen könnten. Solange wir aber das zu tun nicht imstande sind, bleiben wir auf Annahmen und Vermutungen angewiesen. Zu diesen rechne ich auch die allenthalben wiedergegebene Behauptung von der „Kurzsichtigkeit" des Fischauges im Ruhezustande. Nach meinen Erfahrungen, die ich mir in einem langen Jägerleben erworben, gibt es in der freien Natur kein „kurzsichtiges" Tier, schon am wenigsten unter jenen Arten, die von Feinden aller Art umringt, den Kampf ums Dasein führen müssen, ebensowenig wie es unter primitiven Naturvölkern, welche unter gleichschweren Existenzbedingungen leben, keine Kurzsichtigkeit gibt, im Gegenteil, alle Sinne sind zu einer Schärfe und Empfindlichkeit entwickelt, welche uns Kulturmenschen längst verloren gegangen ist.

Ebensowenig bin ich von der Farbenblindheit des Fisches überzeugt, trotz der gegenteiligen Behauptungen verschiedener Autoren. Das Phänomen der Farbenblindheit ist noch nicht einmal beim menschlichen Organismus erklärt, wie könnte man das vom Fischauge, dessen optische Mechanik wir noch zu wenig kennen, behaupten, und das nur auf Grund von Experimenten im Aquarium, die unter willkürlich geschaffenen Bedingungen durchgeführt wurden, welche in der Natur nicht vorkommen.

Auch erscheint es mir nicht beweiskräftig genug, daß die Fische auf grüne und rosafarbige Fliegen bissen, zu dem an einem Tage, an welchem sie auch auf die landläufigen „naturgetreuen" Nachahmungen gingen. Es ist ebensogut anzunehmen, daß sie nach irgendeiner anderen beliebigen Phantasiefliege gestiegen wären, wie man das so oft beobachten kann, wenn man sich die Mühe nimmt, zu Versuchszwecken eine solche Fliege ins Vorfach zu binden oder es an Tagen erleben kann, an welchen man mit den erprobtesten Mustern keinen Fisch zum Steigen bringt; schließlich bindet man aus Verzweiflung das ausgefallenste Exemplar einer Fliege von unmöglicher Größe und Farbe ein — und siehe da — man fängt Fisch über Fisch.

So interessant diese Fragen und ihre Lösungen vom wissenschaftlichen Standpunkte sind, für den Angler in der grünen Praxis haben sie nur bedingten Wert — andernfalls müßten wir alles, was sich in jahrzente- und jahrhundertelanger Praxis bewährt hat, über Bord werfen, ohne dafür vollwertigen Ersatz zu haben.

Gerätekunde.

Gerte, Rolle und Schnur.

Entgegen der bisherigen Gepflogenheit habe ich diese drei in ein Kapitel zusammengezogen, denn wie in keinem anderen Zweige des Angelns bilden sie eine organische Einheit von solcher

Untrennbarkeit, daß Unstimmigkeit in auch nur einem Teile die Wirksamkeit dieser Dreieinheit empfindlich zu stören imstande ist, ja sogar das klaglose Zusammenarbeiten direkt aufheben kann. Vor allem müssen diese drei Geräte hinsichtlich Gewicht und Volumen zueinander harmonisch abgestimmt sein, welche Tatsache ich bisher in keinem Lehrbuche betont fand, abzwar es eigentlich ein fundamentaler Grundsatz ist.

Und weil so viele und besonders die Neulinge im Flugangeln dieses Grundgesetz nicht kannten, haben sie nie die schöne Kunst richtig erlernt, vielfach aber an der Möglichkeit des Erlernens verzweifelt und es aufgegeben.

Darum betone ich es an dieser Stelle nochmals, ehe ich zur detaillierten Beschreibung der Geräte übergehe: Gerte, Rolle und Leine müssen nach Gewicht und Volumen zueinander stimmen, andernfalls gibt es keinen korrekten Wurf, d. h. zu einer schweren bzw. steiferen Gerte gehört eine dementsprechend schwere und körperhafte Leine und umgekehrt eine solche leichtere und feinere zu einer leichten bzw. weichen Gerte. Die Rolle legt durch ihre Größe und ihr Gewicht die richtige Schwere hinter die Hand, wodurch die Wurfbewegungen unterstützt werden, wie in einem späteren Kapitel gezeigt wird, wobei es gleich gesagt sein soll, daß in allen Fällen eine schwere Rolle von Vorteil ist, selbst bei der Führung einer Gerte von sog. „Federgewicht".

Wenn ein Neuling den Katalog einer größeren Handlung in die Hand nimmt, so wird er verwirrt durch die Menge des Gebotenen — vor allem in der Auswahl des Materials —, vom Eschenholz bis zum gesplißten Bambus.

Zu seiner Orientierung möchte ich ihm zwei Leitsätze auf den Weg geben: Der erste lautet: „Kaufe dir die beste gesplißte Gerte, die für Geld zu haben ist! Hast du aber nicht soviel, um eine „Gesplißte" zu kaufen, dann kaufe dir die beste aus Greenheart, die dir erreichbar ist." Der zweite Satz mag vielleicht hochtrabend klingen, aber jeder hat seine Wahrheit früher oder später einsehen gelernt: „Gesplißter Bambus ist alles, alles andere ist nichts." Allerdings darf man unter „gesplißtem Bambus" keinen Massenartikel verstehen, wie er besonders aus Amerika auf den Markt geworfen wird zu Preisen, die sich nie mit der Solidität und Qualität auch nur bescheidener Grade vereinen lassen. Gottlob, unsere deutsche Industrie bringt heute gesplißte Gerten heraus, welche Qualität mit erschwinglichen Preisen vereinen. „Billig" kann eine gute Gesplißte nie sein, außer auf Kosten ihrer Qualität — das muß man stets vor Augen halten —, dafür aber kann eine gute Gesplißte ihren Besitzer überleben, mindestens ihm aber lange Jahre eine treue Gefährtin sein. Selbstverständlich nur unter der Voraussetzung, daß sie mit Verständnis, Liebe und Sorgfalt gepflegt und behandelt wird.

Darum kaufe man solche Gerten nicht in der Eisen- oder Galanteriewarenhandlung, sondern direkt vom Erzeuger oder in einem soliden Spezialgeschäft für Angelgeräte.

Unendlich viel Sorgfalt und Arbeit ist nötig, um gute Gerten herzustellen. Schon die Wahl des Materiales: der Bambus — eigentlich eine Grasart — wächst wohl in verschiedenen Ländern, doch seine Qualitäten sind nach seiner Provenienz, Klima und Bodenverhältnissen und Jahrgang ebenso verschieden wie die von Tabak, Wein und anderen Bodenprodukten. Schon in der Wahl des Rohmateriales bekundet sich die Solidität und Erfahrung des Erzeugers, denn nur das Beste vom Besten darf verwendet werden.

Die Stärke des Bambus liegt nur in der außerordentlich zähen, harten Rinde, die weichen Markteile müssen soviel als möglich ausgeschaltet bleiben. Aus einem geeigneten Stücke werden nun dreieckige Splissen geschnitten, diese werden verhobelt und derart zum Sechskant zusammengesetzt, daß das Stück zwar eine richtige Verjüngung erhält, aber die Knoten, welche vorher abgeschliffen werden mußten, nicht aufeinanderfallen, sondern richtig in Abständen sich über die Länge verteilen. Das ist im Interesse der Haltbarkeit der werdenden Gerte außerordentlich wichtig — und beim Einkaufe achte man peinlich darauf. Es werden auch achtkantige Gerten gebaut, doch diese fast nur auf Bestellung. Die erprobte und allgemein benützte Form ist die des Sechskantes.

Die Splissen müssen peinlich genau in den Kanten aneinanderliegen, dürfen weder klaffen noch sich überragen. Dieses Zupassen ist eine Arbeit, welche äußerste Akuratesse verlangt, denn Differenzen von der Dicke eines Zigarettenpapiers können eine Splisse unbrauchbar machen, da sich Bambus nicht wie Holz durch Nachhobeln korrigieren läßt. Unsolide Erzeuger machen sich allerdings kein Gewissen daraus, überragende Kanten zu überhobeln, wodurch die Kieselrinde verloren geht, oder die Spalten zwischen klaffenden Splissen mit Kitt zu verschmieren, Kniffe, welche durch Lack und Bindungen maskiert werden. Bei oberflächlicher Betrachtung durch den weniger Erfahrenen wird dieser Vorgang nicht erkannt, aber im Laufe der Zeit kommt er doch ans Tageslicht.

Gerten unbekannter Herkunft, die sich durch auffallend viele und breite Bindungen auszeichnen, sind immer auf minderwertige Arbeit oder gar Materialfehler verdächtig! Von großer Wichtigkeit ist es auch, daß das Handstück durch den ganzen Griff hindurchgehend einheitlich gesplißt sei und nicht nur in diesen mehr oder weniger tief eingelassen sei.

Die zugepaßten Splissen werden durch einen Leim verbunden, der zwei Bedingungen erfüllen muß: erstens absolut wasserdicht und zweitens derart elastisch sein muß, daß er auch beim forciertesten Biegen der Rute nicht springt oder nachgibt.

Manche Fabriken erzeugen als Spezialität Gerten mit Stahleinlage, d. h. die Splissen sind um ein Mittelstück aus Federstahl gruppiert. Diese Gerten sind wohl widerstandsfähiger, aber auch um 20—28 g schwerer als jene ohne Einlage, welche nebenbei gesagt selbst bei Lachsgerten nicht durch das Spitzenstück, sondern nur durch Hand- und Mittelteile geht, — und ganz erheblich teurer. Ich muß gestehen, daß ich persönlich auf sie verzichte, denn mir ist noch nie eine gesplißte Gerte ohne Einlage durch einen Fisch gebrochen worden — nicht einmal eine Spitze —, wer sich aber erhöhte Sicherheit verspricht und die Mehrauslage und das Mehrgewicht nicht scheut, möge sich sie kaufen.

Die einzelnen Teile werden durch Hülsenpaare verbunden. Der Beschaffenheit und Anbringungsweise der Hülsen ist ein ganz besonderes Augenmerk zu widmen, denn davon hängt ein gutes Teil der Lebensdauer und Funktion der Gerte ab.

Die Hülse muß an dem jeweiligen Gertenteile sitzen wie ein gut passender Glacéhandschuh, d. h. sie darf weder zu weit sein noch zu eng. Im ersten Falle zeigt sich die Differenz der beiden Teile durch ein mehr oder weniger breites Abstehen vom Holze, im anderen Falle aber ist das Übel nicht ohne weiteres kenntlich, sondern äußert sich erst im Gebrauche, meist erst dann, wenn die Gerte an der Hülse bricht, was oft geschieht, wenn man bloß die Wurfschwingungen macht.

Aber auch die Art und Weise, wie die Hülse auf das Holzteil aufgesetzt ist, zeigt große Verschiedenheiten, über die informiert zu sein von Nutzen ist.

Bei den runden Holzgerten oder solchen aus Vollrohr, welche an sich stärker im Körper sind, ist das korrekte Ansetzen der Hülse keine allzugroße Kunst, wenn auch da genaues Anpassen und Akuratesse in der Arbeit verlangt wird. Anders aber liegt die Sache bei den kantig gesplißten Teilen; diese verlangen an und für sich schon speziell geformte Hülsen, deren ein Teil, der Form des Gertenteiles entsprechend, ebenfalls die Sechskantform besitzen muß. Um einerseits die Hülse im Gewicht leichter zu gestalten, anderseits ein gutes Anliegen an das Teilende zu erzielen, verwendet man bei den Gerten besserer Qualität die ausgezackten Hülsen (serrated ferrules), welche gegen die Enden zu verlaufend geschliffen sind. Dieses Verlaufen bis zur Papierdünne ist nicht allein zum Zwecke des glatten Anliegens gemacht, sondern es gibt der an und für sich starren Hülse eine gewisse Elastizität und paralysiert zum Teile die Schäden, welche die starre Verbindung der einzelnen Teile schafft. Diese ist nämlich ein „Ort des geringen Widerstandes“, eine bekannte physikalische und technisch begründete Tatsache, die sich aber leider nicht ganz aus der Welt schaffen läßt. Es ist weder schön noch übermäßig vorteilhaft, wenn die Hülse zu weit ist und ihr Haften an der Verbindungsstelle durch dicke Lagen Leim, ev. noch einer Unterlage bewirkt wird, denn mit der Zeit wird diese Verbindung ausbröckeln und die Hülse sich vom Holze trennen, aber viel schlechter und direkt gefährlich ist eine zu enge Hülse. Schlechte und ungenaue Erzeuger machen sich wenig Gewissensbisse darüber, die Kieselrinde einfach abzunehmen und die Hülse auf das weiche, kraftlose Mark aufzusetzen — von außen sieht man das nicht und die schöne Seidenbindung am Ende der Hülse deckt ev. über diese hinausgehende Verletzungen der Epidermis schonend zu. Hauptsache — der schöne

Verlauf der Gerte ist nicht gestört und der Käufer wird erst nach geraumer Zeit des Schadens gewahr. Zu manchen Gerten, besonders amerikanischer Provenienz von jener Sorte, die vor dem Kriege den Kontinent überschwemmte, konnte man beobachten, daß die Hülsen an das Holz direkt angewürgt waren. Einfach ist ja so eine Befestigung und schnell herzustellen, aber das Holz unter ihr wird direkt abgewürgt und über kurz oder lang erfolgt der berüchtigte und gefürchtete „Bruch in der Hülse". Dieses Abwürgen der Holzfaser erfolgt aber auch, wenn eine zu enge Hülse „heiß" aufgesetzt wird, wozu noch unter Umständen als weitere Schädigung das Versengen der Faser hinzutritt, wenn die Hülse zu stark erhitzt wurde. Ein gutes Hülsenpaar muß so exakt kalibriert und eingeschliffen sein, daß ein Teil im andern saugend gleitet und beim Auseinanderziehen ein leichter Knall, wie der einer sog. Stöpselbüchse, entsteht. Sowohl zu diesem, wie zum Ineinanderschieben soll keine nennenswerte Kraftentfaltung nötig sein. Schlecht kalibrierte Hülsen schlottern oder klemmen. Das Klemmen tritt manchmal im Gebrauche ein, wenn die Metallteile die Politur verloren haben und Fett oder Staub in der offenen Hülse einen klebenden Belag bilden. Diesen Übelstand behebt aber sofort ein Reinigen bzw. Nachpolieren. Eine weitere Ursache des Klemmens im Gebrauche ist das Verschlagen der Hülsen durch Sturz, Aufschlagen usw., besonders dann, wenn die Schutzzapfen der offenen Hülsen fehlen — dann müssen die Hülsen nachkalibriert werden, was man aber wenn nur irgend möglich vom Fabrikanten oder aber doch wenigstens von jemand machen lassen soll, der etwas von der Sache versteht. Um den Hülsen, d. h. dem eingeschobenen Teile einen besseren Halt zu geben, wird dieser vielfach mit einem dornartigen Fortsatz oder Zapfen ausgestattet, welcher in eine entsprechende Aussparung des entgegengesetzten Gertenstückes innerhalb der offenen Hülse eingreift. — Ob das ein Vorteil ist? Ich bezweifle es. — Unter allen Bedingungen bedeutet es aber eine Schwächung des von dem unteren Ende der offenen Hülse umschlossenen Holzes, vor allem aber eine erhöhte Möglichkeit, daß mit der Zeit Feuchtigkeit in dieses eindringt und es nach und nach zum Verstocken und Faulen bringt. Man kommt immer mehr von dieser sog. Verzapfung ab, und die ersten Angelgertenbauer Englands und Amerikas versehen ihre Gerten fast nur mit glatten, zapfenlosen Hülsen.

Um das Herausgleiten der Hülsenteile zu verhindern, hat man verschiedene Versicherungen erfunden, wie das „Lockfastjoint", einen „Bajonettschraubenverschluß" oder das „Stud lock" (Abb. 1a u. 1b), einen „Springknopfverschluß" u. a., die aber insgesamt zwar die Hülsenteile unnachgiebig fest verbinden, jedoch sowohl oft das Gewicht der Gerte als auch ihren Preis erhöhen, letzteren oft nicht unbeträchtlich.

Trotzdem muß gesagt werden, daß das altehrwürdige „Sucking joint", wie die Engländer das saugend ineinandergreifende Hülsenpaar nennen, in exakter Ausführung allen, auch den höchstgespanntesten Anforderungen an Dauerhaftigkeit und Sicherheit genügt, auch bei jahrelangem, intensivem Gebrauche, allerdings immer unter der Voraussetzung exaktester Arbeit.

Wer sich die Mühe nimmt, die Hülsen und Zapfen nach Gebrauch stets sauber und trocken zu halten, damit sie nicht die Politur verlieren, und nicht vergißt, außer Gebrauch und beim Transport die Schutzzapfen einzuschieben — in neuester Zeit bringt die Firma Hardy Bros auch Schutzzapfen für die geschlossene Hülse in den Handel, welche diese vor Verschlagen und Verschmutzung beschützen und gleichzeitig fetten sollen —, der wird über mangelhaftes oder gestörtes Funktionieren seiner Hülsen nie zu klagen haben. Die erwähnten Schutzkappen finde ich sehr praktisch und empfehlenswert und führe sie auch an meinen Gerten. Es wäre wünschenswert, wenn dieselben auch von unseren Fabrikanten akzeptiert und erzeugt würden.

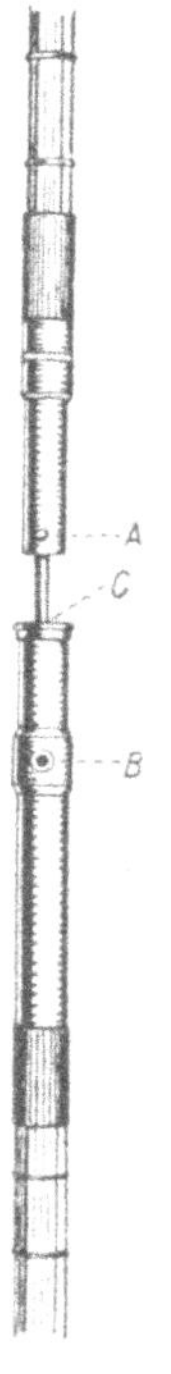

Abb. 1 a.

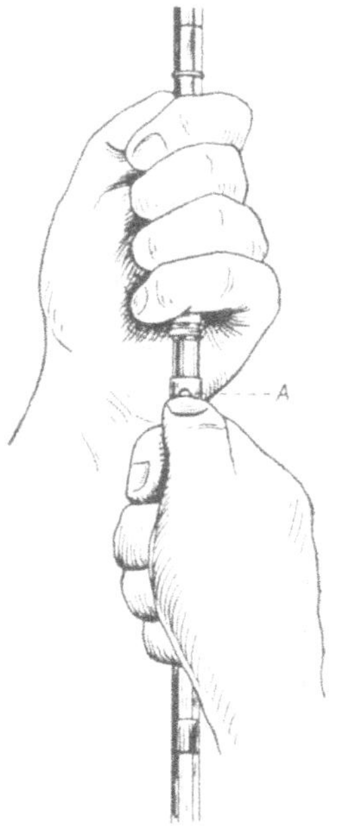

Abb. 1 b.

Nach Storks „Gerätekunde und Katalog".

Die Gertenteile sind mit mehr oder weniger zahlreichen Bindungen aus Seide versehen; diese scheinen aus der Kinderzeit der Erzeugung von gesplißten Ruten zu stammen, als man scheinbar noch nicht den richtigen Leim erfunden hatte oder wenn schon, man seiner Haltbarkeit nicht zu trauen schien und daher die Bindungen anbrachte, um ein Auseinandergehen der Splisse zu verhindern. Daß sie vollkommen überflüssig sind, beweist der Versuch der berühmten amerikanischen Firma Leonard, Gerten ohne jede andere Bindung herzustellen als jenen, die zum Befestigen der Ringe nötig sind — und dieser Versuch ist glänzend gelungen; die Voraussetzung dafür ist aber einzig und allein eine außerordentliche Güte des Leimes.

Gerten unbekannter Herkunft zeigen gerne ein Zuviel an Bindungen, was immer den Verdacht erweckt, daß durch sie irgendwelche innere Mängel verdeckt werden sollen. Buntfarbige Bindungen in allen Farben des Regenbogens halte ich für eine Geschmacklosigkeit.

Das Führen der Leine von der Rolle zur Spitze wird durch Ringe besorgt, welche vom Handteil gegen jene zu an Größe abnehmen, dafür dichter angeordnet sind. So sehr ich gegen eine Überzahl von Ringen bin, so bekämpfe ich anderseits die neuererseits von Amerika propagierte Tendenz, ihre Zahl bis aufs äußerste zu reduzieren. Bei der Feinheit und Leichtigkeit der Ringe an der Fluggerte kommt es wirklich auf zwei oder drei mehr nicht an,

Abb. 2.
Aus Storks „Gerätekunde und Katalog".

Abb. 3.
Aus Storks „Gerätekunde und Katalog".

deren Fehlen sich aber in einer ungleichen Beanspruchung der Teile äußert, wenn die Gerte sich biegt, ebenso in einer größeren Reibung der Leine, worin ich für letztere auch keinen Vorteil erblicke.

Die alten aufrecht stehenden Ringe aus Messing sind heute nicht mehr in Verwendung, ebenso die in früheren Jahrzehnten vielfach beliebten „liegenden" Ringe. Billigere Gerten werden mit den altbewährten Schlangenringen ausgestattet; vorzuziehen sind aber die eigentlich nur wenig teuereren Brückenringe (Abb. 2), welche nicht nur einen besseren Durchlauf der Leine gestatten, sondern auch absoluten Schutz gegen jede Verschlingung derselben an und um die Ringe gewähren. Den ersten Ring am Handteil (Abb. 3) und den Spitzenendring (Abb. 4) soll man schon aus Rücksicht für die Schonung und Erhaltung der Leine mit Achatfutter versehen wählen, zumindest aber den letzteren, da in ihm die Reibung der Schnur am größten ist. Für kräftigere Gerten ist es empfehlenswert, die ganzen Ringe mit Achatfutter zu nehmen; sie sind allerdings etwas schwerer und, was ich nicht leugnen will, etwas gebrechlicher als die usuellen Brückenringe. Selbstredend kosten sie auch etwas mehr und kommen wirklich nur für Gerten höchster Qualität in Frage, bei deren Anschaffung es auf ein paar Mark mehr oder weniger nicht mehr ankommt.

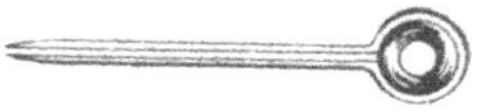

Abb. 4.
Aus Storks „Gerätekunde und Katalog".

Da das unterste Ende einer gesplißten Gerte zu dünn ist, um es allein in der Hand halten zu können, versieht man es mit einem Griffstück — je nachdem aus Holz, Zelluloid oder Kork —; wichtig ist, daß das Handstück in der ganzen Länge durch den Griff hindurchgehe und nicht bloß darin ein Stück eingesetzt sei.

Holzgriffe sind im allgemeinen nicht mehr viel im Gebrauch, am besten eignet sich Zedernholz dazu, das zähfaserig und doch verhältnismäßig leicht ist. Zelluloid ist das Material für die billige Handelsware, es ist hart in der Hand zu halten und macht heiß.

Bessere Gerten haben durchweg Griffe aus Kork, und zwar aus Vollkork, nicht aus Kunstkork. Weder die Form noch die Beschaffenheit des Griffes sind als belanglos für die Handhabung der Gerte anzusehen. Ob der Griff walzenförmig oder nach der Hand modelliert (sog. Fassongriff) ist, bleibt an sich gleich, obzwar ich aus vielen Gründen, die ich später erörtern will, das letztere vorziehe, aber von dem einen wie von dem anderen muß unbedingt verlangt werden, daß er selbst bei den allerleichtesten Gerten genügend lang sei und „Fleisch" habe, um bequem in der Faust zu liegen, damit nicht im Verlaufe der Wurftätigkeit sich das unangenehme Krampfgefühl in den Fingern einstelle, welches ein gutes Werfen überhaupt unmöglich macht.

Manche Fabrikanten von „leichten" Gerten glauben die Gewichtsersparnis dadurch zu erzielen, daß sie den Griff hauchartig dünn machen — das ist ein Fehler und zeigt von geringem Verständnis des Erzeugers für das, worauf es bei der Sache ankommt.

Hinter dem Griff, manchmal an ihm selbst, ist die Vorrichtung für das Befestigen der Rolle angebracht. Die beste und einfachste ist die sog. „Hold-All". Gegenüber den fix eingebauten Rollenkasten hat sie den nicht zu unterschätzenden Vorteil voraus, daß sie jede Rolle, ob mit breitem oder schmalem, dickem oder dünnem Rollenfuß gleichmäßig fest und unverrückbar hält, daher die Verwendung jeder beliebigen Rolle gestattet. Wer eine Rollenbefestigung wünscht, welche die Rolle unter allen Bedingungen festhält, dem empfehle ich den Rollenschraubenverschluß von Hardy Bros, der in drei verschiedenen Ausführungen geliefert wird (siehe Fig. 46). Die Vorrichtung ist ingeniös und einfach. Wie die Abb. zeigt, ist die eine Zunge des Rollenfußes in einer Hülse am Fuß eingeschoben, die andere wird von dem doppelten Schraubringe festgeklemmt, so daß ein Lockerwerden oder Herausfallen ausgeschlossen ist. Als Abschluß des Griffes liebe ich einen einfachen Gummiknopf, vielfach ist aber auch noch der Erdspeer im Gebrauche, dessen einziger Vorteil höchstens darin liegt, daß man die Gerte bei Nichtgebrauch in die Erde stecken kann, d. h. wenn man nicht gerade in ausgesprochenem Felsenterrain angelt, wo auch dieser Vorteil illusorisch wird. Ansonst ist er ein Hindernis, das sich mit Vorliebe in Ärmeln usw. verankert. Ich habe mich schon längst von ihm losgesagt und vermisse ihn wirklich nicht; will ich die Gerte aus der Hand legen, so findet sich doch immer etwas, um sie daran zu lehnen; im äußersten Falle lege ich sie mit der Spitze über das Wasser hinaus ans Ufer, um sie vor einem Getretenwerden zu beschützen.

Die Firma Hardy hat — der Vollständigkeit halber sei es erwähnt — eine sinnreiche Kombination von Gummiknopf mit dem versenkbaren Speer in den Handel gebracht, allerdings ist die Vorrichtung verhältnismäßig kostspielig und scheint jenseits des Kanales sich keiner besonderen Bevorzugung zu erfreuen, wenigstens nach der Tatsache zu schließen, daß Hardy sie nicht einmal bei den teuersten Gerten liefert, sondern nur auf Wunsch gegen separate Berechnung anbringt.

Die unentwegten Anhänger des Erdspeeres rühmen ihm auch noch die Eigenschaft nach, das hinter der Hand liegende Gewicht der Gerte zu erhöhen und ihr dadurch eine bessere Balance und besseren Schwung zu geben. Das war vielleicht zu jener Zeit der Fall, als man die Speere aus Eisen herstellte und mit leichten Rollen kleinerer Durchmesser fischte, was beides sich überlebt hat. Heutzutage stellt man den Speer aus Hartaluminium her, wenn er überhaupt verlangt wird, und die Rollen von heutzutage sind dem Gewichte der Gerte angepaßt, womit ich nicht gesagt haben will, daß es nicht noch Leute gebe, die sich von angelunkundigen Händlern jene veralteten Modelle aufschwatzen lassen.

Einer der allerwichtigsten Punkte in der Herstellung der guten Gerten ist die Lackierung derselben. Da man bei der äußeren Besichtigung schwerlich erkennen kann, ob die Gerte gut oder schlecht lackiert ist, ganz grobe Fehler wie Blasenbildung oder Sprünge bzw. Absplitterung des Überzuges, natürlich ausgenommen, ist man in dieser Beziehung lediglich auf die Solidität des Erzeugers angewiesen. Es genügt nicht, daß die Gerte bloß lackiert sei, es muß vor allem der Lack von bester Qualität sein und nicht bloß die unter ihm liegenden Teile bedecken, sondern auch ihre Bewegungen und Schwingungen mitmachen, ohne zu reißen, zu springen oder abzublättern, d. h. der Lacküberzug muß hochgradig elastisch sein. Ist er das nicht, dann treten schon nach kurzem Gebrauche trotz sorgfältigster Pflege der Gerte die letzterwähnten Übelstände auf. Man kann ruhig sagen: Lack und Lebensdauer der Gerte — bestes Material derselben vorausgesetzt — sind einander gleichwertige Begriffe. Wo der Lack defekt wird, dort ist eine Einbruchspforte für die Feuchtigkeit geschaffen, welche heimtückisch am Lebensmark der Gerte nagt.

Eine gute Lackierung hält selbst bei angestrengtester Benützung viele Jahre, trotzdem muß man sie stets auf Unversehrtheit kontrollieren und lieber einmal öfter die Gerte mit neuem Lack überziehen. lassen. Es ist ratsamer, dies vom Erzeuger der Gerte machen zu lassen, als das Lackieren selbst auszuführen, schon wegen der Qualität des Lackes selbst. Unter allen Bedingungen nehmen man nur den allerbesten Bootslack dazu. Dieser — ein Kopallack — ist bisher das beste gewesen; ob er vielleicht in Zukunft von dem äußerst widerstandsfähigen Nitrozelluloselack verdrängt werden wird, kann man heute noch nicht sagen. Einer Gerte von Qualität, besonders der gesplißten, wird nachgerühmt, daß sie ihren Besitzer überleben könne.

Wenn ich trotzdem hier der Pflege und „guten Behandlung" eine eingehende Würdigung zuteil werden lasse, geschieht es aus der Erfahrung heraus, daß der überwiegende Großteil der besten Gerten nicht am Gebrauche und nicht durch die Kämpfe mit schweren

Fischen, sondern nur an der Indolenz und der Lieblosigkeit ihrer Besitzer zugrunde geht.

Darum präge ich jedem, ganz besonders aber dem Anfänger in unserer edlen Kunst, die nachstehenden Gebote ein:

1. Sieh zu, daß das Futteral der Gerte trocken sei.
2. Lasse die Gerte nie in einem nassen Futteral stecken wenn du heimkommst, wenn möglich trachte noch auf der Reise, sie herauszunehmen und sie und das Futteral zu trocknen!
3. Wasche nach der Heimkehr vom Angeln die Gerte mit feuchtem Tuche oder Schwamm von Staub und Schmutz ab, reibe sie mit einem weichen Lappen trocken, nimm die Zapfen aus den Hülsen und hänge die Gerte in frischer Luft aber nie beim Ofen zum Trocknen auf.
4. Lehne daheim oder im Quartier die Gerte im Futteral nie in eine Ecke und lege sie nie auf einen Schrank. — Beides macht sie mit der Zeit krumm — sondern hänge sie stets auf.
5. Verwende nie den Stock des Landungsnetzes als Behälter für die Spitzen.
6. Stelle die Gerte nie im Quartier über Nacht an Bäume oder Mauern, schon gar nicht bei Regenwetter, sondern zerlege sie und gönne ihr die nötige Pflege.
7. Halte Hülsen und Zapfen blank und sauber und verliere nie die Schutzzapfen, dann wirst du nie über Klemmen der Hülsen zu klagen haben. Hast du unglücklicherweise einen Schutzzapfen verloren, so trachte, eiligst einen neuen zu besorgen; in der Zwischenzeit ersetze ihn durch einen gutpassenden Kork.
8. Stecke die Gerte stets mit der Spitze beginnend zusammen und zerlege sie ebenso. Stecke die Teile in geradem Zuge ineinander und trenne sie in gleicher Weise. Drehe nie stramm gehende Teile gegeneinander, sonst würgst du das Holz ab!
9. Beim Zusammenstecken und beim Zerlegen fasse stets die Hülsen und nie das Holz an.
10. Vergiß nie, daß deine Gerte weiblichen Geschlechts ist und eine empfindsame Seele hat. Sie wird dir Liebe mit Liebe und selbstlosen Diensten vergelten, schlechte Behandlung aber mit Haß zurückzahlen. Vor allem sieh, daß ihr Kleid, der Lack, stets tadellos sei und geize nicht ihr bei Zeiten ein neues Kleid zu schenken.

Nun wollen wir uns mit den inneren Eigenschaften der Fluggerte befassen. Von einer guten Fluggerte verlangen wir: daß sie vor allem leicht sei, zweitens richtig verjüngt und balanciert sei und drittens Schwung und Rückgrat besitze.

Der Begriff „leicht" ist ein relativer, jedenfalls wird als oberste Grenze für eine Normallänge von 10 Fuß = 3 m 5 cm, ein Gewicht von 10 englischen Unzen = 280 g anzusehen sein, zum mindesten für kontinentale Bedürfnisse. Es ist noch nicht allzu lange her, daß man eine Gerte von 250 g als „leicht" bezeichnete. In der neueren Zeit haben sich die Ansichten darüber stark geändert und was wir heute als „leicht" bezeichnen, bewegt sich zwischen 170 und 200 g für normal lange Gerten, nachdem es sich durch die Ausgestaltung des Turnierwesens erwiesen hat, daß eine Turniergerte vom Gewichte von 170 g der stärksten Beanspruchung gewachsen ist, auch am Fischwasser. Wie in den anderen Zweigen der Angelkunst, ist in unseren Tagen die Tendenz, die dem jeweiligen Zwecke entsprechend zulässigst kürzeste Gerte zu verwenden unverkennbar, je kürzer aber eine Gerte gewählt werden kann, desto leichter kann sie im Gewichte werden, ohne dabei an Kraft einzubüßen und so sehen wir, daß dementsprechend die Gertengewichte immer geringer werden. Besonders die Amerikaner tun sich da viel zugute und bauen Gerten von 3—4 Unzen, welche allerdings von allererster Qualität sein müssen und dementsprechend kostspielig sind.

Die Ansicht, daß man mit derlei Gerten vielleicht werfen, aber nicht fischen könne, teile ich nicht, denn in Wirklichkeit kann man beides damit tun, aber anderseits bin ich der Ansicht, daß man ein derartiges Federgewicht nicht unumgänglich notwendig hat.

Bei der ungewöhnlich entwickelten Technik im Gertenbau wird man mit einer Gerte von 6—7 Unzen, d. i. 170—190 g Gewicht allen europäischen Verhältnissen gewachsen sein und wahrscheinlich den meisten außereuropäischen auch, soweit ich das aus eigener Erfahrung beurteilen kann.

Im übrigen spielen da persönliche Momente eine große Rolle: wer ein großes, schwer strömendes Wasser zu befischen hat, der wird besonders bei kräftiger Muskulatur und Körperbau eine kräftigere Gerte bevorzugen als jener, der ein sanftströmendes Wasser beangelt und vielleicht minder groß und muskelkräftig ist. Ein großer Mann wird anderseits unter Umständen auch dort mit einer kräftigeren, sagen wir 9—9½ Fuß langen Gerte sein Auskommen finden, wo dem kleineren eine 10 Fuß lange Gerte gerade recht ist, um über Hindernisse hinwegzulangen.

Im allgemeinen kann man also sagen: Um allen Durchschnittsverhältnissen gerecht zu werden, wähle man eine 9½—10 Fuß lange Gerte von 170—190 g und mache die Anschaffung einer speziellen, leichteren oder schwereren, kürzeren oder längeren Gerte von jeweilig gegebenen, besonderen Verhältnissen abhängig. Das Gesagte gilt ausschließlich für gesplißte Gerten. Greenheartruten sind naturgemäß bei gleichen Längen schwerer; es werden zwar auch extra leichte Greenheartgerten gebaut, ich möchte aber von ihrer Erwerbung abraten, denn bei reinen Holzgerten kann die Gewichtsverminderung doch nur auf Kosten der Masse und damit der Haltbarkeit erzielt werden. Lieber nehme man eine um ½ Fuß kürzere Gerte. Eine schwere Gerte zu führen ist aus verschiedenen Gründen nachteilig. Selbst der Geübte wird bei längerem Gebrauche vor der Zeit müde, und ein müder Arm leistet eine schlechte Wurfarbeit. Doppelt und dreifach gilt das aber für den Anfänger und den Lernenden, der außerdem noch in dem Vorurteile befangen ist, daß zum Wurfe auch recht viel Kraft erforderlich ist. Abgesehen von der vorzeitigen Ermüdung und Überanstrengung verdirbt er sich den guten Stil des Wurfes, der die Grundlage für ein gedeihliches Flugangeln ist.

Eine gute Fluggerte muß außer der entsprechenden Leichtigkeit mehr wie jede andere Angelrute richtige Verjüngung und Gewichtsverteilung besitzen, d. h. vom Handteil bis zum Spitzenring muß ihr Umfang millimeterweise richtig abnehmen und selbst bei der Gerte ohne angesetzte Rolle muß man das Gefühl haben, daß ihr Gewicht „in der Hand" liege.

Beide genannten Eigenschaften ergänzen sich, bzw. die eine bedingt das Vorhandensein der anderen.

Nehmen wir an, die Verjüngung sei ungleichmäßig, und zwar im Spitzenteil, der zu stark ist; was ist die natürliche Folge? Das Gewicht verschiebt sich von der Hand nach oben, die Rute wird vorgewichtig. Vorgewichtigkeit ist zwar ein Fehler, aber an sich in diesem Falle reparabel durch Einbau einer richtig verjüngten Spitze; mit einer vorgewichtigen Gerte kann man immerhin noch werfen, wenn auch nicht gut bzw. angenehm.

Ist die Verjüngung im Mittelteil unregelmäßig, so wird die Gerte beim wagrechten Hinaushalten in auffälligen Fällen nahezu einen Knick zeigen, in weniger auffälligen eine mehr oder weniger ausgesprochene Bogenform: eine solche Rute nennen wir kopfschwer. Mit einer derartig verbauten Gerte kann man nicht werfen, denn ihr fehlt sowohl der Schwung wie auch das Rückgrat, die unerläßlichsten Eigenschaften der Fluggerte.

Es ist wichtig, die beiden Begriffe „Vorgewichtigkeit" und „Kopfschwere" streng auseinanderzuhalten.

Was verstehen wir unter „Schwung"?

Jene Eigenschaft einer Gerte, welche als Folge richtiger Konstruktion und Gewichtsverteilung den korrekten Wurf, der sich aus einer Aufeinanderfolge verschiedener Schwingungen zusammensetzt, von Anfang bis zum Ende reibungslos auszuführen und auch den Anhieb richtig setzen zu können ermöglicht.

Als „Rückgrat" dagegen bezeichnen wir jene Eigenschaft der Gerte, welche sie befähigt, den schwersten Anforderungen des Wurfes und des Drills derart standzuhalten, daß sie unter keinen Umständen ihre ungebrochen gerade Linie verliert, auch nicht nach jahrelangem Gebrauche.

Man würde sich versucht fühlen, vielleicht den Begriff „Rückgrat" durch „Elastizität" zu ersetzen, das ist aber nicht richtig. Elastizität ist lediglich die ureigene Federkraft der Gerte, die gering, groß, ja sogar übergroß sein kann, wie z. B. bei den langen Stahlrohrgerten, deren Überelastizität eine so hohe ist, daß die Spitze zurückschnellt, ehe der Endschwung durchgeführt ist, was man als „Schwippigkeit" bezeichnet.

So sehr ein richtiger Grad von Elastizität eine unerläßliche Grundeigenschaft einer Gerte sein muß, so ist es doch Sache des Konstrukteurs, diesen Grad zu bestimmen und den jeweiligen Erforderniſſen anzupaſſen, denn auch das verwendete Material und ſeine Bearbeitung ſind hierbei zu berückſichtigen.

Wir werden daher bei der Anſchaffung einer neuen Gerte die vorerwähnten Punkte: richtige Gewichtsverteilung, richtige Verjüngung, Schwung und Rückgrat zu prüfen haben.

Zunächſt ſtecken wir die Gerte zuſammen und halten ſie am Handgriff faſſend, frei wagrecht heraus; dabei darf uns weder das Gefühl aufkommen, daß das Gewicht in der Spitze liege, noch darf die Gerte ein Vornüberhängen derſelben oder gar auch noch eines Teiles des Mittelſtückes zeigen.

Sodann machen wir aus derſelben horizontalen Lage der Gerte die ſchnellenden Bewegungen des Anhiebes; die Gerte muß nun in derſelben Ebene ſchwingen, und die Ausſchläge der Spitze müſſen bis zum Aufhören in derſelben verbleiben. Bei einer richtig gebauten Gerte werden dieſe Anſchläge raſch immer kürzer. Bleiben ſie aber längere Zeit immer gleich lang, dann iſt die Gerte entweder ſchwippig, alſo überelaſtiſch oder unrichtig verjüngt, in beiden Fällen unbrauchbar; ſchwingt außer der Spitze noch ein Teil des Mittelſtückes mit, dann iſt unbedingt Kopfſchwere vorhanden, ſelbſt wenn die Gerte in der Ruhelage keine Bogenform und kein Überhängen zeigt.

Gewöhnlich aber wechſeln die Schwingungen der Spitze raſch die urſprüngliche Richtungsebene, ja vielfach beſchreibt der Spitzenendring direkt einen Kreis oder eine Ellipſe. Dieſe ſeitlichen Ausſchläge beweiſen unter allen Umſtänden Konſtruktionsfehler und damit die Unverwendbarkeit des Gerätes für angleriſche Zwecke. Zur Prüfung des Schwunges verſehen wir die Gerte mit der Rolle und ziehen eine zu ihr paſſende Schnur durch die Ringe. Nun machen wir richtige Würfe, um zu ſehen, wie die Gerte die Schnur herauslegt. Es iſt ſelbſtverſtändlich, daß man ſich eine neue Gerte ebenſo zur Hand gewöhnen muß wie eine neue Flinte zum Geſichte, aber trotzdem wird der Geübte bald heraus haben, ob ihm die Arbeitsweiſe der Gerte zuſagt oder nicht.

Allerdings, dieſe Probe läßt ſich nicht gut im Laden machen, und ſo weit ſind unſere Verkäufer und Erzeuger noch nicht gekommen, daß ſie für ihre Kunden einen Übungs- oder Verſuchsplatz zur Verfügung ſtellen, wie es in England und Amerika längſt gang und gäbe iſt.

Nun prüfen wir noch das Rückgrat der Gerte: Die Schnur wird irgendwo eingebunden und wir ſpannen dieſelbe ſo, als hätten wir einen Fiſch zu drillen. Die Gerte muß ſich nun in einer harmoniſchen Kurve biegen (Abb. 5) und ſofort nach Aufhören des Zuges wieder geradeſtrecken.

Iſt die Verjüngung der Gerte eine fehlerhafte, dann wird die Kurve unharmoniſch, in irgendeinem Punkte des Verlaufes wird ihre Linie eine mehr oder weniger ſtark ausgeſprochene Brechung bzw. Winkelbildung zeigen. Wenn die Krümmung der Gerte bei Steilhaltung derſelben ſtatt einer ausgeſprochenen Parabel die

Abb. 5.
Aus Storks „Gerätekunde und Katalog".

Form eines Kreisbogens oder gar den Scheitel der Parabel im unteren Drittel statt im oberen zeigt, dann ist sie fehlerhaft gebaut. Bei allerstärkster Zugwirkung muß die Gerte fast einen richtigen Halbkreis zeigen.

Für jemanden, der überhaupt noch nie eine Flugangel geführt hat, ist es schwer, trotz der gediegensten Ratschläge, diese Proben selbständig durchzuführen. Wenn ihm nicht ein kundiger Freund zur Seite steht, rate ich ihm, nur eine Gerte verläßlicher Herkunft zu kaufen; bei dieser Gelegenheit möchte ich einer Anleitung Erwähnung tun, welche sich fast stereotyp in allen Lehrbüchern des Angelns wiederholt, nämlich der: „Daß der Anfänger mit einer minder guten Gerte seine Laufbahn beginnen solle." Das halte ich für absolut falsch!

Gerade im Gegenteil soll der Anfänger sich von vornherein die beste ihm erreichbare Gerte zulegen, denn das wird ihm manchen Verdruß ersparen, was den etwas höheren Preis vollauf wettmacht. Viele haben in Befolgung jenes falschen Prinzips das Flugfischen nie erlernt.

Gewiß, ein Spezialmodell, das nach Angaben einer Koryphäe gebaut ist und meist speziellen Zwecken dient, ist nichts für einen Anfänger. Sagen wir z. B. eine Hardy-Marston-Gerte. Ich greife dieses Modell heraus, weil Hardys Gerten typisiert sind — nicht aus Anglomanie — und weil unsere einheimischen Fabrikate bislang diese Typisierung noch nicht aufweisen und nur meist mit den nichtssagenden Bezeichnungen „Forellen-“ oder „Äschen“gerte bezeichnet werden. Hingegen wird ihm eine ,,Gold-Medal'' derselben Firma die besten Dienste erweisen. Wenn er einmal die Kunst des Wurfes völlig beherrscht, dann mag er zu Spezialmodellen greifen, wenn er es für nötig oder seinen Zwecken dienlicher erachtet.

Man unterscheidet die Fluggerten nach ihrer Aktion in „weiche“ und „steife“. Vielfach herrscht in Anglerkreisen Unklarheit über den Wert der einen und der anderen bzw. über deren universelle oder beschränkte Verwendungsmöglichkeit. Besonders der Begriff „steif“ erweckt noch in vielen die Vorstellung eines mehr oder weniger unelastischen, wenn nicht steckenartigen Gerätes, obgleich gerade das Gegenteil der Fall ist. Dazu kommen noch bei vielen die recht unklaren Ansichten über das Angeln mit der Trockenfliege, welche sie in Verbindung mit der ersterwähnten Anschauung zu dem falschen Schlusse verleiten, eine „steife“ Gerte sei ein ausschließlich zum Angeln mit der Trockenfliege brauchbares Gerät, und wenn schon das nicht, also nur vornehmlich geeignet zum Fange von Forellen, nicht aber von Äschen. Ich glaube diese Zweifel am besten lösen zu können, wenn ich meinen Lesern die Entwicklungsgeschichte der Fluggerte vorführe. Unsere alte Anglergeneration kannte nur „weiche“ Gerten, und angelte durchwegs nur stromab mit „nasser Fliege“. Ebenso war es in England. Mit dem Aufkommen der Wurfturniere, welche ursprünglich reine Weitwurfkonkurrenzen waren, wurde eine Bauart für die Gerten notwendig, welche einen weiteren Wurf ermöglichte; das wiederum war nur möglich, indem man schwerere Schnüre als bislang verwendete, die ihrerseits steifere Gerten verlangten.

Mit dem Aufkommen und Populärwerden der Trockenfliege, die nicht nur weite, sondern auch gezielte Würfe zur Bedingung macht, anderseits der nun folgerichtigen Umstellung der Turniere auf Wettbewerbe im Präzisionswurfe, brachte den völligen Umschwung: die steife Gerte wurde das Modell der Gegenwart und verdrängte die weiche. Richtig betrachtet ganz mit Recht.

Werfen kann man nur mit einer Schnur, die Körper hat, je mehr, desto sicherer und leichter gelingt der Wurf, desto steifer muß aber die Gerte werden. Unter „Werfen“ verstehe ich nicht lediglich die Wurfweite, sondern ebensosehr die Wurfsicherheit bzw. Wurfgenauigkeit.

Ohne irgendwie rekordsüchtig zu sein oder dem Rekordwerfen beim Angeln das Wort reden zu wollen, will ich aber doch eine Gerte führen, die mich instand setzt, meine Fliege, wenn es notwendig ist, soweithin anzubringen, als es meine persönlichen Wurffähigkeiten erlauben, aber nicht allein das, sondern sie auch gezielt am beabsichtigten Punkt hinzulegen unter Umständen — trotz Gegenwind — und das ist nur mit einer steifen Gerte möglich, welche darum noch lange keine „Turniergerte“ zu sein braucht.

Dabei bleibt es sich gleich, ob ich „naß“ oder „trocken“ fische, weil eben eine solche Gerte in ihrer Verwendbarkeit universell ist.

Auch dem Gegenargument der Anhänger der „weichen“ Gerten, daß der Anhieb mit steifen Gerten besonders auf Aschen zu brüsk sei, ist kein Gewicht beizulegen. Wer kein Gefühl hat, bei dem ist es gleichgültig, was für eine Gerte er in der Hand hält, und wer es hat, der wird das erforderliche Plus oder Minus von Stärke beim Anhieb bald heraus haben.

Meine Freunde und ich angeln seit Jahren mit sehr steifen Gerten, ohne daß wir je die Notwendigkeit empfunden hätten, für Aschen andere zu wählen.

Eine besondere Stellung nehmen jene Gerten ein, die die Engländer als „Top souple“ bezeichnen. Einen Ausdruck, für den es keine richtige Übersetzung gibt, weshalb ich ihn als Terminus technicus im Original übernehme. Als einhändige Gerten werden dieselben nur auf besonderen Wunsch gebaut, dagegen sind sie der Typus der zweihändigen und Lachsruten. An sich mehr dem steifen Typus angehörig, ist es die Materialverteilung an Mittelstück und Spitze, welche diesen Gerten einen besonders charakteristischen Schwung verleiht, der eben durch die Wirkung dieses Teiles seine Ausführung findet und in der Führung dieser Gerten, welche, von jener der einhändigen ganz verschieden, begründet ist.

Es erübrigt mir noch, die Einteilung der Fluggerten zu besprechen; von denen man „einhändige“ (Abb. 6 u. 7) und „doppelhändige“ (Abb. 8) unterscheidet. Eine besondere Gattung der letzteren bildet die „Lachsgerte“, ein Spezialgerät, das für unsere deutschen Verhältnisse kaum in Betracht kommt. Wer in der glücklichen Lage ist, den „König der Flüsse“ angeln zu können, wird am besten tun, sich auch eine solche Gerte bei einer renomierten Firma in England zu kaufen, denn dies muß neid- und rückhaltlos anerkannt werden, daß diese durch jahrhundertelange Erfahrung im Bau solcher Gerten unserer Industrie weit überlegen sind.

Die einhändigen Gerten teilt man ein in leichte und schwere; wie ich schon erwähnte, wird man nach modernen Gesichtspunkten die oberste Grenze für erstere mit 200 g annehmen müssen. Gerten im Gewichte von 140 g und darunter nennt man extra- oder federleicht. Naturgemäß nimmt mit dem Gewichte auch die Länge der Gerten ab, und solche von 80—90 g Gewicht sind schon ansehnlich kürzer als normallange.

Als äußerste Länge für eine einhändige Gerte ist eine Länge von 12½ Fuß anzunehmen — höchstens 13 Fuß —, darüber hinaus wird sie unhandlich und besser als zweihändige Gerten gebaut und geführt. Die doppelhändige Gerte wird bei uns nur noch selten geführt; in früheren Jahren begegnete man ihr noch häufiger, speziell zu jener Zeit, als man bei uns noch weiche Gerten und dünne leichte Schnüre benützte, die einen weiten Wurf nicht zuließen. Mußte

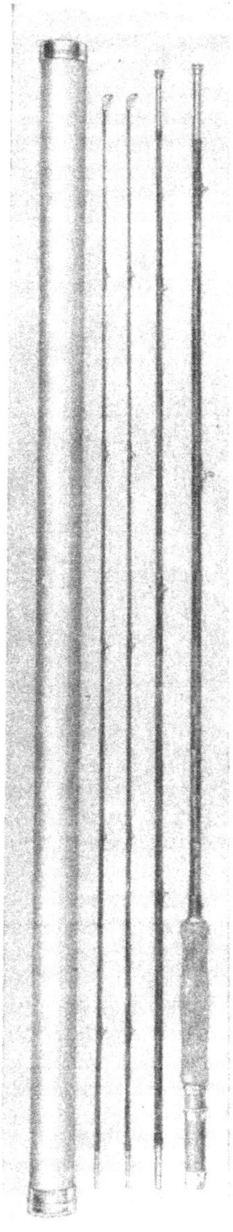

Abb. 6.

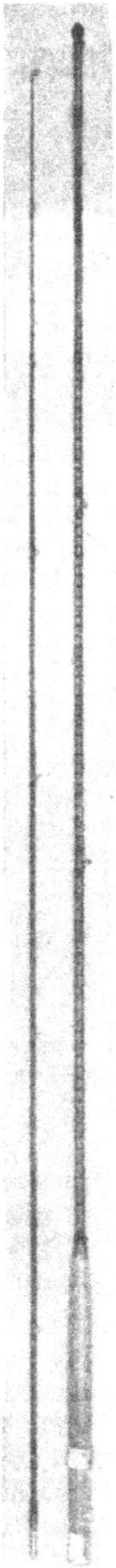

Abb. 7.

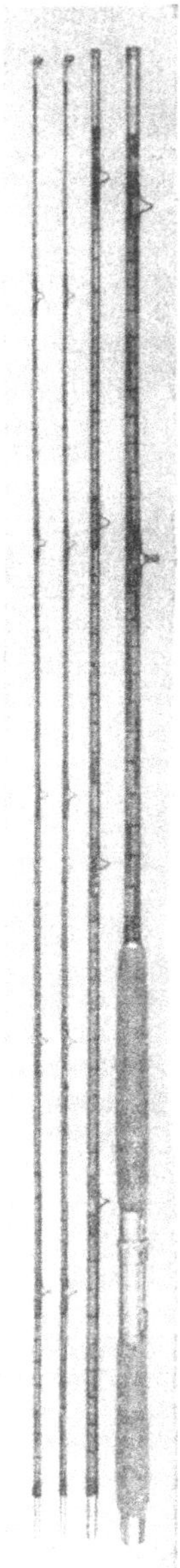

Abb. 8.

Nach Storks „Gerätekunde und Katalog".

man weite Würfe machen oder in schwerem Terrain angeln, dann war man förmlich gezwungen, die zweihändigen zu führen. Für unsere Verhältnisse könnte ich sie höchstens denjenigen Sportgenossen empfehlen, welche größere Seen nur vom Ufer befischen können, oder jenen, welche die Möglichkeit haben, auf Huchen im Sommer oder Frühherbste mit der Lachsfliege zu fischen. Für alle übrigen Gelegenheiten ist sie in Anbetracht unseres verbesserten einhändigen Gertenmateriales und der verbesserten Wurftechnik zum mindesten entbehrlich zu nennen.

Zum bequemeren Transporte baut man die Gerte meist dreiteilig (Abb. 6), sehr lange Gerten, wie die 17—20 Fuß langen Lachsgerten, sogar vierteilig. Doch sind zweiteilige Gerten (Abb. 7), namentlich in den kürzeren Formaten der oft nur 7½—8½ Fuß langen federleichten Gerten recht beliebt, da die einzelnen Teile doch nicht zu lang sind, um beim Transport hinderlich oder nennenswert gefährdet zu sein.

In neuerer Zeit baut man auch zwei- und dreiteilige Gerten mit unsymmetrischen Teilen, denen man eine bessere Widerstandsverteilung gegen den Zug der kämpfenden Fische und bessere Bruchfestigkeit nachrühmt. Ich habe bisher noch keine Gelegenheit gehabt, eine solche Gerte in der Praxis zu erproben, da diese Modelle erst während der Niederschrift dieses Bandes auf den Markt kamen, anderseits man doch eine Gerte mindestens eine ganze Saison unter den verschiedensten Verhältnissen geführt haben muß, um zu einem annähernd abschließenden Urteile zu kommen. Die zweiteilige Gerte hat den entschiedenen Vorteil, daß das Gewicht eines Hülsenpaares erspart wird und ebenso eine Teilungsstelle im Verlaufe der Gerte, anderseits den Nachteil, daß die einzelnen Teile bei einer Normallänge von 3 m = 10 Fuß schon reichlich lang geraten und infolgedessen die Gerte nicht so bequem zu transportieren ist wie eine dreiteilige. Auch ist für den Fall des Bruches der Spitze ein Ersatz ziemlich kostspielig.

Zu den dreiteiligen Gerten werden meist zwei Spitzen geliefert, welche bei besseren Gerten in einem separaten Etuis aus Bambus oder Aluminium versorgt sind (siehe Abb. 6), um sie vor Bruch zu schützen. Diese Art von Verpackung ist sehr gut und sicher, nur bin ich ein Gegner davon, daß diese Behälter gleichzeitig als Netzstock Verwendung finden. Solange er neu ist, geht die Sache noch, aber bei längerem starkem Gebrauche dringt doch Wasser und Feuchtigkeit ins Innere, und wenn jemand sorglos ist, geht ihm die darin verwahrte Reservespitze zugrunde. Es ist ja von großem Vorteil, solche zu besitzen, besonders wenn man eine größere Tour in Gegenden macht, die mit der Welt schlecht verbunden sind; aber für einen Eintagsausflug ist das Mitschleppen des Spitzenbehälters, wenn man keinen Träger hat, vielfach unangenehm.

Im allgemeinen werden die Gerten in Futteralen aus Stoff geliefert, welche Abteilungen für die einzelnen Teile haben; solche, welche die Abteilungen nicht haben, sind unbrauchbar, da sich die Teile aneinander scheuern, was den Lacküberzug beschädigt, oder aber sie liegen nicht parallel, wodurch sie sich leicht verziehen, wenn das Futteral achtlos zusammengeschnürt wird. Besonders die feinen Gertenspitzen sind dadurch gefährdet.

Überhaupt achte man sorgfältig darauf, die Bänder des Futterals nicht zu fest zu binden; es genügt, daß die Teile nicht locker liegen. Beim Versorgen der zerlegten Gerte mache man es sich zur Regel, zuerst einen stärkeren Teil einzuschieben und dann erst die Spitze, was diese bei irgendeinem unvorhergesehenen Geschehnis vor Bruch bewahrt.

Ganz feine Gerten werden außer mit Stoffutteral auch noch mit einem Behälter aus Aluminium oder Bambus ausgestattet, welcher die ganze Gerte aufnimmt. Das ist besonders für weite Reisen oder für die Fahrt im Auto oder am Motorrad eminent praktisch. Für den wandernden Angler wäre es aber empfehlenswert, statt des großen, starren, unpraktischen Behälters einen solchen aus Hartaluminium zu konstruieren, welcher sich wie ein Teleskop zusammenschieben läßt und dann in dieser Form bequem im Rucksack Platz findet.

Abb. 9.

Die manchen Gerten beigegebenen Futterale aus Holz, in denen die Teile in separaten Aushöhlungen liegen, sind nicht unpraktisch, doch unhandlich und bei längerer Aufbewahrung kann es geschehen, daß sich das Holz des Futterales wirft und die Gertenteile mit verzieht. Da mir dies schon selbst gelegentlich einer längeren Seereise passierte, bin ich ein Gegner dieser Packung geworden; zudem habe ich mit dem gewöhnlichen Stoffutteral noch keine schlechten Erfahrungen gemacht, selbst ohne separate Schutzhülle, so daß ich es für den landläufigen Gebrauch beruhigt empfehlen kann, besonders wenn es aus wasserdichtem Material hergestellt ist.

Wie ich schon im vorhergehenden erwähnt habe, bedingt die Rolle bzw. ihre Größe und ihr Gewicht meist das gute Arbeiten einer Gerte. Es ist noch gar nicht zu lange her, daß man diesem Punkte gar keine Beachtung schenkte und die Rolle für nicht mehr hielt als das Reservoir für die nicht ausgeworfene Leine.

Diese Ansicht wurde erst in letzter Zeit korrigiert.

Ein Blick in unsere anglerischen Lehrbücher zeigt uns, daß man an die Rolle zum Flugangeln recht bescheidene Ansprüche stellte, ebenso aber auch, daß man der harmonischen Anpassung von Rolle und Gerte wenig oder keine Bedeutung zumaß.

Im allgemeinen beschränkt man sich darauf, eine Rolle „mit guter Hemmung“ und „Trieb an der Platte“ zu empfehlen.

Wenn ich nun den älteren Rollenformen hier noch eine Beschreibung widme, so tue ich es nur aus dem einen Grunde, um meinen Lesern und besonders den Anfängern, welche sich erst ausrüsten wollen, deren Fehler und Mängel zu zeigen, um sie zu bewahren, sich veraltete, minderwertige Geräte beizulegen.

Nehmen wir vorerst die alte Rolle mit „feststehender Federhemmung und Trieb an der Platte“ (Abb. 9), welche lange Zeit das Um und Auf der Flugangler war. Ihr Gehäuse, ihre Lager und Achsen waren aus Messing, ebenso das Zahnrad und der Keil der Knarre und meist auch deren Feder. Abgesehen von dem unan-

Abb. 10 a.

Abb. 10 b.

Aus Storks „Gerätekunde und Katalog“.

genehmen Gekreisch war meist die Feder am Anfang zu hart, so daß man nicht von ihr aus den weichen Anhieb von der Rolle ausführen konnte, ohne einen Teil des Vorfaches oder wenigstens eine Fliege abzuprellen. Regulieren ließ sich die Spannung der Feder nicht, — denn diese Rollen konnte man nicht auseinandernehmen, — dafür wurde sie nach einigem Gebrauche so schlaff, daß von einer Bremsung keine Rede mehr war, wozu noch die naturgemäß rasche Abnützung des Keiles und des Zahnrades kam und das Auslaufen der Lager, denn alle diese Teile waren ja aus weichem Materiale hergestellt.

Nach wieder einiger Zeit pflegte sich der ganze Mechanismus zu verklemmen. Eine allerdings sehr bescheidene Verbesserung war die noch von Heintz empfohlene Rolle von Slater mit stiller Hemmung.

Letztere wurde durch ein zwischen Trommel und Triebplatte eingelegtes Metallplättchen bewerkstelligt, welches man aufbog und das je nach dem geringeren oder größeren Grade des Aufgebogenseins mehr oder weniger stark bremste. Der wunde Punkt aber war das richtige Maß des Aufbiegens: zuviel legte es die Rolle nahezu fest, zuwenig bremste es gar nicht, und das Richtige traf man fast nie. Und wenn man es schon traf, nach kurzer Zeit ließ die Spannung nach und das Spiel begann von neuem, wozu man aber immer die ganze Rolle auseinanderschrauben mußte.

In England ging man in richtiger Erkenntnis dessen, daß nur eine genau und sicher abstimmbare Bremsung für das Angeln von Wert sei und einen sicheren, für das Gerät gefahrlosen Anhieb von der Rolle aus gestattet, daran, Rollen mit einer derartigen Bremsregulierung in Präzisionsausführung zu bauen, und es gibt eine

Abb. 11 a.

Abb. 11 b.

Menge Modelle, deren gemeinsames Prinzip darauf beruht, die Spannung der Hemmungsfeder durch eine am Außenrande des Rollenkastens liegende Schraube zu regulieren und festzustellen. Eine der bekanntesten Konstruktionen ist die von Hardy, deren Modifikation mit stiller Bremse (Abb. 10) mir persönlich die sympathischere ist. Abgesehen von der Lautlosigkeit läßt sich der Druck des Bremsklotzes viel feiner regulieren als der eines Keiles, der über Zahnräder zu gleiten hat. Ich habe sonst an diesen Rollen nichts auszusetzen, als daß wir sie vom Auslande beziehen müssen und daß sie enorm teuer sind.

Ich habe deshalb mit unserem heimischen Rollenerzeuger eine Rolle konstruiert, welche stille Hemmung besitzt, präzise zu regulieren ist und trotzdem im Preise erschwinglich ist. Die Abb. 11a u. 11b zeigen diese Rolle sowie ihren Bremsmechanismus. Da alle reibenden Teile aus Stahl erzeugt sind, ist ein Auslaufen ausgeschlossen.

Die Trommel ist durch einen Druck auf eine Federklinke ohne Werkzeug aus dem Gehäuse zu nehmen, was die Reinhaltung der Rolle ungemein erleichtert. Ich fische nun mit dieser Rolle seit vier Jahren, ohne daß sie je versagt hätte. Bei einem Gewichte von ca. 170 g paßt sie zu einer jeden Gerte.

Die Rolle in Abb. 10 besitzt einen Schnurführungsring aus Achat. Wenn er vielleicht auch nicht unbedingt nötig ist, zur Schonung der Leine trägt er doch viel bei, weshalb ich dem, der ihn anschaffen will, ihn empfehlen kann. Er läßt sich nachträglich an die meisten Arten von Rollen anbringen.

Ich glaube, daß die vorstehenden Rollenmodelle den Leser hinreichend über die Konstruktion und Haupterfordernisse einer zeitgemäßen Fliegenrolle informierten. Hinsichtlich des Gewichtes halte ich ein solches von 170—200 g für richtig, welches auch gegenwärtig das allgemein übliche Durchschnittsgewicht darstellen dürfte, da man heute alle Rollen aus Aluminiumlegierungen herstellt. Dieses Material erlaubt wiederum, Rollen größeren Durchmessers und Formates herzustellen, als es vordem üblich und möglich war, als man nur Messing zur Herstellung verwendete.

Ich halte einen Trommeldurchmesser von $8\frac{1}{2}$—9 cm für besonders vorteilhaft. Im allgemeinen nimmt man ja doch nur die usuelle Länge von 25—30 Yard Flugschnur und dahinter 25—30 m feiner Verlängerungsschnur auf die Trommel. Dementsprechend braucht die Trommelbreite $1\frac{3}{4}$—2 cm nicht zu übersteigen, ohne daß man befürchten müßte, die Rolle zu überfüllen oder beim Aufwinden Schwierigkeiten zu haben. An und für sich haben ja die Rollen zum Flugangeln durchwegs geschlossene Gehäuse, deren Streben und Ausschnitte als Schnurleiter dienen, wenn man sich nicht schon außerdem noch den oben erwähnten Führungsring aus Achat einbauen läßt.

Gegenüber den alten Rollen mit kleinem Durchmesser und breiter Trommel haben die modernen den Vorteil des rascheren Aufwindens und den, daß die Schnur nicht in engen Ringen aufeinanderliegt, wodurch sie weniger zum Rollen und zum Kleben neigt.

Wer auf Lachse und dgl. mit der schweren doppelhändigen Gerte fischt, muß naturgemäß zu einer schweren und dementsprechend großen Spezialrolle von 10 und mehr Centimeter Durchmesser greifen, die selbstverständlich auch eine größere Trommelbreite besitzt, da sie ja 100—120 m Schnur aufnehmen muß.

Die offene Nottinghamrolle eignet sich nicht zur Benützung in Verbindung mit der Fliegengerte, auch nicht zur doppelhändigen oder Lachsgerte, weil die Leine von ihr, selbst wenn sie einen Schnurleiter besitzt, herunterfällt, was zu unangenehmen Zufällen und verdrießlichen Geschehnissen führen kann. Ebenso ungeeignet sind die Multiplikatorrollen, so sehr ich sie für andere Zwecke schätze; die Schnur wird auf ihnen in zu kleine Ringe gewunden, welche sich unter dem Wurfe nur schwer strecken, was den Wurf unangenehm behindert, namentlich wenn die Leine im Laufe der Zeit oder bei zu großer Hitze etwas Neigung zum Kleben bekommt. Das „rasche Aufwinden" spielt ja beim Flugangeln eine ziemlich untergeordnete Rolle, wenigstens habe ich noch nie in meinem langen Anglerleben die Erfahrung gemacht, daß ich mit meinen unübersetzten Rollen beim Einrollen nicht hätte nachkommen können. An der Hand des Gesagten läßt sich aber das Bedürfnis des Fluganglers an Rollen für den durchschnittlichen Gebrauch mit der einhändigen Gerte dahin präzisieren: Er benötigt eine einzige, sorgfältig gearbeitete Rolle von 8½—9 cm Trommeldurchmesser, deren Bremsung unter allen Bedingungen fein und stabil regulierbar sein soll, ob mit lauter Knarre oder mit stiller Schleifbremse, ist Geschmacksache, obgleich es mir unerfindlich ist, warum ein Großteil der Angler immer noch fanatisch an der alten kreischenden Knarre hängt. Das Gewicht der Rolle sei nicht weniger als 170 g, überschreite aber auch anderseits 200 g nicht wesentlich. Die Rolle sei leicht zerlegbar, damit die inneren Teile leicht gereinigt und in Öl gehalten werden können. Denn auch die Rolle braucht ihre Pflege, wenn sie ungestört funktionieren soll. Obzwar die modernen Rollen ziemlich kompakt gearbeitet sind, empfiehlt es sich doch, sie nie ohne schützende Hülle zu transportieren, schon um das Verstauben und Verschmutzen der inneren Teile und der Schnur zu verhüten. Nach Gebrauch nehme man sie auseinander, wische sie sauber aus, namentlich dann, wenn sie naß geworden war, öle Achsen und Lager, nicht aber die bremsenden Teile!

Das Öl sei nicht zu dünnflüssig, aber auch nicht zu dick; ich verwende jetzt mit Vorliebe eine Mischung von Ballistol mit Motoröl.

Unter allen Bedingungen vermeide man das Ölen des Rolleninnern, soweit es sich um Teile aus Aluminium handelt. Dies bildet an der Luft ein Oxydationsprodukt in Form eines feinen Staubes, der mit Öl und eindringenden Staubteilen einen zähen Belag bildet, welcher den Lauf der Rolle hemmt.

Für kurze Angelfahrten genügt ein Lederbeutel oder ein solcher aus wasserdichtem Stoffe, mit Tuch oder Samt gefüttert, als Schutzhülle. Für längere Touren und kostspieligere Rollen ist aber das steife Rollenetuis aus Blankleder empfehlenswerter.

Die Schnur — gemeinhin Flugschnur geheißen — ist ein Schmerzenskind unserer Industrie; zu meinem und vieler anderer Leidwesen gibt es keine in unserer Heimat erzeugte Flugschnur, die auch nur bescheidenen Ansprüchen genügen würde. Woran das liegt, ist eigentlich nicht recht erfindlich, da wir doch ansonst ganz erstklassiges Material in allen anderen Schnurgattungen herausbringen.

Ein bekannter Fabrikant erklärte mir auf meine Frage, wie das käme: „Unser Publikum will für heimische Erzeugnisse kein Geld auslegen, und zahlt lieber für das ausländische den doppelten Preis." Ich bin zuwenig Fachmann, um die Richtigkeit dieser Angabe nachzuprüfen, aber das eine weiß ich: Eine Flugschnur von hoher Klasse herzustellen erfordert einen monatelang dauernden Arbeitsgang, abgesehen von der Verwendung allerbester Grundstoffe, und deshalb allein kann eine gute Flugschnur nicht „billig" sein.

Wie es sich überhaupt empfiehlt, von allem nur die besten Qualitäten zu kaufen, da diese auf die Dauer die billigsten sind, gilt dasselbe erst recht von der Flugschnur, und es ist nicht zuviel gesagt, daß eine schlechte Leine selbst geschenkt noch zu teuer ist. Nach allem, was ich im Laufe vieler Jahre erprobt, halte ich die „Corona superba"-Schnur von Hardy Bros für das Beste, was es in diesem Artikel gibt, wenn sie auch scheinbar sehr kostspielig ist. Wenn man aber anderseits die hervorragende Ausführung und unvergleichliche Glätte mit den anderen Fabrikaten vergleicht und nicht zum wenigsten die nahezu Unverwüstlichkeit des Hardyschen Erzeugnisses, das bei richtiger Pflege nach jahrelangem, angestrengtestem Gebrauche so aussieht wie am ersten Tage, dann wird man eben nicht anders können, als ein solches Erzeugnis billig zu nennen. Die Flugschnur von heute ist eine ölimprägnierte Leine aus geklöppelter Seide, entweder von durchwegs gleichmäßiger Stärke — sog. parallele Schnur (Level line) — oder an den beiden Enden auf ca. 3 bis 4 Meter verjüngt, spitz zulaufend, sog. „Tapered line".

In beiden Fällen muß die Schnur Körper haben, d. h. eine entsprechende Stärke und Schwere sowie eine gewisse Steifigkeit. Diese beiden letzten Eigenschaften verleiht ihr das Imprägnieren. Ich will es gleich vorweg sagen, daß es eine sehr mühevolle und wenig lohnende Arbeit ist, seine Schnur selbst zu imprägnieren. Es ist nicht allein dieser Vorgang, der an sich nicht sehr kompliziert wäre, sondern vor allem der sorgfältige wochenlange Trocknungsprozeß zwischen den einzelnen Imprägnierungen. Das Medium zum Tränken der Leinen ist doppelt raffinierter Leinölfirnis, der Prozeß selbst wird in der fabrikmäßigen Erzeugung mittels Vakuumpumpen vorgenommen.

Aber wie schon gesagt, das wichtigste ist das richtige und äußerst sorgfältige Trocknen der eingelassenen Schnüre und die Nachbehandlung der halb- und ganzfertigen Leinen, so daß ca. 5—6 Monate nötig sind, weil das Trocknen in warmer, trockener Luft erfolgen muß unter Ausschluß jeder Spur von atmosphärischer Feuchtigkeit.

Eine gute fertige Leine muß dann folgende Eigenschaften haben: Durchgehende Glätte, Geschmeidigkeit und doch entsprechende Steifigkeit. Nirgends auf der Oberfläche darf auch nur der kleinste Höcker überschüssiger Imprägnierung sichtbar oder tastbar sein, und die Schnur muß den matten Glanz eines Gutfadens zeigen, welcher durch ein äußerst subtiles Polierverfahren erzeugt wird und nicht, wie viele irrtümlich glauben, durch Auftragung irgendeines Lacks.

Die fertigen Schnüre werden dann in Ringen von 20—35 Yard Länge in den Handel gebracht.

Leider fehlt auch hier eine Normierung der Stärkenmaße, so daß der Käufer, welcher nicht gerade am Platze wohnt, sich nur an allgemeine, ganz willkürliche Stärkeangaben halten kann, die entweder mit Nummern oder Buchstaben ausgedrückt sind oder überhaupt nur die vage Benennung „Stark", „Mittel" oder „Dünn" führen. Die Buchstabenbezeichnung geht von J bis A, wobei J die dünnste Stärke bezeichnet. Tapered lines tragen gewöhnlich die Bezeichnung J-B-J, J-C-J usw., womit ausgedrückt werden soll, daß das Mittelstück die Stärke B-C usw. besitzt und das zugespitzte Ende bis zur dünnsten Stärke J verläuft.

Nun ist es aber eine Kardinalforderung für das Gelingen eines guten Wurfes, daß das Gewicht der Leine dem der Gerte angepaßt sei. Eine bloße Stärkenbezeichnung gibt mir aber keinen Anhalt zur Beurteilung des Gewichtes schon aus dem einen Grunde, weil jeder Fabrikant seine Schnurdicken anders dimensioniert und sogar Gewichtsdifferenzen ein und derselben Stärken vorkommen, welche vom spezifischen Gewichte der Seide und der Imprägnierungsmittel bedingt sind. Die letzteren spielen allerdings bei der Beurteilung keine Rolle.

Vergleicht man gleichbezeichnete Stärken verschiedener Fabrikate, so wird man erstaunt sein, Gewichtsunterschiede bis zu einigen Gramm zu finden — ja noch mehr — man wird sogar die Wahrnehmung machen, daß die dünnere Leine der einen Erzeugung schwerer ist als die dickere einer anderen, was seinen Grund darin hat, daß die dünnere öfters und reichlicher eingelassen wurde. Es dürfte doch nicht so schwer sein, darin eine Einheitlichkeit zu schaffen — wenigstens haben Hardy Bros damit einen Anfang gemacht, indem sie in ihren Katalogen jede Schnursorte und Stärke auch ihrem Gewichte nach anführen, vorbehaltlich jener vorerwähnten kleinen Differenzen der spezifischen Gewichte. Bei einer einheitlichen Länge von 35 Yard wiegt z. B.:

Corona superba:	X fine	J-E-J	9 Drms.
	fine	J-D-J	13 „
	Medium	J-C-J	15 „
	Heavy	J-B-J	23 „

Warum wäre es nicht möglich, die gesunde Idee zum Allgemeingut zu machen und alle Leinen bezogen auf die Einheitslänge von 35 Yard nach Gewicht zu bezeichnen?

Wenn ich weiß, daß für meine Gerte ein Schnurgewicht von 15 Drms. erforderlich ist, habe ich es ein für allemal leicht, mir eine Leine dieser Art zu bestellen, ebenso leicht hat es der Lieferant, mir pünktlich das wirklich Brauchbare zu schicken. Allerdings hätte das noch eine Voraussetzung, daß unsere Gertenbauer ihre Produkte dahin vereinheitlichen müßten, daß sie eben Gertentypen für 13— usw. Drms.-Schnüre bauen und dem Kunden auch das passende Schnurgewicht mitteilen.

Hoffentlich bringt uns eine nächste Zeit die gewünschten Einheitsbezeichnungen.

Eine besondere Art der Flugschnur ist die sog. „Emailschnur". Zum Unterschiede von den eben besprochenen imprägnierten

Schnüren (Dressed lines) ist die Emailschnur „Enameled line“ meist nicht eingelassen, sondern bloß mit einem dünneren oder dickeren Überzug von Email-(Zelluloid-)Lack versehen. Wenn sie neu ist, blendet sie durch die auffallende Glätte, aber im Gebrauche zeigt sie nur zu bald ihre Minderwertigkeit. Abgesehen von der zu großen, fast an Härte grenzenden Steifigkeit neigt sie zu raschem Verderben, einmal durch das sehr bald eintretende Verstocken der Leine, die feucht geworden, unter dem undurchlässigen Lackmantel nicht abtrocknen kann, das andere Mal dadurch, daß der Lack brüchig wird, wodurch wiederum Wasser und Feuchtigkeit in die Schnur eindringt. Bei längerem Gebrauch blättert dann der Lack selbst mehr oder weniger ganz ab. Vor dem Gebrauche und Kaufe dieser Sorte von Schnüren ist unbedingt und entschieden zu warnen — zudem sind sie nicht einmal billig —, aber auf jeden Fall sind sie eine Quelle reichlichen Ärgers und betrüblicher Erlebnisse.

Die einzig brauchbare Schnur ist die ölimprägnierte Leine, deshalb will ich dem Leser und besonders dem Anfänger auch raten, sich nicht durch Anpreisung von sog. „imprägnierten“ Schnüren, welche mit Wachsparaffin u. dgl. Gemischen getränkt, als „Grund-Spinn- und Flugschnur“ angeboten werden, verleiten zu lassen, solche Schnüre zum Flugangeln zu verwenden. Nicht unerwähnt darf ich lassen, daß im Handel auch sog. „Metal centred lines“ mit großer Reklame angepriesen werden; ich kann den Leser vor diesem Produkt nur warnen, denn das „Metall-Zentrum“ ist ein ganz gewöhnlicher Lamettafaden, weder geeignet die Haltbarkeit noch auch das Gewicht der Leine zu erhöhen, wie fälschlich behauptet wird.

Ob man parallele oder sich verjüngende Schnüre verwendet bleibt sich im Grunde genommen gleich, die letzteren werfen sich etwas leichter und bilden einen besseren Übergang zum feinen Vorfach. Die Abnützung am untersten Stück ist bei beiden so ziemlich die gleiche.

Ölimprägnierte Schnüre bedürfen einer besonderen Pflege und Behandlung, wenn sie ihre volle Gebrauchsfähigkeit lange behalten sollen.

Nach jedem Fischen muß man die ganze Schnur auf einen Schnurwinder aufziehen und ausgiebig an der Luft trocknen lassen. Nach der Saison oder während eines längeren Nichtgebrauches ziehe man die Leine von der Rolle ab und hänge sie an einen luftigen Ort, vor Staub geschützt in großen lockeren Klängen auf. Auf der Rolle und bei Aufbewahren in Laden oder festschließenden Schachteln neigen die Ölschnüre zum so gefürchteten „Kleben“.

Wenn dies nicht schon einen außerordentlich hohen Grad erreicht hat, kann man die Schnur wieder heilen, indem man sie für genau 1 Minute in kochendes Wasser taucht, worauf sich das Kleben verliert. Man rollt dann die Leine aus, spannt sie gut und poliert sie mit etwas „Cerolene“, „Muciline“ o. dgl., wonach sie wieder vollständig gebrauchsfähig wird. Wenn das Kleben schon zu hohe Grade erreicht hat, hilft auch das Brühen nichts mehr, die obere Deckschicht löst sich dann von der Leine ab und diese wird unbrauchbar.

Das öftere Polieren der Leine mit einem der vorgenannten Gleitmittel ist sehr wichtig für die tadellose Erhaltung der Glätte, unbedingt aber soll es sofort vorgenommen werden, sobald die Schnur die geringste Tendenz zum Klebrigwerden zeigt. Dies erkennt man daran, daß sie sich nicht von selbst glatt abrollt, vielmehr hängen bleibt, wenn man die Rolle in rückläufige Bewegung setzt. Das Polieren geschieht erst mit den Fingern, indem man auf die gutgespannte Leine Gleitmittel in feinster Schicht aufträgt und verreibt und dann mit einem feinen Poliertuche mit sanftem Drucke so lange nachreibt, bis jedes Gefühl von Klebrigkeit geschwunden ist.

Der größte Feind der Ölschnur ist der Staub, deshalb soll man seine Schnur stets von ihm freihalten und die Leinen nicht auf den Fußboden in Ringen zum Trocknen auslegen, sondern wenn schon, dann auf einem Tische über einem reinen Tuche und vor dem Wiederaufrollen durch einen reinen, weichen Leinenlappen ziehen.

Beim Einknoten des Vorfaches wird ungefähr 1 cm durch Schürzung des Knotens und die Reibung des Gutfadens an seiner Oberfläche beschädigt — es ist eine falsche Sparsamkeit, diesen Zentimeter nicht nach dem Angeln zu opfern, indem man die Schnur an dieser Stelle glatt abschneidet, und sich statt dessen mit dem Aufziehen des Knotens zu plagen. Abgesehen von der Schädigung der Schnur, die durch Verrotten von diesem Endchen aus eintreten kann, hat man doch weiter kein Risiko oder zu befürchten, die Schnur rasch zu verkürzen, denn erst bei 100 solchen Kürzungen hat man einen Meter Leine verbraucht oder etwas mehr, und bei einer beiderseits verjüngten Leine hat man ja noch das andere Ende unversehrt bereitliegen, so daß man die Leine nur umzukehren braucht, wenn man der Ansicht ist, daß der in Verwendung stehende Teil schon zu dick sei.

Nicht unerwähnt will ich die Art und Weise lassen, wie man Wurfschnur und Verlängerung verbinden soll. Die einfachste Manier ist ja ein doppelter Fischerknoten, den ich bei Spinn- und Grundschnüren unbedenklich mache. Bei der Fluggerte sind aber die obersten Spitzenringe und der Endring im allgemeinen so eng, daß gewöhnlich am letzteren der Knoten stecken bleibt. Das kann dann unter Umständen beim Drill eines außergewöhnlich großen, hart kämpfenden Fisches zu einem Bruche des Knotens oder aber durch Abprellen des Vorfaches zum Verlust des Fisches führen. Seit ich selbst einmal diese Erfahrung gemacht habe, ziehe ich es seither vor, Leine und Verlängerung durch Anwinden von gewachster Seide zu verbinden. Man legt die beiden Enden 1½ cm — nicht mehr — nebeneinander, nimmt mit einer feinen Feile so viel von der Masse jeden Endes ab, daß diese zugespitzt sind und nach ihrer Verbindung ein gleichmäßig paralleles Stück vorstellen. Man beginnt das Zusammenwinden von der Mitte her, zuerst das eine Ende, dann nach Fertigstellung dieser Hälfte das andere, schließt mit dem vorborgenen Knoten und firnißt die Bindung sorgfältigst.

Diese Bindung gleitet hemmungslos durch die engsten Ringe, aber auch nur dann, wenn sie nicht länger ist als 1½ cm. Längere Bindungen haben die Tendenz, infolge der Starrheit stecken zu bleiben, wenn sie am Endringe geknickt werden. Anderseits ist es aus Gründen der Sicherheit, um jedes Ausgleiten zu verhindern, ratsam, die Bindung auch nicht kürzer als 1½ cm zu machen. Wer diese kleine Arbeit scheut oder sich deren Ausführung nicht zutraut, kann sie sich bei der Gerätfirma, welche ihm die Schnur liefert, mitbesorgen lassen, obzwar ein richtiger Angler sich derlei Kleinigkeiten selbst machen soll, schon um die Beruhigung zu haben, daß die Arbeit verläßlich ist.

Vorfach und Haken.

Als Material für die Herstellung des Vorfaches zum Flugangeln kommt nur ein einziges Produkt in Frage — das Gut. Alle Ersatzprodukte sind unbrauchbar, denn keines von ihnen hat die Elastizität, Durchsichtigkeit, Geschmeidigkeit und trotzdem auch im nassen Zustande die gewisse Steifheit, welche einzig und allein der Gutfaden besitzt. Es ist aber absolut nicht gleichgültig, wo und wann man seine Gutfäden und Vorfächer kauft. Gut ist ein sehr diffiziles Material, und niemand kann einem ungebrauchten Vorfache ansehen, wie lange es am Lager gelegen ist und wie es dort behandelt wurde.

Vor allem erträgt es nicht die Einwirkung von Sonne und Luftfeuchtigkeit, unter welchen Einflüssen es in kurzer Zeit brüchig wird oder vermorscht; aber auch langes Lagern allein vermindert seine Qualitäten bis zur Unbrauchbarkeit. Man soll sich daher nie größere Vorräte an Gut anlegen, als man innerhalb eines Jahres verbrauchen kann. Und auch dies soll man nur bei einer Firma kaufen, deren Solidität für Qualität bürgt und deren Umsatz so groß ist, daß man sicher geht, keine alte, verlegene Ware zu bekommen, wie es in kleinen Geschäften vielfach der Fall ist. Aber auch seine eigenen Vorräte behandle man nach mehr als Jahresfrist mit Mißtrauen. Unbedingt weiche man sie vor einer beabsichtigten Verwendung längere Zeit bis zu einer Stunde in einer 10proz. Glyzerinlösung, was sie wieder geschmeidig macht, und prüfe sie durch leichten Zug auf Haltbarkeit.

Selbst ein neues Vorfach aus dem Laden sehe man sich vor Gebrauch gründlich an, ob nicht ein schadhafter Faden eingeknüpft ist. Eine tadellose Gutlänge muß unbedingt von einem Ende zum anderen von gleichmäßiger Dicke und drehrund sein, einen matten Glanz besitzen und in seiner ganzen Ausdehnung durchschimmernd sein. Fäden von milchig weißer Farbe und politurartigem Glanze sind minderwertig, wenn nicht wertlos, ebenso solche, welche im Verlauf flache, bandartige Stellen oder gar Knicke aufweisen. Am trockenen Faden kann man leicht flache Stellen übersehen, wenn diese keine zu große Ausdehnung haben, selbst wenn man ihn durch die Finger zieht. Weicht man aber solch einen Faden ein und dreht ihn ausspannend, die beiden Enden zwischen den Fingern in entgegengesetzter Richtung, dann bilden sich an den flachen Stellen sofort Spiralen, während ein fehlerfreier Faden gleich rund und unverändert bleibt.

Ebenso minderwertig sind Fäden, welche mißfarbige Flecke oder undurchsichtige Stellen zeigen. Solche, die im ganzen Verlauf flach sind, werfe man unbedingt fort, sie sind absolut unverwendbar. Es liegt in der ganzen durchaus manuellen Herstellungsweise des Gutfadens, daß viel minderwertige Fäden erzeugt werden, welche die billige Handelsware darstellen. Wenn auch die guten Sorten schon am Erzeugungsorte ausgesucht werden, so muß man diese trotz allebem noch sorgfältig weiter sortieren und alle schadhaften und nicht ganz einwandfreien Stücke ausscheiden. Diese überklaubten und erlesenen Sorten sind naturgemäß erheblich teurer im Preise, aber für den Angler, der auf tadellose Qualität hält, und sich Zeit, Ärger und Geld ersparen will, das einzig Gegebene und auf die Dauer das Billigste.

Es liegt nicht im Sinne des Buches, eine langatmige Beschreibung des Bearbeitungsprozesses und des Werdeganges des Gut zu bringen, ich halte es dagegen für vorteilhafter, dem Leser mit den Handelsformen des Materiales bekanntzumachen, was ihm ein Führer beim Einkauf sein soll.

Gut wird unter bestimmten Namen im Handel geführt, welche die Stärke des jeweiligen Fadens bezeichnen, doch ist diese Bezeichnung keineswegs eine exakte, da ja doch die manuelle Herstellung keine gleichmäßigen Dimensionen gestattet. In einem Bündel von 100 Fäden wird man beim Sortieren eine beträchtliche Anzahl dieser finden, welche in Stärke und Form mit der angegebenen Dimension nicht stimmen. Da dieses Sortieren große Erfahrung und Sorgfalt erfordert und zeitraubend ist, weil Faden für Faden durchgeprüft werden muß und sich oft ein Ausfall von 50% bei einer Sorte und Packung ergibt, darf es nicht wunderlich sein, wenn die Auslese, für deren Beschaffenheit der Verkäufer gewährleistet, höher im Preise steht und z. B. für die erlesensten Fäden von Lachsgut ein englischer Schilling und mehr gefordert und gerne bezahlt wird. Dasselbe gilt von den feinen und feinsten Stärken, bei denen der Ausfall so groß ist, daß man mit den übrigbleibenden tadellosen Fäden den Bedarf kaum zum kleinsten Teile decken könnte.

Ich will durch das Gesagte dem Leser nur erklären, daß er besser tut und sogar Geld erspart, wenn er die benötigten Längen als ausgesuchte Ia-Ware bei einer soliden Firma ersteht, als wenn er ganze Packungen kauft, bei denen er mit einem Verlust von so- undsoviel Prozent minderwertigen Materiales zu rechnen hat. Da diese minderwertigen Fäden aber beim Großhändler bzw. Fabrikanten zu verschiedenen Zwecken anderweit Verwendung finden, kann dieser trotzdem die ausgesuchte Ware immer noch verhältnismäßig billiger abgeben.

Die Handelsbezeichnungen für Gut sind folgende: Imperial und Hebra, welche die stärksten, nur für Lachsfischerei in Betracht kommenden Nummern sind. Ferner Marana I und II, Padron I und II, Regular, Fina, Refina, welch letzteres die dünnste Qualität des natürlichen Produktes vorstellt.

Wie schon erwähnt, ist die Menge dieses Produktes in den feinsten Stärken hinsichtlich vollendeter Qualität so gering, daß sie den Bedarf nicht deckt. Man hat deshalb das Gut einer Bearbeitung unterzogen, indem man die Fäden stärkerer Dimensionen durch kalibrierte Löcher zieht, welcher Prozeß ein vollständig rundes, hervorragendes Material liefert, dessen jeder einzelne Faden von egalem Durchmesser ist. Die gebräuchlichsten Bezeichnungen für diese Stärken dieses gezogenen Guts sind: $^1/_4$ x entsprechend der unbearbeiteten Stärke „Regular", $^1/_2$ x entsprechend „Fina", 1 x entsprechend „Refina" sowie die Nummern 2 x, 3 x und 4 x, entsprechend dem stufenweisen Abnehmen des Durchmessers. 4 x besitzt die Stärke eines Frauenhaares und trägt trotzdem noch ein totes Gewicht von über 1 Pfund ohne zu reißen. Die Bezeichnung „x" bedeutet aber nicht 1-„mal", 2-„mal" usw. gezogen, sondern $^1/_{1000}$ englischer Zoll. Es ist nur verwunderlich, daß unsere heimischen Firmen diese exakte, konkrete und richtige Bezeichnung nicht in ihren Preisbüchern führen, sondern sich darauf beschränken, ihren Kunden die Ware mit den Worten dünn, extradünn usw. zu bezeichnen, worunter man sich nichts vorstellen kann, weil dünn, extradünn viel zu subjektive Begriffe sind. Um nur ein Beispiel zu erwähnen: in Amerika angelt man in Anbetracht der viel größeren Fische und deren Wehrhaftigkeit, nicht minder auch mit Rücksicht auf die rauhen Gewässer durchschnittlich mit viel stärkeren Vorfächern, als sie bei uns üblich sind. Was man in Amerika mit „Medium sized" bezeichnet, also als „Mittelfein", besteht tatsächlich aus solidem Marana I, eine Stärke, welche man in England „leichtes Lachsgut" nennt.

Die strikten Anhänger des unbearbeiteten Gut werfen dem „gezogenen" eine zu geringe Widerstandsfähigkeit gegen die Schädigungen beim Gebrauche vor, eine Ansicht, welche auch in der älteren Literatur hier und da vertreten wird. Besonders das „Auffranzen" wird als großer Übelstand bezeichnet. Nun, etwas Wahres ist ja daran, aber nicht so viel, daß man gleich zu einem ablehnenden Urteile schreiten müßte. Die unterste Länge eines Vorfaches muß man so oder so wiederholt einbinden, durch Scheuern an Steinen oder Kraut oder durch Hängen im Astwerk usw. franzt sie sich auf, gleichviel, aus welcher Art Gut sie besteht und je feiner sie ist, desto intensiver ist der Verschleiß. Nach meinen Erfahrungen kann man gezogenes Gut, wenn man es richtig behandelt, ebenso lange im Gebrauch haben wie das unbearbeitete Produkt.

Gut wird in verschiedenen Längen geliefert von 11—16 Zoll engl. Nur die allerstärkste Lachsgutsorte in bloß 11—12 Zoll Länge. Ich erwähne das deshalb, um dem Leser den Rat zu geben, nicht zu kurze Längen zu wählen, etwa mit Rücksicht auf den etwas höheren Preis der längeren Fäden. Abgesehen davon, daß, je mehr Knoten ein Vorfach besitzt, um so mehr Punkte geringeren Widerstandes vorhanden sind, den jeder Knoten darstellt, wird die einzelne Länge schon allein durch das Einknüpfen auf jeder Seite um ca. einen Zoll kürzer. Ein aus solchen kurzen Längen hergestelltes Vorfach schaut unschön aus, wenn Knoten auf Knoten sitzt, wenn man schon das vorgeschilderte Gefahrmoment außer acht läßt. Das Vorteilhafteste ist, Längen von 14—15 Zoll zu wählen, bei denen selbst im Falle, daß man einen Knoten neu zu binden hätte, dieser nicht zu nahe an den anderen rückt. Zudem sind es meist die Knoten, an denen sich die ominösen Verschlingungen des Vorfaches bilden, und je mehr ihrer sind, desto mehr Gegenheit zum Verschlingen ist geboten.

Vorfächer werden entweder als „parallele" aus gleichstarken oder als „verjüngte" aus an Stärke abnehmenden Längen geknüpft. Über die ersteren ist nicht viel zu sagen, desto mehr über die letzteren und bei dieser Gelegenheit auch über die respektiven Längen und Stärken.

Wenn man mit großen Fliegen, wie Mai- und Stein- oder Lachsfliegen, und großen Palmern angelt, wird man naturgemäß ein Vorfach von stärkerem Gut wählen, ev. bis zur Stärke Regular oder Padron und von paralleler Knüpfung.

Angelt man aber dagegen mit kleinen und kleinsten Fliegen, deren man oft drei einbindet, bei klarstem Wasser oder aber mit der Trockenfliege, dann wird man besser zu einem verjüngten Vorfach greifen, dessen letzte Länge ev. die Stärke 4 x besitzt. Viele der fertig gekauften Vorfächer dieser Art haben eine zu rasch abnehmende Verjüngung und am oberen Ende viel zu dünnes Gut. Solche Vorfächer eignen sich nur für feine Schnüre, sagen wir J-D-J oder J-E-J, in Verbindung mit sehr leichten Gerten zwischen 90—120 g. An stärkeren Schnüren und schwereren Gerten geben sie aber keinen guten Wurf, im Gegenteil kommt es gerne und oft zu den unangenehmen Verwicklungen des Vorfaches, wenn man weite und daher etwas kräftigere Würfe zu machen hat. Ich für meine Person bin von den althergebrachten 3 Yard langen Vorfächern schon längst abgekommen und angle unter normalen Verhältnissen nur mit einem 2 Yard langen Vorfach, das regulär aus 6 Längen Gut geknüpft ist, gleichviel ob ich „trocken" fische oder „naß" mit 2—3 Fliegen am Zug.

Ich binde meine Vorfächer nun in der Weise, daß die obersten Längen der Reihe nach folgende Stärken besitzen: eins $^1/_4$ x, zwei und drei $^1/_2$ x, vier und fünf 1 x, sechs 2 x. Den Springer binde ich an ein Stückchen Gut von höchstens 6—7 cm Länge zwischen drei und vier ein — gemeinhin angle ich nur mit zwei Fliegen. Auch benötige ich äußerst selten eine dünnere Endlänge als 2 x. Sollte das aber gelegentlich doch erforderlich sein, diese in der Stärke 3 x oder 4 x benützen zu müssen, dann binde ich eben einen solchen

Faden noch direkt an den 2 x an und nehme dafür eventuell die oberste Länge von $^1/_4$ x weg.

Auf diese Weise bleibt das Vorfach stets im richtigen Verjüngungsverhältnis, welches absolut nicht gestört wird, wenn man auch einen 4 x-Faden direkt an den 2 x-Endfaden anknüpft.

Ich möchte wirklich, und am wenigsten Anfängern, nicht raten, seine Vorfächer in Stärken unter 1 x in paralleler Knüpfung zu führen, am allerwenigsten aber in einer Länge von 3 Yard, denn damit gut zu werfen ist an und für sich schon schwer, doppelt und dreifach bei nur etwas Gegenwind.

Ist dieser sehr stark, dann nehme ich ein nur 1 m 20—30 cm langes Vorfach mit nur einer Fliege, gleichviel ob „naß" oder „trocken", das aus vier Längen Gut derart verjüngt ist: Oberste Länge eins $^1/_4$ x, zwei und drei ½ x, vier je nachdem 1 x oder 2 x. Da bei starkem Winde auch bei sehr klarem Wetter andere Licht- und Brechungsverhältnisse herrschen als bei Windstille, kann man getrost das stärkere 1 x nehmen.

Dasselbe Vorfach nehme ich auch beim Angeln in der vorgeschrittenen Dämmerung oder in der Nacht — außer ich angle mit sehr großen, schweren Fliegen, in welchem Falle ich dann ein paralleles Vorfach der Stärke $^1/_4$ oder ½ x wähle, ebenso zum Angeln mit der sog. „gezogenen" Fliege.

Warum man noch immer an dem 3-Yard-Vorfach unserer Großeltern festhält, ist mir nicht recht erklärlich. Schon unsere heutige Tendenz, kurze Gerten zu führen, müßte darin Wandel schaffen, denn jeder, der unvoreingenommen den Versuch machte, mit einer sagen wir nur 2,75 m langen Gerte und einem 3 Yard langen Vorfach zu werfen, wird sich bald zur 2 Yard Länge bekehrt haben.

Und in Wirklichkeit ist diese für jede Art des Flugangelns vollauf genügend. Für das Angeln mit der sog. „nassen Fliege" ist das Anbringen von zwei bis drei derselben beliebt — zum Angeln auf den großen Seen in England verwendet man sogar deren mitunter vier.

Ich bin davon abgekommen, mehr als zwei Fliegen am Vorfach zu führen — aus verschiedenen Gründen. Erstens setzt die Größe der Fliegen eine gewisse Grenze: solche in den Hakennummern 8 alter Skala (6 neue) lassen sich zu dritt schon nicht mehr gut werfen. Die Aussicht Triples zu erbeuten, ist selbst in einem hervorragend besetzten Wasser recht gering, dagegen viel mehr die, daß sich ein Fisch am oberen Springer fängt, beim Landen in schwierigem Terrain nochmals ungebärdig wird und sich eine der beiden anderen Fliegen im Gras, Zweigen oder im Landungsnetze verfängt, was gewöhnlich den Verlust des Fisches bedeutet, oder aber, wenn die Landung schon glückte, sich die eine oder andere Fliege ins Netz verbeißt und man dann die langweilige Arbeit hat, sie daraus freizumachen, was namentlich bei schlechtem Lichte, in der Dämmerung usw. keine Freude ist.

Der von Heintz erwähnte Vorteil der dritten Fliege, als Versuchsobjekt zu dienen, ist von problematischem Werte und wiegt die oben geschilderten Nachteile nicht auf. Außerdem halte ich es für viel richtiger, die Endfliege, den sog. Strecker, zu wechseln, wenn man den Fischen eine andere Fliege anbieten will. Denn der Strecker macht den längsten Weg, wird von der Strömung auf und niedergetragen, gleitet über Steine und Grasbetten, kurz er kommt dem Fische viel eher zu Gesicht als die „Springer“ genannte Seitenfliege. Nicht zum wenigsten ist der Strecker viel leichter und schneller zu wechseln als ein Springer, was sich schon aus der Natur der Anbringungsweise ergibt. Bei dieser Gelegenheit möchte ich noch eines Umstandes Erwähnung tun, welchen ich eigentlich nirgends bisher gewürdigt sah: man soll stets als Endfliege die kleinere wählen, wenn man verschieden große Fliegen benützt!

Es ist ganz falsch anzunehmen, daß eine große Fliege am Ende dem Wurf zugute komme — ihres größeren Gewichtes wegen —, richtig ist das Gegenteil, wovon sich jeder durch einen Versuch überzeugen kann.

Wenn man den Springer als hüpfende oder eierlegende Fliege auf der Oberfläche führen will, so darf er keineswegs zu nahe der Endfliege angebracht werden; seine Entfernung muß mindestens die halbe Vorfachlänge betragen, besser noch mehr; das dort — bei verjüngten Vorfächern — stärkere Gut stört die Fische absolut nicht.

Bei den fertig gekauften Vorfächern sind die Gutenden für die Springer meist 10 cm lang, was zuviel ist. Mehr als 7 cm soll die Länge des Seitenfadens nicht betragen, weil sich sonst zu leicht die Fliege in das Vorfach verschlingt. Ich komme nun zur Schilderung des Vorganges beim Knüpfen der Vorfächer. Vorerst weicht man die Gutfäden gründlich in einer 10proz. Glyzerinlösung, am besten eine halbe Stunde lang, solche aus einem älteren Vorrat noch etwas länger — der Sicherheit halber! Knüpft man verjüngte Vorfächer, weicht man jede Stärke separat, um keine Verwechslungen zu haben. Vor dem Einknüpfen revidiere man jeden Faden nochmals auf völlige Fehlerfreiheit unter Beachtung des in früheren Zeilen Gesagten.

Die beste und sicherste, dabei eleganteste Verbindung zweier Längen stellt der doppelte Fischerknoten dar, dessen richtige Schürzung Abb. 12b zeigt. Der fertige Knoten muß nach dem Festziehen vier parallele Ringe vorstellen, wie aus Abb. 12c ersichtlich ist.

Wenn man den Knoten so anlegt, wie Abb. 12a zeigt, ist das Resultat statt paralleler Ringe zwei aufeinanderstehende Höker, die sich an den Berührungspunkten abscheuern, was zum Bruche im Knoten führt, was vielen unerklärlich ist. Der Vorteil des doppelten Fischerknotens besteht eben darin, daß die beiden Ringpaare wie elastische Puffer wirken, wenn das Vorfach einem Zuge oder gar bei hart kämpfenden Fischen einem scharfen Riß ausgesetzt ist. Bei den Lachsvorfächern wird sogar zwischen die Knotenpaare vor dem endgültigen Zusammenziehen eine Umwicklung der zwischen ihnen liegenden Gutfäden mit Seide oder feinstem Gut (wozu sich minderwertige Fäden ganz gut eignen) angelegt als federnde Zwischenlage. Diese Verbindung wird auch „Pufferknoten“ genannt.

Der doppelte Fischerknoten ist ganz leicht richtig zu machen bzw. das Parallelwerden der Ringe zu erzielen, wenn man sich bemüht, diese beim Anlegen schon gleich groß zu machen und von Haus aus parallel zu legen und mit den Spitzen von Daumen und Zeigefinger der linken Hand zu fassen und so lange in dieser Stellung

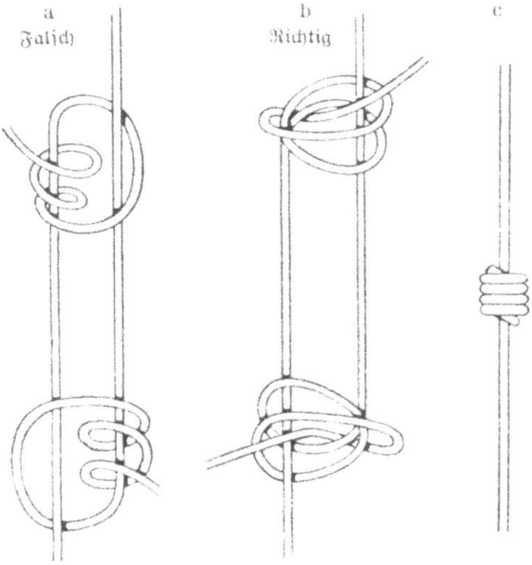

Abb. 12.

festzuhalten, bis man das freie Ende des zu knotenden Fadens richtig durchgeschoben hat und nicht eher loszulassen, bis man den Knoten zwischen den Fingerspitzen zugezogen hat.

Ich betrachte es als einen Mangel aller unserer bisherigen Lehrbücher, daß sie von diesem so eminent praktischen und wichtigen Knoten sowohl falsche Bilder seiner Schürzungsweise, als auch keine Anleitung ihn zu binden brachten; daher kommt es, daß nur so wenige diesen Knoten richtig anlegen können.

Wenn die einzelnen Knoten fertig sind, hüte man sich, dieselben sofort festzuziehen, bringe vielmehr das Gut wieder in die Flüssigkeit zurück und erst nach einigen Minuten Einweichens ziehe man die Knoten ganz fest und gegeneinander, doch vermeide man hierbei überflüssigen Zug; es genügt, daß die Ringe glatt nebeneinander liegen. Die überschüssigen Enden schneide man ganz kurz am

Knoten ab. Ich habe das notwendige Einweichen vor dem Beendigen des Knotens betont, was ich auch nirgends erwähnt finde und doch für wichtig halte, weil das Gut während der Arbeit etwas eintrocknet, wodurch es beim Festziehen leicht flachgedrückt werden kann, was seine Haltbarkeit schädigt; wird es dagegen nochmals geweicht, so ist das Flachwerden verhütet.

Obzwar der Fischerknoten sich aufziehen läßt, um z. B. eine Fliege einzuhängen, wie in (Abb. 13) möchte ich doch dringend raten, dies nicht zu tun. Die Seitenfäden für die Springer befestigt man gleich beim Knüpfen, wie ich es im folgenden beschreiben werde.

Verliert man beim Angeln diesen Faden — was vorkommt — oder wünscht man einen neuen einzusetzen oder den Springer nachträglich an einen anderen Platz zu stellen, so opfere man lieber die wenigen Minuten und das Endchen Gut,

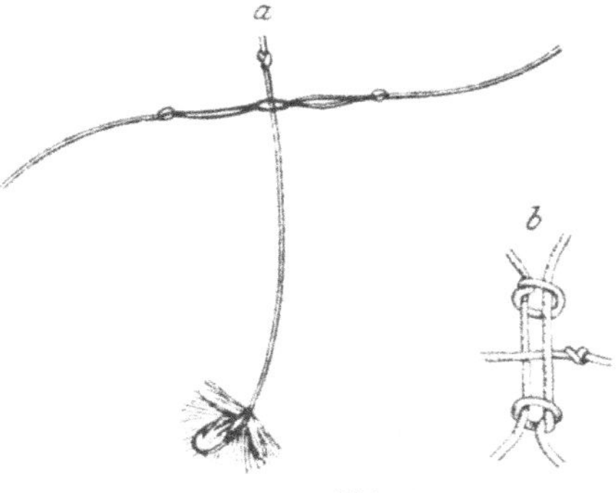

Abb. 13.

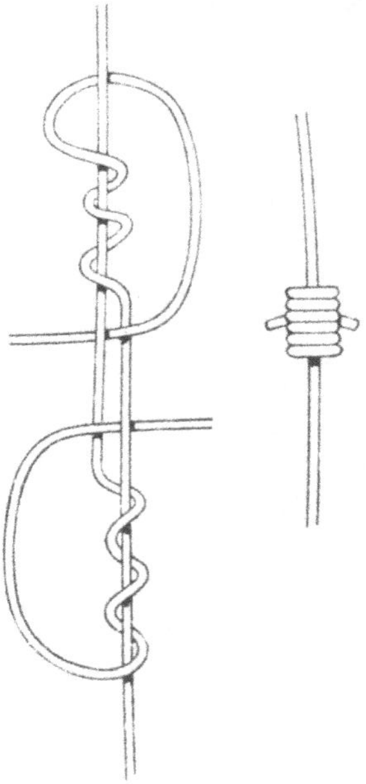

Abb. 14.

um den Knoten neu zu binden, der Zeitverlust wird reichlich vergolten durch die Beruhigung, daß der neue Knoten im gesunden Materiale liegt und weniger leicht ein Bruch sich ereignen kann. Ein anderer beliebter und sehr eleganter Knoten ist der sog. „Blood-knot", dessen Schürzung Abb. 14 erläutert; der fertige Knoten zeigt sechs parallele Ringe. Wenn er aber nicht sehr exakt angelegt ist, kann er aufgehen, was ich gleich bemerken muß. Nimmt man das eine Ende der oberen oder der unteren Länge um ca. 10 cm länger als das andere, so bildet es den Seitenfaden, dessen separates Einbinden man erspart.

In Verbindung mit dem doppelten Fischerknoten, dort wo man einen Seitenfaden einbinden will, gibt es eine zu diesem Zwecke hervorragend geeignete Kombination.

Man macht mit der einen Gutlänge den Fischerknoten, mit der anderen den Bloodknot und läßt dabei das freie Ende um so viel länger, als man den Seitenfaden lang haben will. In dieser Form ist ein Aufgehen ausgeschlossen, der Knoten ist formschön, zeigt fünf parallele Ringe und der Seitenfaden steht senkrecht ab.

Für das Einbinden von Seitenfäden in den doppelten Fischerknoten kann ich nur die eine Manier empfehlen, die in Abb. 13a gezeigt wird. Man hat nur darauf zu achten, daß der Knoten am Ende der Seitenfäden entsprechend groß ist, was man durch ein mehrfaches, ev. 6—8maliges Durchziehen des freien Endes durch die Knotenschleife erreicht und daß die beiden Verbindungsknoten über die Seitenlänge korrekt zugezogen sind, damit diese nicht hindurchgleiten kann. Infolge des Zusammentreffens dreier Knoten ist diese Anbringungsweise weder so glatt noch so unsichtlich wie beim Bloodknot oder der Verbindung dieses mit dem Fischerknoten, aber praktisch in jeder Hinsicht brauchbar. Nur tut man gut, des öfteren, mindestens aber nach dem Angeln, wenn man wiederholt größere Fische am Springer gefangen hatte, nachzusehen, ob das Gut des Seitenfadens unversehrt ist, indem man es am Knoten fassend ein Stückchen vorzieht, wobei man oft genug die Erfahrung machen wird, daß einem der Knoten in der Hand bleibt, weil das Gut unterhalb seiner durchgescheuert war.

Um dem Gut jeden Glanz zu nehmen, färbt man es je nachdem wasserblau, blaugrau oder grün, sogar teilweise grün und braun. Ich halte diese Schutzfärbung für sehr gut, auch bei klarem Wasser. Die Ansicht von Heintz, daß das gefärbte Gut seine Durchsichtigkeit einbüßt und dann Schatten wirft, welche den Fisch irritieren, teile ich nicht. Im Wasser treibt doch Gras, Blätter, Zweige u. ä., was alles den Fisch nicht stört oder beunruhigt — der feine Gutfaden wird von ihm höchstens als Grashalm gewertet werden, an den sich irgendein Insekt angeklammert hat. Ich habe es schon wiederholt gesehen, daß mir Fische nach dem Knoten am Springer gestiegen sind, scheinbar aus demselben Grunde, ebenso wie Fische die Wirbel und das Blei am Spinnvorfach annehmen.

Ich darf es nicht unterlassen, die Pflege des Gut zu besprechen, weil kaum ein Bestandteil des Angelzeuges so mißhandelt wird wie eben dieser.

Vor allem die Aufbewahrung des Vorrates. In irgendeiner Schublade in Papier gewickelt — oft auch ohne dieses —, allen Schädlichkeiten ausgesetzt, liegen die Gutfäden herum, oft auch fertige Vorfächer, durch Wochen und Monate. Dann wundert sich der Besitzer, daß sie manchmal schon beim Indiehandnehmen wie Glas brechen. Gut muß immer und stets vor Luft, besonders vor Feuchtigkeit und vor Sonnenhitze geschützt werden. Am besten geschieht dies durch Verwahren in einer Umhüllung eines fetten Ölpapieres und in dieser in einer Tasche aus Sämischleder. So gelagertes Gut hält sich an einem trockenen Orte oft jahrelang. Vorfächer muß man sorgfältig vor Knickungen bewahren, nach Gebrauch sorgfältig an der Luft, aber nicht in der Sonne trocknen und während einer Angelpause ebenfalls vor überflüssiger Sonnenbestrahlung schützen. Ich lege gewöhnlich bei einer Rast das Vorfach ins Wasser, da ich ohnedies die Gewohnheit habe, bei dieser Gelegenheit die Gerte über das Wasser hinauszulegen, um sie vor Umfallen oder Getretenwerden zu schützen. Raste ich aber in einem Hause oder sonstwie fernab vom Wasser, ziehe ich es vor, das Vorfach abzunehmen und in der Wasserbüchse zu versorgen. Je gründlicher ein Vorfach nach Gebrauch trocknet, desto besser, denn wenn schon der feine Faden bald trocken wird, so brauchen die Knoten eine vielfach längere Zeit, ehe sie das angesaugte Wasser wieder abgegeben haben.

Leider wird dieser Tatsache viel zu wenig Bedeutung beigelegt, und so kommt es, daß sonst erstklassige Vorfächer in auffallend kurzer Zeit verderben bzw. in den Knoten reißen, was dann immer dem Lieferanten zur Schuld gerechnet wird, aber nie der Unwissenheit und Sorglosigkeit des Anglers.

Das Schädlichste für ein Vorfach ist die vielfach noch zu beobachtende Manier, es um den Hut geschlungen ans Wasser zu tragen bzw. die Reservevorfächer so zu transportieren und durch Tage und Wochen am Hut zu lassen. Aber noch verderblicher ist für das Gut die Unterbringung unter dem Schweißleder der Kopfbedeckung, wo es in kürzester Zeit direkt verfault.

Meines Erachtens ist es doch dieselbe Arbeit, das Vorfach aus seiner Tasche zu holen, als es vom Hute abzuwickeln.

Einzig allein beim Angeln in tiefer Dämmerung oder in der Nacht gestehe ich dem Tragen des Vorfaches am Hute eine Berechtigung zu — aber auch nur da allein und nur während der Zeit des Angelns.

Bei längerem Gebrauche wird der Gutfaden rauh, er franst sich auf, gleichviel, ob unbearbeitetes oder gezogenes Gut verwendet wird. Dieses Auffransen wird ziemlich lange hinausgeschoben bzw., wenn es nicht zu stark ist, behoben durch das Polieren des Gut. Man spannt das getrocknete Vorfach gut aus und reibt es sorgfältig Länge für Länge mit Zigarettenpapier ab. Diese einfache und billige Prozedur soll man nicht versäumen nach jedem Angeln durchzuführen: sie verlängert die Lebensdauer des Vorfaches in auffallender Weise. Bei anhaltender großer Hitze soll man ein- oder zweimal während der Angelsaison das Bad in der Glyzerinlösung wiederholen, aber auch nicht vergessen, nach angestrengtem Gebrauche das Vorfach Zoll für Zoll zu revidieren und jeden verdächtigen Knoten zu erneuern sowie jede schadhafte oder nicht mehr verläßlich erscheinende Länge rücksichtslos zu erneuern.

Auch empfiehlt es sich, die Fliegen ab und zu neu einzubinden, besonders die Endfliege, diese selbst unter dem Angeln, nach einem Hänger oder nach dem Drill eines schweren Fisches, ganz besonders aber, wenn die letzte Länge des Vorfaches eine geringere Stärke als 2 x hat.

Viele Fliegen und noch mehr Fische gehen verloren durch Nichtbeachtung dieser einfachen und eigentlich selbstverständlichen Kontrollmaßnahmen, deren Vornahme jeder Angler sich zur Pflicht machen sollte.

In den älteren Lehrbüchern wird empfohlen, das Vorfach nach dem Wässern dadurch zu strecken bzw. gerade zu machen, indem man es durch ein Stückchen Gummi zieht; das ist aber direkt ruinös für das Vorfach, denn durch den rauhen Gummi wird das Gut seiner glatten Oberfläche beraubt und franst sich doppelt so rasch auf als im Gebrauche. Wenn ein Vorfach gut vorgeweicht wurde, genügt es an seinen Enden einen gelinden Zug anzusetzen, um es gerade zu strecken. Ich rate daher ernstlich von der Verwendung des Gummi ab.

Das zum Flugangeln bzw. zur Herstellung der künstlichen Fliegen benötigte Hakenmaterial ist ziemlich einheitlich. Von vornherein kann man die Haken mit Plättchen als unverwendbar und die mit Spitzschenkeln deshalb ausscheiden, weil letztere die Verwendung eines mit der Fliege zusammen eingebundenen Gutfadens bedingen, Fliegen dieser Art aber heute nicht mehr zeitgemäß sind. Vor allem vertragen sie kein Lagern, da das Bindemittel mit der Zeit eintrocknet und die Fliege den Halt am Gut verliert — erst recht, wenn dieses einige Male naß und wieder trocken geworden ist, was infolge der Quellung und der dann folgenden Schrumpfung die Bindung lockert.

Der größte Nachteil dieser Art von Fliegen ist aber der Gutfaden selbst, der in der Mehrzahl der Fälle nicht zum Vorfach paßt, so daß es eine recht umständliche Sache ist, die passende Gutstärke zu finden. Und hat man sie, dann muß man die Fliege erst wässern, was auch nicht immer angenehm ist, denn so wie sie aus der Fliegenbüchse entnommen wurde, ist sie doch nicht zu verwenden. Nicht zuletzt sind die Fliegen am Gut voluminös, wovon die dickleibigen alten Fliegenbücher Zeugnis geben.

Aus diesem Grunde hat sich die an Öhrhaken gebundene Fliege in raschem Siegeslaufe die Gunst des Anglers erworben, nachdem man schon lange vorher die Lachsfliegen mit Öhr versehen hatte, um sie leichter wechseln zu können und die teueren Fliegen nicht durch das Verderben des Gutfadens vorzeitig wertlos zu machen. Allerdings waren diese Öhre früher aus gedrehtem Gut hergestellt.

Darin liegt eben die ungeheure Überlegenheit des Öhrhakens, daß ich erstens mindestens das doppelte Quantum Fliegen, wenn nicht mehr in einer Vorratsbüchse handlich, griffbereit und übersichtlich geordnet bei mir führen kann und ohne umständliches Suchen und Vergleichen die gewünschte oder benötigte Fliege sofort und absolut verläßlich direkt ins Vorfach einbinden und sie ebenso schnell durch eine andere ersetzen kann. Eine an Gut gebundene Fliege ist absolut wertlos und unbrauchbar, wenn sie sich vom Gut getrennt hat, selbst wenn sie nie im Gebrauch gestanden hat, wogegen die Lebensdauer der Öhrfliege eine direkt unbegrenzte ist.

Es gibt Ohrhaken mit nach innen (Abb. 15) und solche mit nach außen (Abb. 16) gebogenem Ohr (sog. Hallsche Haken). Beide Formen sind gleich gut, doch sind die mit nach innen gebogenem Ohr die beliebteren und gebräuchlichsten.

Die drei Grundformen: Limerick, Rundbogen und Sneckbend sind auch die für die Flugangel gebräuchlichsten. Die letzteren, auch die Limerick, werden nach der Angabe des bekannten englischen Sportschriftstellers Pennell mit einem besonders geformten Schenkel (Abb. 17) hergestellt und führen auch die Handelsbezeichnung „Pennell-Ohr-Fliegenhaken". Ich liebe sie außerordentlich, weil sie es ganz besonders gestatten, der Fliege den so wichtigen „freien Hals" zu lassen und weil sie besonders fein im Drahte sind, was man nicht von allen Fabrikaten behaupten kann.

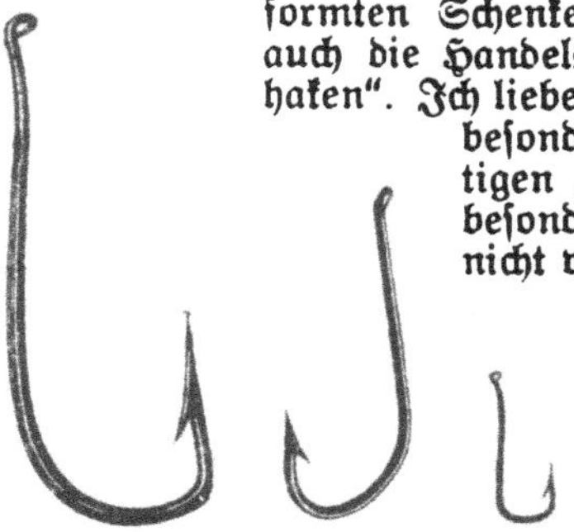

Abb. 15. Abb. 16. Abb. 17.
Aus Stork's „Gerätekunde und Katalog".

Hinsichtlich der Fängigkeit sind sich alle drei Hakenformen gleich — unter der Voraussetzung, daß sie richtig gebaute Spitzen und nicht zu enge Bögen haben. Für das Fischen mit der „geblasenen Leine" mit natürlichen Insekten gibt es besondere Hakensorten, sowohl in Rund- wie auch in Vierkantstahl hergestellt, ebenso für die Herstellung der künstlichen Maifliegen. Beide Formen haben etwas stärkeren Draht wie die normalen Fliegenhaken und breite Bögen. Wenn ich auch die ersteren für entbehrlich und durch die gewöhnlichen zum Grundangeln verwendeten Hakensorten durchaus ersetzbar halte, so finde ich anderseits die speziellen Maifliegenhaken von Hardy sehr brauchbar und empfehlenswert.

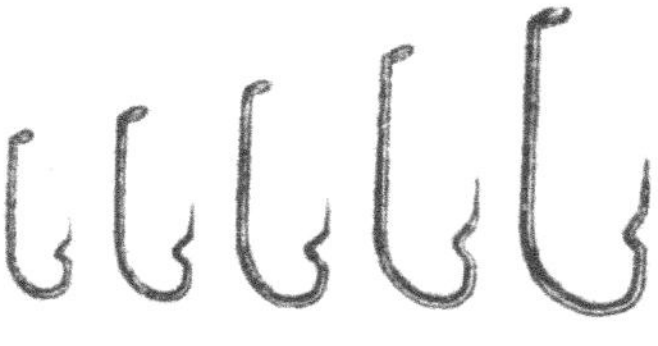

Abb. 18.
Aus Storks „Gerätekunde und Katalog".

Ein Haken ganz eigener Art ist der vor ca. 3 Jahren von Amerika herübergebrachte widerhakenlose Haken von Jamison (Abb. 18). Ich führe ihn sehr gerne, namentlich dort, wo ich die Fische lebend erhalten soll, wie es an manchen Wassern Bedingung, an vielen der Wunsch des Besitzers ist, und insbesondere gegen Ende der Saison, wo viel daran liegt, die schon laichtragenden Weibchen möglichst schonend zu behandeln.

Er ist recht fängig und wäre es noch mehr, wenn sein Bogen breiter und Spitze weniger lang wäre. So befremdend es klingen mag, aber allen Theorien zum Trotz und trotz des Mangels eines Widerhakens hält er den gefangenen Fisch, läßt sich aber dafür mit der größten Leichtigkeit aus dem Fischmaule entfernen. Man „beutelt" förmlich den Fisch vom Haken, ohne irgendein Löserwerkzeug außer Daumen und Zeigefinger einer Hand zu benötigen. Das Einzige, was ich an ihm bemängle, ist der zu dicke Draht, aus dem er gefertigt ist, aber sonst kann ich ihn jedermann empfehlen, der schonen oder lebende Fische behalten will.

Zur Herstellung von Kunstfliegen werden auch besonders geformte Doppelhaken ebenfalls mit Öhr (Abb. 19) verwendet. Heintz empfahl sie besonders in den kleinen Nummern für das Angeln auf Äschen. Ich habe sie in früheren Jahren auch zu diesem Zwecke geführt, bin aber davon wieder abgegangen, denn der einfache Haken steht dem doppelten an Fängigkeit nicht nach, ist aber meist viel leichter aus dem Fischmaule zu entfernen als letzterer.

Bei uns sind Doppelhaken meist nur für gewisse große Fliegen, wie die bekannte Ziegenfliege usw., in Verwendung, in England dagegen werden sie viel zur Herstellung von Lachsfliegen verarbeitet. Die Größenskala der Haken, auch der doppelten, läuft fallend von 1—18 — nach der alten Numerierung — die neuen Nummern beginnen mit 000—gleich: alt Nr. 18— steigend 00, 0, 1 usf. bis 10.

Abb. 19.
Aus Storks „Gerätekunde und Katalog".

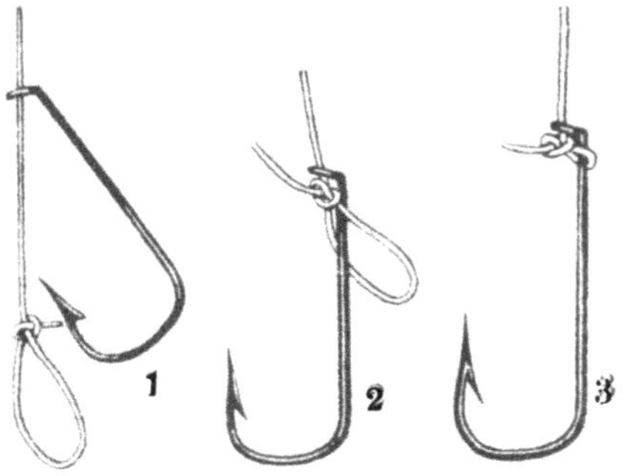

Abb. 20.

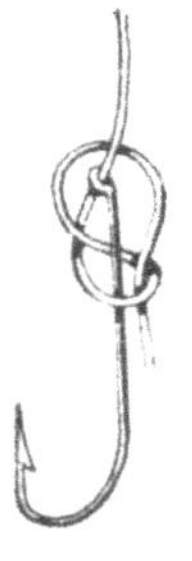

Abb. 21.

Aus Storks „Gerätekunde und Katalog".

In dem Kapitel über das Binden der Fliegen werde ich die speziellen Eigenschaften der verschiedenen Hakensorten eingehend besprechen und ebenso die verschiedenen zu verwendenden Größen, welche zu den jeweiligen Mustern am passendsten sind. Ich will nun zum Abschluß dieses Kapitels noch die geeignetsten Knotenformen vorführen, welche zum Anbinden der Fliegen Verwendung finden, und mich auf die einfachsten und verläßlichsten Formen beschränken. Abb. 20 zeigt den am leichtesten zu schürzenden und absolut verläßlichen „Turle-Knoten", der an sich nichts anderes ist als der altbekannte „Schinder-" oder „Galeeren"-Knoten. Nur möchte ich raten, das freie Ende nicht kürzer als 1—2 mm abzuschneiden, um jede Möglichkeit eines Aufgehens auszuschließen. Ein sehr verläßlicher Knoten ist der in Abb. 21 abgebildete „Achter-" oder „Vlämische" Knoten, der besonders zum Einbinden der „Hallhaken“ geeignet und beliebt ist. Doch achte man darauf, daß die beiden Ringe des Achters richtig an dem Hals der Fliege liegen, da diese andernfalls nicht mit dem Gutfaden ein starres Ganzes bildet, sondern am Gut schlenkert, weil der Knoten oberhalb des Öhres zu liegen kommt.

Die meisten anderen Knoten sind Variationen der zwei vorbeschriebenen, und wer diese sauber zu schürzen und anzulegen versteht, ist allen Erfordernissen gewachsen.

Ich möchte nur von dem hier und da empfohlenen Aufmachen der Knoten dringend abraten, wenn es sich darum handelt, neue Fliegen einzubinden. Bei der Feinheit der Gutfäden und dem festen Sitze der Knoten geht es ohne Zuhilfenahme einer Nadel nicht — und daß dabei das Gut ernstlich beschädigt wird, ist als nahezu sicher anzunehmen. Ob man dann hinterher das beschädigte Ende oder gleich von Haus aus den ganzen Knoten abknipst, bleibt sich gleich, neu binden muß man dann in beiden Fällen — der Längenverlust an Gut beträgt nur ca. 1 cm — und man erspart sich nicht nur die Arbeit des Knotenöffnens und nochmals Bindens, sondern hat die Beruhigung, den neuen Knoten im unversehrten Faden angelegt zu haben.

Geräte und Kleidung.

Außer den zum Angeln selbst benötigten Geräten braucht der Fliegenfischer noch verschiedene andere Behelfe und Ausrüstungsgegenstände; manches Stück mag ja unter Umständen entbehrlich sein, aber im Laufe der Jahre wird jeder das ihm Passende zu wählen gelernt haben.

Der unentbehrlichste Begleiter des Fluganglers ist das Landungsnetz — mag es auch Gegner davon geben, die erklären, sie

Abb. 22.
Aus Storks „Gerätekunde und Katalog“.

können unter allen Umständen darauf verzichten. Ich gebe zu, daß ich bei günstigen Uferverhältnissen hie und da meine Fische auch ohne Netz in meinen Korb bringe, ohne aber zu gewalttätigen Maßnahmen zu greifen. Wenn man aber watet oder vom Boote aus angelt, ist das Netz bestimmt nicht zu entbehren.

Es gibt eine Menge Netzformen und Modelle — feststehende und zusammenlegbare —, so daß einem fast die Wahl schwer werden könnte. Ich will mich darauf beschränken, nur die bewährtesten Modelle zu beschreiben.

Beginnen wir beim feststehenden Netz (Abb. 22), dessen Stock und Reifen massiv sind, vielfach starr miteinander verbunden.

Die kurzstieligen Formen sind recht handlich und zum Waten und Bootangeln recht empfehlenswert. Der Griff trägt meist einen federnden Einhängehaken, mittels welchem das Netz in einen Ring des Rucksackriemens oder der Tasche usw. eingehängt wird. Als recht praktisch und vielseitig verwendbar muß ich die mit Sicherheitsnadeln verbundenen Anhängevorrichtungen bezeichnen, die Abb. 23 und Abb. 24 zeigen. Da sie an beliebigen Stellen der Kleidung, des Rucksackes usw. an-

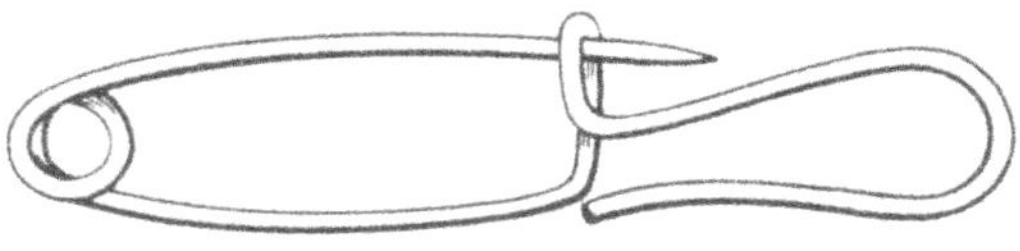

Abb. 23.

Abb. 24.

Nach Storks „Gerätekunde und Katalog".

gebracht werden können, erlauben sie die daran hängenden Gegenstände zwar in Greifweite, aber doch so zu plazieren, daß sie den Angler in seiner Tätigkeit nicht behindern.

Landungsnetze der vorstehenden Art sind ungemein stabil, dauerhaft und billig und wenn nicht zu groß dimensioniert, auch verhältnismäßig bequem zu transportieren.

In den Fällen, wo ein längerer Netzstock als ca. 50 cm erforderlich ist — und das wird beim Fischen vom Ufer aus immer der Fall sein — ist es schon ein Vorteil und eine Annehmlichkeit, Netz und Stock für den Transport voneinander trennen zu können. Die Verbindung wird gewöhnlich durch ein Schraubengewinde betätigt, das durchaus solide und verläßlich ist.

Längere Netzstöcke wie 1 m sind für den Transport unangenehm. Man kann den Stock in zwei oder drei Teile teilen und diese durch Messinghülsen, wie sie bei den Angelruten gebräuchlich sind, verbinden; dieses Verfahren ist einfach, billig und gestattet den Stock nach Belieben zu verlängern und zu verkürzen, wie es gerade der jeweilige Bedarf erfordert — die nicht benötigten Teile lassen sich bequem im Rucksack unterbringen. Bequemer, allerdings bedeutend kostspieliger sind die Netzstöcke in Teleskopform (Abb. 25) und jene, welche durch ein Klappgelenk (Abb. 26) geteilt sind. Die ersteren ermöglichen es, eine ansehnliche Länge zu erreichen, die letzteren kommen meist bei nicht abnormal langen Stöcken in Verwendung.

Wer viel und in schweren Wassern zu waten hat und außerdem noch streckenweise schweres Uferterrain überwinden muß, wie es fast bei allen größeren Gebirgsflüssen der Fall ist, dem rate ich, das Ende des Netzstockes mit einer abschraubbaren Vorrichtung versehen zu lassen wie in Abb. 27. Der spitze Stachel macht den Netzstock zum Bergstock, der Haken ist sehr vorteilhaft zum Lösen verfangener Vorfächer, Fassen von Ästen usw. Bei Verwendung des „Watstockes" ist eine Tragvorrichtung wie in Abb. 23 u. 24 sehr vorteilhaft, soweit sie gestattet, den Stock aus der Hand zu geben, wenn man beide Hände, wie z. B. beim Drill, benötigt, ohne daß der Stock umfällt oder ins Wasser oder sonstwie aus der Hand gerät, und dabei doch griffbereit für die nächste Verwendung bleibt, ohne den Angler zu behindern. Bei Gebrauch eines solchen Stockes ist es von Vorteil, zwischen Netz und Stock ein Klappgelenk einzuschalten oder aber ein aufklappbares Netz zu verwenden.

Diese Form des Netzes ist sehr bequem, wenn auch in solider Ausführung nicht gerade billig und auch nicht so widerstands-

Abb. 25.

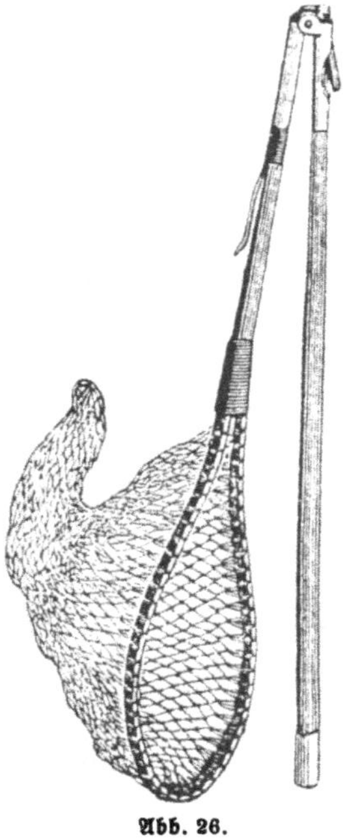

Abb. 26.

Abb. 27.

Aus Storks „Gerätekunde und Katalog".

fähig wie ein massiver Reif. Bewährte Formen zeigen die Abb. 28a u. 28b, welche es auch erlauben, das Netz mit nur einer Hand zum Gebrauche fertig zu machen, lediglich durch einen Ruck am Stock. Ob man das Netz oval oder in Dreieckform wählt, bleibt an sich gleich, nur möchte ich den Rat geben, es nicht zu klein zu nehmen; viele gute Fische gehen verloren, weil sie an das zu kleine Netz anstreifen! Eine Seitenlänge von 40 cm für dreieckige Netze dürfte die geringste Dimensionierung sein — ich persönlich ziehe eine solche von 50 cm vor, erst recht, wenn ich größere Fische erwarte.

Der Netzbeutel sei von bestem Garn, zum mindesten als Schutz vor vorzeitigen Verderben geloht. Besser ist es, ihn mit heißem Leinölfirniß zu tränken und dann in warmem, luftigem Raume gut trocken werden zu lassen, ehe man ihn in Gebrauch nimmt. Diese

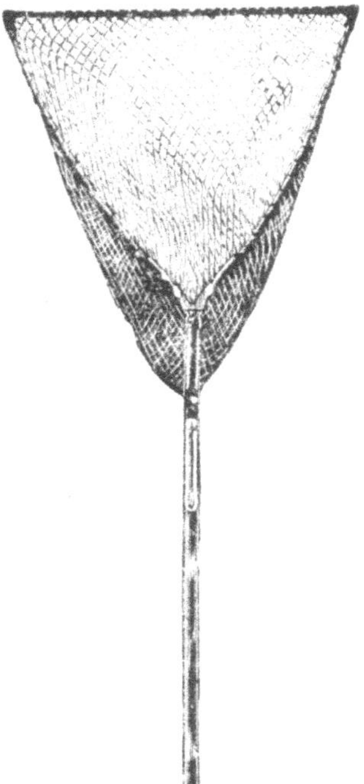

Abb. 28 a.

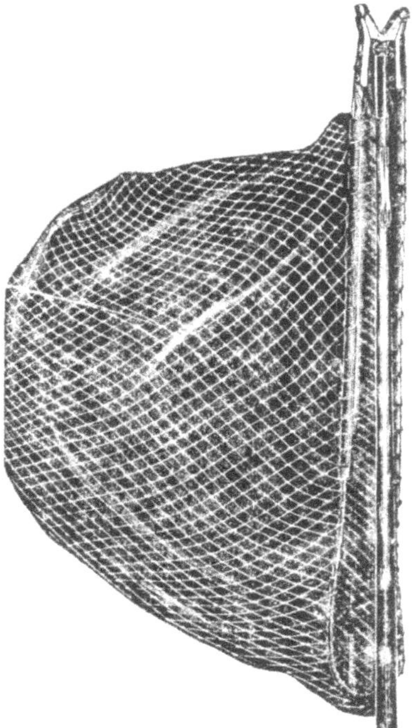

Abb. 28 b.

Aus Storks „Gerätekunde und Katalog".

Tränkung macht das Garn wasserdicht und etwas steif, wodurch das unangenehme „Verschlagen" des Netzes verhindert wird. Zu flache Netzbeutel sind schlecht, weil sich der Fisch leicht aus ihnen herausschnellen kann, namentlich wenn das Netz an sich klein ist; zu lange und namentlich spitz zulaufende Beutel sind aber auch nicht ratsam, immer aber noch besser als flache. Die beste Form ist ein bauchiger Beutel von etwa $1/3$ m mehr Tiefe als die Seitenlänge des Netzreifes.

Sehr gut sind die seidenen Netze, d. h. jene, welche in England aus geklöppelter, ölimprägnierter Angelschnur erzeugt werden. Sie sind sehr leicht, nehmen kein Wasser an und haben keine Neigung zum Verschlagen, aber auch die Angelhaken schlagen darin wenig oder gar nicht ein, was besonders beim Angeln in der Dämmerung oder bei Nacht und beim Waten von Vorteil ist. Diese Netze sind natürlich erheblich teurer als solche aus Garn, da sie aber außer den eben erwähnten Vorteilen eine vielfach längere Lebensdauer besitzen, ist ihre Anschaffung trotz des höheren Preises empfehlenswert.

Heintz hat einen zusammenlegbaren Gaffhaken (Abb. 29) konstruiert und empfohlen, wenn man besonders schwere Fische zu erwarten hat. Im allgemeinen wird man seiner entbehren können, außer man hat mit dem Anbiß von Huchen oder Seeforellen usw. zu rechnen. Und ob man in solchen kritischen und aufregenden Momenten die Gelassenheit besitzt und die Zeit findet, das Netz ab- und dafür den Gaff einzuschrauben — außer man hat einen helfenden Genossen bei sich —, will ich dahingestellt sein lassen. Für einen Vier- bis Fünfpfünder hat mein Netz in der Größe, die ich führe, Aufnahmefähigkeit genug, und schwerere dürften wohl — bei uns wenigstens — kaum allzuoft zu erwarten sein.

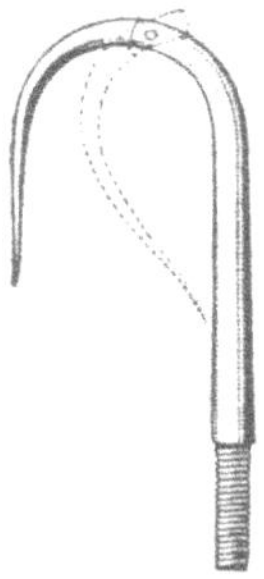
Abb. 29.

Zum Transport der verschiedenen kleineren Geräte, der Reservekleidung und gefangener Fische dient bei uns allgemein der Rucksack, der ziemlich weite Maße und möglichst viele Taschen innen sowohl wie außen besitzen soll. Wichtig ist, daß die Tragriemen sehr breit seien, damit sie nicht in die Schultern einschneiden. Die früher auch bei uns, heute noch allgemein in England beliebte und verwendete Anglertasche — mit oder ohne Fischbeutel — wäre an sich nicht schlecht, wenigstens muß man nicht wie beim Rucksack abhängen, wenn man irgendeine Kleinigkeit herausnehmen oder hineinlegen will. Sie hat nur den Nachteil, daß sie eine Körperseite und eine Schulter einseitig belastet und auf den Brustkorb drückt.

Man kann auf ihren Gebrauch leicht verzichten, wenn man die kleinen Sachen in den verschiedenen Taschen des Rockes unterbringen kann. Dasselbe gilt vom Fischkorb, obzwar man diesen mit Hilfe eines besonders konstruierten Tragriemens um die Hüften festlegen kann, so daß er beim Gehen und Bücken nicht baumelt und sein Gewicht nicht ganz einseitig zur Wirkung kommt. Wenn man watet, ist er insofern angenehm, als man nicht jedesmal ans Land steigen muß, um einen gefangenen Fisch in den Rucksack zu stecken. In diesem selbst schützt er die Fische vor Druck und Heißwerden. Ich bin aber in den letzten Jahren von ihm mehr und mehr abgekommen und ersetze ihn durch eine Tasche aus Bast in der Form von Einkaufstaschen. Diese Taschen sind luftdurchlässig, leicht, gut zu reinigen und nehmen nur wenig Raum ein. Beim Waten kann man sie an einem Tragbande umhängen wie eine Fischertasche und durch Übernähen der Öffnung mit einem Stück Sackleinwand, worin ein Schlitz geschnitten ist, um die Fische durchzustecken, schützt man sich gegen das Herausfallen des Inhaltes beim Bücken u. dgl.

Von den kleineren Behelfen sind wohl die wichtigsten: Die Büchse für die Ohrfliege und die Wasserbüchse für die Vorfächer. Von den ersteren gibt es eine Unmenge von Modellen, solche, bei denen die Fliegen auf Korkleisten oder bei anderen in Filzblätter eingestochen werden und solche, bei denen federnde Klammern die Fliege festhalten. Diese letzteren halte ich für die besten und zwei davon werden den Ansprüchen auch der weitesten Angeltour genügen. Ich benütze die kleine Büchse Abb. 30, welche trotz ihres kleinen Ausmaßes eine ansehnliche Zahl Fliegen beherbergt, für jene Fliegen, die ich hauptsächlich brauche und rasch bei der Hand haben will, wenn ich das Muster wechsle oder eine beschädigte oder verlorene

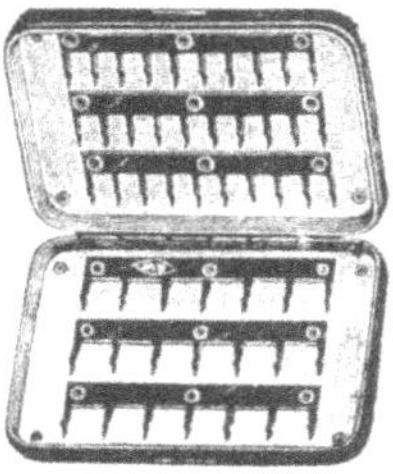

Abb. 30.

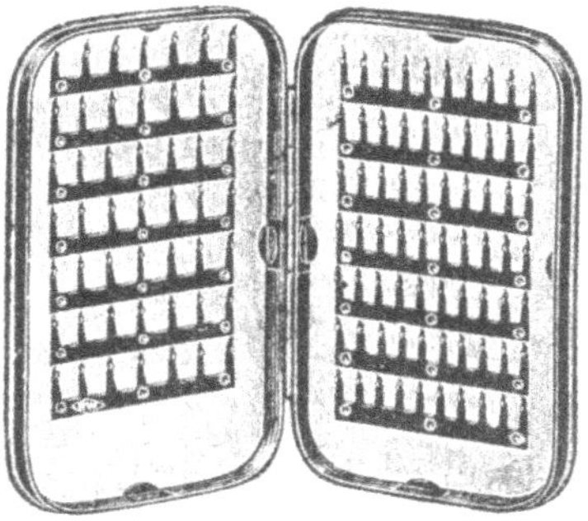

Abb. 31.

Aus Storks „Gerätekunde und Katalog".

Fliege ersetzen will. Wegen ihrer Kleinheit hat sie in der Westentasche Platz, wo sie immer zur Hand ist. Das große Modell Abb. 31 beherbergt die Vorratsfliegen und besonders Muster, die nur zeitweilig oder selten in Gebrauch treten, und hat seinen Platz im Rucksack.

Das alte dickleibige Fliegenbuch unserer Jugendzeit ist heute überlebt, denn ein moderner Angler verwendet nur noch Ringfliegen.

Die Vorfachwässerbüchse enthält einige Scheiben Filz, zwischen denen die Vorfächer und ev. noch einige Gutfäden verschiedener Stärke eingelegt werden, um eine defekte Länge während des Angeln wechseln zu können oder Springer einzubinden u. dgl. m.

Ich bin darauf gekommen, daß Gummischwamm viel besser als Filz ist und verwende jetzt nur noch diesen allein. Eine brauchbare Büchse soll stets überstehende Innenwände haben, die verhüten sollen, daß das heiklige Gut zwischen Rand und Deckel geklemmt und dadurch beschädigt oder gar geschnitten werde.

Es gibt auch Fliegenbüchsen, die mit einer Wasserbüchse kombiniert sind, ohne allzu kompendiös zu sein; ich finde sie sehr praktisch, nur ist ihr Preis zu hoch, so daß sie der allgemeinen Verwendung nicht zugänglich sind.

Die aus einer Reihe übereinandergestellter Dosen bestehenden Vorfach- usw. Büchsen finden meinen Beifall nicht, sie sind plump, auftragend und teuer. Überhaupt soll man seinen Vorrat an Vorfächern, soweit er nicht im momentanen Gebrauch steht, so viel vor Nässe und Feuchtigkeit schützen, als es im Terrain möglich ist. Es gibt zu diesem Zwecke äußerst handliche und recht preiswerte Vorratstaschen aus Leder, in denen die Vorfächer und Reservegutfäden in gut schließenden Taschen aus Zelluloid, jedes einzeln für sich, untergebracht sind. Für bescheidene Ansprüche tut es aber auch ein Täschchen aus Sämischleder, worin die Gutfäden, Vorfächer usw. in Kuverts aus geöltem Papier eingelegt sind.

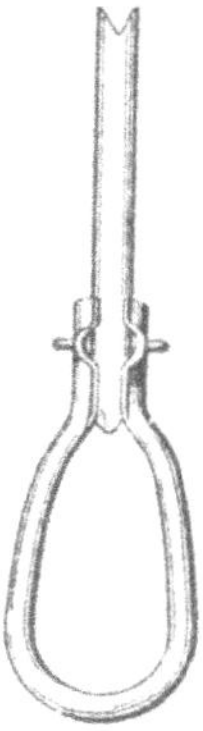

Abb. 32.

Ich bin überhaupt dafür, derlei Gebrauchsgegenstände so flach als möglich zu führen, da man diese am besten in Rock und Westentaschen unterbringt, wo sie stets ohne langes Auspacken und Suchen zur Hand sind.

Eines der unentbehrlichsten Geräte für den Angler überhaupt und den Flugangler im besonderen ist eine gute Schere. Nachdem ich alle möglichen im Handel zu diesem Zwecke angebotenen Modelle, zusammenlegbare und nicht zusammenlegbare, geführt und ausgeprobt habe, bin ich endlich dazu gekommen, mir eine gewöhnliche, kräftige Nagelschere so zuschleifen zu lassen, daß die Schneiden nur eine Länge von 2 cm haben, das Ende des einen Armes spitz ist, das des anderen dagegen rund. Dieses runde Ende steht um einige Millimeter über das spitze vor, so daß im geschlossenen Zustande die Spitze vollständig gedeckt ist. Diese Schere kann ich in der Westentasche tragen, ohne fürchten zu müssen, diese durchzustoßen oder mich zu verletzen. In der gleichen Westentasche trage ich ein Stückchen Arkansasstein (Bruch) zum Schärfen stumpf gewordener Hakenspitzen. Man bekommt diesen Arkansasstein auch in den Gerätehandlungen in Form einer vierkantigen Stange zu kaufen, nur ist er dann nicht so billig, wogegen Bruchstein sehr billig ist, so daß man seinen eventuellen Verlust leicht verschmerzen kann. Zu dem gleichen Zwecke trage ich ebendaselbst eine kleine flache Feile feinsten Hiebes — sog. Uhrmacherfeile —, welche ich mir auf das notwendige Maß reduzieren lasse.

Mehr und öfter als jeder andere Angler braucht der Flugangler den Hakenlöser, von dem eine Menge Modelle am Markt sind. Eine sehr praktische Form zeigt Abb. 32. Mir persönlich ist eine kleine sog. „Kornzange", deren ältere Fassonen man in jedem chirurgischen Instrumentengeschäfte billig erstehen kann, am liebsten, da sie sowohl sicheren Zugriff auch im tiefsten Rachen gestattet, als auch eben dadurch den Körper der Fliege und das Hakenmaterial sowie den Fisch mehr schont als die anderen Formen des Lösers.

Zum Befreien der in Astwerk und Zweigen verhängten Vorfächer oder einzelner Fliegen dienen verschiedene Vorrichtungen — teils in Form von Haken —, wie ich sie beim Watstocke in Abb. 27 vorführte, teils als Messer, vielfach beide Formen kombiniert, wie in Abb. 33. Ein sehr einfaches Messer zeigt Abb. 34. Es hat den Vorteil, sehr leicht und flach zu sein und hat im Gegensatze zu den

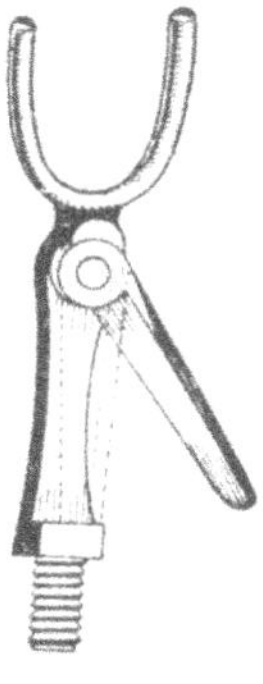

Abb. 33.

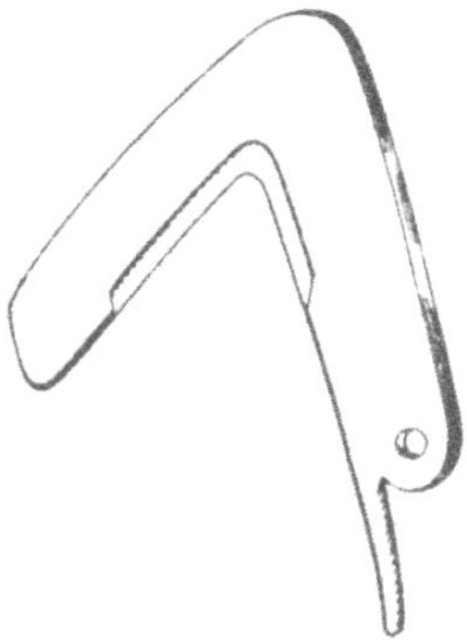

Abb. 34.

meisten anderen die Schneide nur im Winkel des Keiles. Ein Zug an der daran befestigten Schnur bewerkstelligt den Schnitt.

Allen Formen gemeinsam ist, daß sie in den Endring oder einen der obersten Spitzenringe eingesteckt und so über den Zweig gelegt werden, worauf ein Zug an der eingebundenen Leine diesen durchschneidet.

Wenn ich das Pech habe, mich in Stauden zu verhängen, ziehe ich es aber in den meisten Fällen vor, das ganze betreffende Stämm-

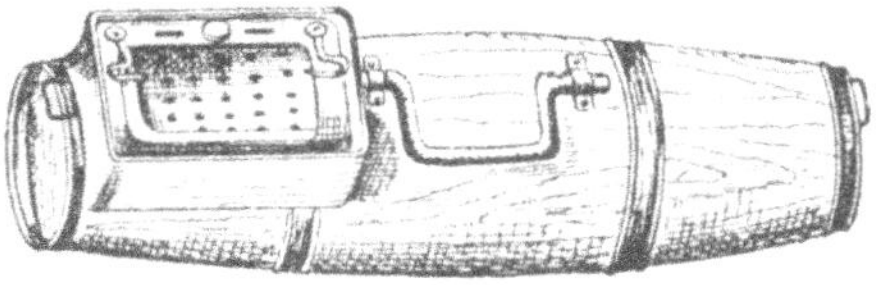

Abb. 35.

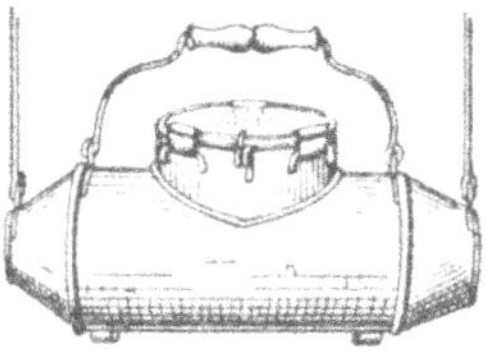

Abb. 36.

chen direkt am Boden abzuschneiden, wozu ich mein Messer mit feststehendem Griffe verwende, wie es hier landesüblich in einer besonderen Messertasche an der Hose griffgerecht getragen wird. Dieser „Knicker" dient aber noch einem anderen Zwecke, nämlich als Totschläger, welches Instrument die Engländer „Priest" nennen.

Der massive Griff erledigt auch ansehnlich große Fische klaglos und ich erspare mir das Tragen eines separaten Gerätes zu dem Zweck.

Für den Lebendtransport bedient man sich der diversen Lagel- und Fischkessel aus Holz[1]) oder Blech, von denen es eine Menge Formen und Modelle gibt.

Abb. 35 zeigt ein Lagel aus Blech, Abb. 36 und Abb. 37 beliebte und bewährte Transportkessel, welche sich gegebenenfalls auch im Rucksack tragen lassen.

Wenn man lange Strecken befischen muß und größere Beute macht, ist es ratsam, das Transportgefäß nicht zu überfüllen, denn bei aller Sorgfalt und trotz wiederholtem Wassergeben stehen bei heißem Wetter doch Fische darin um. Ich halte es für besser, sich mit einem oder mehreren sog. Setznetzen (Abb. 38) auszurüsten und die gefangenen Fische in diesen zu verwahren und von dort fallweise zu entnehmen — vorausgesetzt, daß das möglich ist, was aus praktischen Gründen nicht immer der Fall ist.

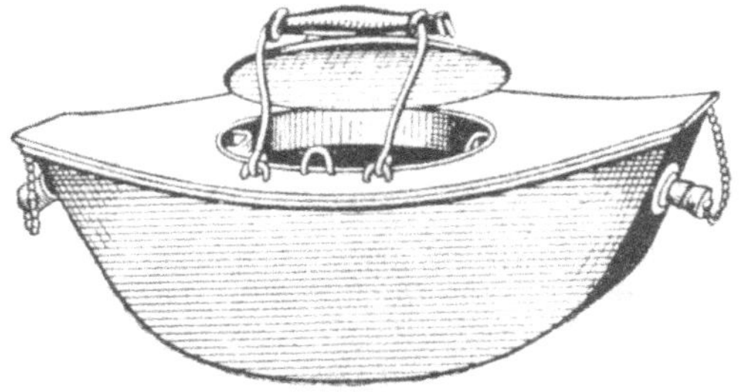

Abb. 37.

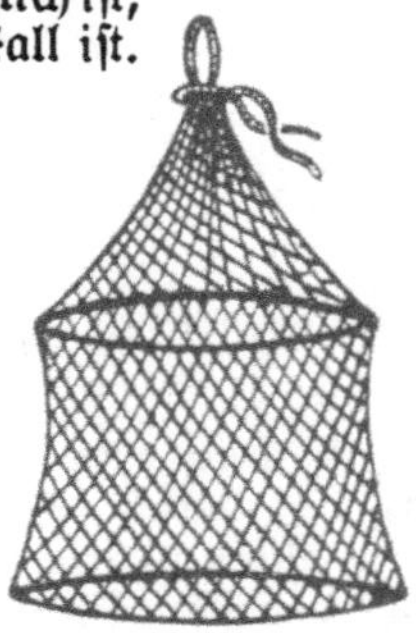

Abb. 38.

Aus Storks „Gerätekunde und Katalog".

Wenn man nur irgendwie des Lagels entraten kann, soll man es unbedingt tun, außer man hat einen Träger zur Verfügung, denn es ist eine mühsame Arbeit, seine Last oft stundenlang zu schleppen, und imstande, einem den ganzen Genuß am Sport zu verleiden, wie jedes Schleppen einer Belastung überhaupt, besonders wenn man in die Jahre kommt. Daher ist mein Bestreben von jeher darauf gerichtet gewesen, alles so kompendiös wie möglich zu haben und jede Gewichtsersparnis auszunützen.

Trotzdem nehme ich auf Angelfahrten in Gegenden mit unsicheren oder schlechten Verpflegungsmöglichkeiten gerne eine Thermosflasche mit Kaffee oder Tee gefüllt mit, ebenso ein Büchschen mit gemahlenem Kaffee und ein solches mit Tee, um mir irgendwo ein labendes Getränk bereiten zu können. Die beliebte „Pulle" mit oder ohne Schraubenverschluß läßt man lieber daheim.

Unbedingt sollte aber der Flugangler stets eine elektrische Taschenlampe, welche sich an einen Rockknopf anhängen läßt, sowie

[1]) Von den hölzernen Lageln sind die aus „Arve"-Holz gefertigten wegen ihrer Leichtigkeit und Festigkeit die empfehlenswertesten.

eine verläßliche Reservebatterie mit sich führen. Es ist das eine angenehme Hilfe beim Angeln in der Dämmerung, erst recht bei Nacht und doppelt wertvoll, wenn man in unebenem Terrain oder im Nebel zu gehen hat. Kein anderer Angler empfindet strahlende Sonne und deren blendende Reflexe am Wasser so unangenehm, wie der Flugangler, und kein anderer die Wirkung einer Schutzbrille so wohltätig wie dieser. Besonders zwei Arten von Gläsern sind empfehlenswert: die gelbgrünen, sog. „Hallauer", und die neuen Zeißschen „Umbral"-Gläser, welche man beide auch als Korrekturgläser erhalten kann. Nicht schlecht sind die auch von Autofahrern gerne getragenen grünen Augenschirme aus Zelluloid, obzwar sie die glitzernden Reflexe am Wasser nicht so vollständig paralysieren wie die Gläser, die nur den Nachteil haben, daß sie öfters geputzt werden müssen, wenn sie durch die Transpiration anlaufen.

Am schlechtesten ist der Weitsichtige daran, welcher zu jedem Knotenbinden usw. zum Glase greifen muß. Ich gehöre auch zu diesen Leidtragenden und möchte meinen Leidgenossen die Verwendung eines Einglases empfehlen. Es gibt ja solche, welche ohne Schwierigkeiten mit Hilfe einer federnden Fassung ins Auge geklemmt werden können. Es gibt zwar auch Gläser, in deren unterem Teil das Korrekturglas eingeschliffen ist, während der obere einfach plan ist, die sich speziell für Weitsichtige hervorragend eignen, die aber den Nachteil haben, exorbitant teuer zu sein.

Ein ganz besonderes Augenmerk verdient die Kleidung, welche bequem, leicht, unauffällig und doch den verschiedenen Einflüssen von Luft, Sonne und Wasser gewachsen sein soll. Beliebt sind die Anzüge aus sog. Jagdleinen, das nur den Nachteil hat, ziemlich stark einzugehen und mit der Zeit, gelinde gesagt, sehr unansehnlich zu werden. Loden ist auch in dünnen Sorten heiß.

Ich habe mir vor einigen Jahren einen Anzug aus sog. „Cover-Coat"-Stoffe anfertigen lassen, mit dem ich sehr gute Erfahrungen gemacht habe. Der Stoff ist leicht, unauffällig gelbbraun in der Farbe und sehr widerstandsfähig.

Wichtig ist vor allem der Schnitt des Rockes und der Hose.

Der Rock soll möglichst bequem geschnitten sein, besonders in den Ärmeln, und vor allem eine Menge tiefer, großer und verschließbarer Taschen haben, wozu sich der in letzter Zeit aufgekommene „Reißverschluß" — wenigstens für die Innentaschen — hervorragend eignet. Äußere Brusttaschen liebe ich nicht, abgesehen davon, daß sie auftragen, sie sind Objekte, die zu allen möglichen Verhängungen Gelegenheit bieten. Dafür muß mein Rock solche in guten Dimensionen innen besitzen und ebenfalls innen zwei außergewöhnlich große und tiefe Taschen, in denen selbst recht voluminöse Gegenstände untergebracht werden können. Eine solche Tasche in dem Ausmaße eines Bogens in Quartformat ist noch nicht zu groß, wurde aber noch von jedem, der sie sich auf mein Anraten anbringen ließ, was auch an schon in Gebrauch stehenden Röcken nachträglich geschehen kann, als Wohltat empfunden.

Die landläufigen „Joppen“ liebe ich nicht, sie sind zu kurz, zu knapp und zu arm an Taschen, ebensowenig wie ich für die berühmten „Gamsledernen“ mit den nackten Knien schwärme und den dazugehörigen, in manchem Anglerbuche empfohlenen „Hut mit Gamsbart oder Federgesteck“.

Unsere modernen Sportanzüge, speziell mit den sehr bequemen und dem Bedürfnis eines gehenden und ev. „kraxelnden“ Sportsmannes angepaßten „Knickebocker“-Hosen sind doch so praktisch und dabei kleidsam, daß man es doch nicht notwendig hat, als Salontiroler oder Steirer im Gelände herumzusteigen.

Das Einzige, was ich von der Gebirgstracht gerne adoptiert habe, ist die Tasche für den Knicker rückwärts an der Hose.

Ein sehr praktisches Gewand zu jeder Art Angelns ist das amerikanische „Overall“ namentlich dann, wenn man für längere Zeit am Wasser wohnt. Wenn man es reichlich mit Taschen versehen läßt zur Aufnahme der diversen Gebrauchsgegenstände, erspart man sich das Tragen des Rockes, was besonders bei heißem Wetter ein Vorteil ist. Nur darf man nicht das zum Motorfahren bestimmte Gewand nehmen, sondern eines aus leichtem Baumwollstoffe. Als Kopfbedeckung empfiehlt sich ein leichter, breitkrempiger Hut oder eine Sportkappe mit breitem Schild ev. ein Strohhut.

Wadenstrumpf aus Wolle und kräftige Schnürschuhe vervollständigen den Anzug. Ob die Schuhe genagelt sind oder nicht, ist Geschmacksache. Ich gehe selbst im Gebirge immer in ungenagelten Schuhen, außer jenen, die direkt zum Waten bestimmt sind.

Jedenfalls empfehle ich auch im Sommer Wollstrümpfe zu tragen. Erstens geht man in den immerhin schweren Schuhen besser und wenn man schon einmal nasse Füße bekommen hat, sei es durch ein unfreiwilliges Hineinrutschen, sei es, daß man der Versuchung doch nicht widerstehen konnte, auf einer Schotterbank bis über die Knöchel hineinzuwaten oder auch noch tiefer, um dem Standorte der Fische näherzukommen — im Wollstrumpfe bleiben die Füße warm, erst recht durch die folgende ununterbrochene Bewegung. Dem von mancher Seite empfohlenen, sogar als besonders „deutsch“ gerühmten Waten in Schuh und Wadenstrumpf möchte ich ernstlich widerraten. In den meist sehr kalten Wassern unserer Gebirge kann man sich nur zu leicht den Keim zu einem schweren Leiden holen, wenn man lange und andauernd darin steht — die unteren Körperpartien einer übermäßigen Abkühlung aussetzt und womöglich an den oberen stark schwitzt.

Wer ein Wasser befischt, an welchem das Waten eine unerläßliche Bedingung zum Erfolge ist, der tut weise daran, seine Gesundheit nicht wegen einer vielleicht momentan größeren, einmaligen Auslage für eine Watausrüstung aufs Spiel zu setzen, sondern sich mit einer solchen, seien es nun Strümpfe, Hosen oder Stiefel, auszurüsten. Unter letzteren meine ich aber nicht jene altväterlichen Hüftenstiefel aus Juchten, welche zwar über ein ganz ansehnliches Gewicht, aber dafür nur über ein bescheidenes Maß von Wasserdichtigkeit verfügen, sondern jene Stiefel aus Gummistoff mit Ledervorfuß, welche man nur in England in jener Qualität erzeugt, welche ihr Geld wert ist. Die besten dieser Art liefert Cording & Co. Die Water von Cording bestehen nämlich aus zwei Lagen allerbesten Parastoffes, zwischen denen ein Blatt aus Vollgummi eingefügt ist. Die meisten anderen Fabrikate bestehen nur aus einem mehr oder weniger dicken Gummistoffe, dessen Imprägnierung je nachdem reicher oder geringer ist, und ev. noch einer dünnen inneren Auftragung einer Gummischichte. Nach kurzem Gebrauche wird die Imprägnierung und die innere Schichte in größerer Ausdehnung schadhaft, besonders an den Nähten und Falten, und die Wasserdichtigkeit ist unrettbar dahin. Deshalb soll man lieber den etwas höheren Preis für das erstklassige Cordingfabrikat anlegen, das jahrelang haltbar ist. Trotzdem dieser Stiefel bis zur Hüfte reicht, ist er nicht schwerer als ein heimischer Grobgenagelter, dafür aber wirklich wasserdicht und bei nur einigermaßen sorgfältiger Behandlung schier nicht umzubringen. Wer sich für ihn entscheidet, hat den Vorteil, sich nicht separat Watstrümpfe bzw. Hosen und Überschuhe kaufen zu müssen.

Und trotzdem ziehe ich das letztere vor, schon wegen des einfacheren Trocknens. Nach dem Fischen drehe ich die Water um, damit die an ihrer Innenseite niedergeschlagene Feuchtigkeit, die von der Ausdünstung des Körpers herkommt, abdampfen kann, nachher wird die Außenseite an der Luft getrocknet, wobei Ofenhitze und Sonnenbrand vermieden werden muß. Die Überschuhe, welche lediglich knöchelhohe Schnürschuhe aus wasserdichtem Stoff sind (Abb. 39) und noch dazu längs des Bodens Löcher eingestanzt haben, damit beim und nach dem Waten sich in ihnen kein Wasser ansammeln kann, trocken lediglich an der Luft, ohne Leisten, in kurzer Zeit, ohne zu schrumpfen. Dafür hat man beim Watstiefel nach jedesmaligem Gebrauch die Plage, ihn erst durch Einschütten von heißem Hafer usw. innen trocknen zu müssen und dann ihn erst umständlich auf voluminöse Leisten zu schlagen, wenn der Lederbezug nicht schrumpfen soll. Auf einer Angelfahrt, irgendwo in einem entlegenen Erdenwinkel ist das nicht immer durchzuführen, und dann hat man beim Anziehen der innen feuchten oder nassen Stiefel seine liebe Not. Nach meinen Erfahrungen empfiehlt es sich, Water und Überschuhe bei demselben Lieferanten zu kaufen, dann hat man die Gewähr, daß beide zusammenpassen, denn die letzteren müssen so weit sein, daß der Fuß im Water samt einem dicken darübergezogenen Übersocken aus gewalkter Wolle bequem Platz hat.

Abb. 39.
Aus Storks „Gerätekunde und Katalog“.

Der Übersocken, den man nebenbei gesagt auch direkt über dem Fuß bzw. Strumpf im Watstiefel tragen muß, hat beim Water doppelten Zwecken zu dienen: erstens als Isolator gegen die Kältewirkung des Wassers bzw. den Wärmeverlust des Körpers, zweitens als Schutz für den Water selbst, damit dieser nicht durch in den Schuh eingedrungenen Sand oder Steinchen durchgescheuert werde. Es ist nicht empfehlenswert, sich die Überschuhe (englisch: Brogues) im Inlande anfertigen zu lassen. Erstens sind unsere Schuster allesamt auf diese Arbeit nicht eingerichtet, zweitens ist die Benagelung der Sohlen eine äußerst plumpe, mangelhafte und unzuverlässige und endlich und schließlich kommt so ein minderwertiger Überschuh nur wenig oder gar nicht billiger als der tadellose andere.

Zur Not kann man ja ein Paar alte „Grobgenagelte" als Überschuhe verwenden, doch möchte ich dies nur aushilfsweise gelten lassen, denn solche sind unverhältnismäßig schwer — noch schwerer, wenn sie mit Wasser angesaugt sind —, und ob sie über den dicken Übersocken getragen noch bequem genug sind, ist eine andere Frage.

Für was man sich entscheiden soll — Watstrümpfe oder Hosen? Das richtet sich nach dem Terrain und den Wasserverhältnissen. Hosen gestatten ein Waten bis zum Bauch, sind aber bei warmem Wetter ungleich heißer zu tragen als Strümpfe, und in sehr schwer zu begehendem Wasser, wie es in den meisten Gebirgsflüssen der Fall ist, keine Annehmlichkeit.

Strümpfe schöpfen Wasser, wenn man weiter hineingeht, als sie eben reichen, sind aber naturgemäß lüftiger und hindern nicht übermäßig beim Gehen und Steigen. Ich ziehe sie der Hose bei weitem vor, möchte aber letztere Anglern mit empfindlichen Bauchorganen, ganz besonders aber angelnden Damen wärmstens anraten.

Unangenehm ist in beiden Fällen ein Sturz im Wasser, wobei sich die Schutzkleider mit diesem füllen. In solchen Fällen ist dringend zu raten, dieselben sofort abzulegen und zu trocknen, ebenso die naßgewordenen Kleidungsstücke, was ja im Sommer ziemlich rasch geschehen kann. Längeres Verweilen in solchen nassen Gewändern ist selbst im heißesten Hochsommer höchst gesundheitsschädlich. Über die Behandlung der Wathosen und Strümpfe während des Nichtgebrauches muß noch einiges gesagt werden.

Vor allem dürfen sie nie zusammengelegt und gefaltet aufbewahrt werden, da sonst der Gummi in den Bügen und Falten brüchig wird, sondern stets nur an den Trägern aufgehängt sein. Als Aufbewahrungsort wähle man einen Raum, der trocken, aber auch luftig und weder zu heiß noch zu kalt ist. Sonnenbrand und Ofenhitze dürfen auch nicht auf die Water einwirken, beide sind geeignet, den Gummi zu beschädigen. Im Laufe der Jahre kann es vorkommen, daß irgendwo eine Stelle defekt wird. Diese läßt sich wie ein Pneumatikschlauch flicken[1]). Werden im Laufe der Zeit die Füße defekt, weil diese doch am meisten Schädigungen ausgesetzt sind, so kann

---

[1]) Die englischen Fabriken liefern spezielle Reparaturdosen, welche alles Erforderliche enthalten.

man in der Fabrik, wenn die Schäfte intakt sind, neue Füße ansetzen lassen, was ungefähr den halben Anschaffungspreis eines Paares neuer Water kostet.

Es ist sehr bedauerlich, daß sich unsere Industrie dieser Art Bekleidung und Ausrüstung, welche ja auch noch zu anderen Zwecken als zum Angeln oder zur Wasserjagd dient, bisher nicht angenommen hat und uns zum Ankaufe aus dem Ausland zwingt. Der Gummistiefel ist an sich nicht unpraktisch, dabei nicht besonders teuer, auch nicht zu schwer, hat aber den Nachteil, daß sich die Sohle zu bald glatt schleift und man dann Gefahr läuft, beim Waten auszugleiten und zu stürzen sowie weiters den, daß er nur zu leicht von scharfen Steinen zerschnitten wird. Wenn man diesen Schaden auch durch Aufvulkanisieren eines Fleckes radikal beheben kann: passiert es unter dem Angeln, dann bedeutet es eine empfindliche Störung des Vergnügens.

Zu gedenken wäre noch eines wichtigen Kleidungsstückes, des Mantels, den man wohl oder übel auf weitere oder längere Angelfahrten mitnehmen muß, besonders ins Gebirge, wo unvorhergesehene Wetterstürze sich oft im Verlaufe weniger Stunden ereignen. Den altbekannten Lodenmantel oder Wetterkragen aus gleichem Stoffe empfehle ich nun einmal nicht; er ist im trockenen Zustande unangenehm voluminös und schlecht zu verpacken, naß geworden ist er schwer — und wasserdicht ist er schon gar nicht. Gummi- und Gummistoffmäntel sind — die ersteren wenigstens — bestimmt wasserdicht, verhältnismäßig leicht und nicht zu umfangreich, sind aber beim Gehen, erst recht, wenn man etwas zu tragen hat, recht heiß, weil sie die Hautausdünstung hindern, daher nicht sehr empfehlenswert.

Ich habe es am besten gefunden, einen leichten kurzen Kragen aus Gummistoff zu führen, der Schultern und Arme deckend auch den Rucksack vor Nässe schützt. Bei seiner Benutzung kann man auch ein ansehnliches Stück Weges gehen, ohne allzusehr in Dampf zu kommen. Gegen eventuelle Temperaturstürze oder zur Fahrt im Wagen usw. ist es viel besser, noch einen der so beliebten und wirklich praktischen „Pullover“ aus Wolle mitzunehmen, der leicht im Rucksack Platz findet, als sich mit einem schweren Mantel zu belasten.

Wer am Wasser selbst wohnt oder Quartier hat, kann es schließlich und endlich bei sonst intakter Gesundheit riskieren, auf das Mitnehmen eines Überkleides zu verzichten und naß zu werden, wenn anders er nur in steter Bewegung bleibt und bei der Heimkehr sich sofort der nassen Sachen entledigt.

Die Kunstfliege.

Schon in sehr früher Zeit dürften die Menschen diese Nachbildung von Insekten ersonnen haben, wenn wir auch nur eine einzige historische Erwähnung hierfür bei dem römischen Schriftsteller Arlian finden.

Die Literatur über die Kunstfliege — gemeinhin nur „Fliege“ genannt — hat in England den Umfang einer stattlichen Bibliothek erreicht, während sie bei uns auf einige bescheidene Publikationen in Anglerzeitungen beschränkt blieb.

Von jeher kann man in der Verwendung und Herstellung der Fliegen zwei Richtungen unterscheiden, deren scharfe Trennung sich besonders seit dem Erscheinen der Halfordschen Schriften auffällig machte: Die ältere Richtung begnügte sich damit, Fliegen zu führen, welche die Originale beiläufig in Form und Farbe kopierten, ja auch solche, welche reine Phantasiegebilde waren; die jüngere betont die nachweisbare Notwendigkeit, das Original in Gestalt und Farbe bis ins kleinste Detail getreu wiederzugeben.

Ganz besonders Halford und seine Schule, die unbedingten Anhänger und Verfechter der Trockenfliege, predigen das Evangelium der naturgetreuen Nachbildung in Form, Farbe und der kleinsten Einzelheiten und die Unentwegtesten gar den Kreuzzug gegen alles und jeden, der nicht auf die „Dryfly“ schwört. Es ist nicht Sache und Zweck dieses Kapitels zu untersuchen, wer von beiden recht hat, um so mehr, als es sich um spezifisch englische Verhältnisse handelt, sondern wir wollen die Frage objektiv behandeln und von verschiedenen Gesichtspunkten aus erörtern.

Zunächst drängt sich die Frage auf: welche Gattungen von Insekten werden eigentlich durch die Kunstfliege nachgebildet?

Eigentlich so ziemlich alle, sowohl die eigentlich wasserbewohnenden als auch die anwohnenden sowie solche, die nur gelegentlich den Fischen zur Beute fallen. Zu den ersteren gehören vor allem jene großen Familien der Ephemeriden oder Eintagsfliegen, der Trichoptera oder Pelzflügler, der Perliden oder Steinfliegen, der Sialiden oder Wasserflor- bzw. Schlammfliegen.

In kurzem seien die prägnantesten zoologischen Merkmale der vorgenannten Familien erwähnt.

Die Ephemeriden oder Eintagsfliegen legen ihre Eier im Wasser ab und führen in diesem ein langes Leben als Larven. Diese Larve trägt als markantes Erkennungszeichen drei kurze Schwanzborsten, wodurch sie sich von ähnlichen Larven auf den ersten Blick unterscheidet. Aus ihr entwickelt sich das Zwischenglied, ein plump gestaltetes, schwerfällig und unbeholfen fliegendes Insekt von unscheinbarer, stumpfer Färbung des Leibes und der Flügel, welches die Engländer „Dun“ nennen. Wenn man Gelegenheit hat, einen Aufstieg dieser „Subimagines“, als welche sie der Zoologe bezeichnet, zu beobachten, sieht man diese zunächst hilflos in der Strömung treiben. Schwerfällige Flugversuche bringen sie dann dem Ufer näher, bis es ihnen gelingt, sich auf die Stauden und Gräser an demselben zu retten. Hier findet man sie in Ruhe, ohne sonderliche Bewegung, dem weiteren Entwicklungsgange entgegenlebend, der sich in längerer oder kürzerer Zeit vollzieht. Das Subimago häutet sich und nach diesem Prozeß sehen wir das vollentwickelte, fortpflanzungsfähige Tier, das lebhafte Farben und glasartig durchscheinende Flügel besitzt, über dem Wasser schwebend und wieder zu diesem niedersteigend, seine Eier in dasselbe ablegt, um dann nach kurzem Leben, welches nur die Fortpflanzung zum Zwecke hat, abzusterben. Dieses geschlechtsreife Tier nennen die Engländer „Spinner“.

Es ist charakterisiert durch einen schlanken, durchscheinenden, weichen Leib, der nach oben gekrümmt, an seinem Ende drei lange Schwanzfäden trägt, welche schon an der Larve angedeutet sind. Die Flügel sind glänzend, glasartig durchscheinend. Die Vorderflügel von dreieckiger Form sind groß, stehen senkrecht von der Schulter weg nach oben und liegen im Ruhezustand eng aneinander, so daß die Tiere, wenn sie auf dem Wasser treiben, den Eindruck eines Segelbootes erwecken. Die Hinterflügel sind bedeutend kleiner, können auch verkümmert sein oder ganz fehlen.

Die Trichoptera oder Pelzflügler wurden früher mit dem wissenschaftlichen Namen als Phryganiden bezeichnet. Die Engländer nennen sie und ihre Nachbildung „Sedgeflies“ oder kurz nur „Sedge“. Wie der Name sagt, sind sie durch behaarte oder auch beschuppte Flügel gekennzeichnet, deren hinteres Paar im Ruhezustand der Länge nach gefaltet, den Körper dachartig überdeckt. Außerdem besitzen die Pelzflügler lange, fadenförmige Fühler (Antennen).

Die Körper sind nicht wie bei den Eintagsfliegen schlank und durchscheinend, tragen keine Schwanzfäden und auch die Farben sind nicht sehr lebhaft. Sie sind mehr massiv, walzenförmig und rauh an der Oberfläche, von hellerem oder dunklerem Braun, Gelbbraun oder Gelb auch Silbergrau mit dunklen Füßen. Die Flügel haben auch nicht die durchscheinende glasartige Beschaffenheit wie bei den Ephemeriden. Die Larven machen sich Gehäuse aus Sandkörnern, Pflanzenstückchen, Steinchen u. dgl., die sie entweder mittragen oder aber auch an Steinen, Rohrstengeln usw. anheften und welche sie beliebig verlassen. Der englische Namen für diese Larven ist „Caddis“.

Die Phryganiden erscheinen weder so regelmäßig am Wasser wie die Ephemeriden noch in solchen großen Massen wie diese, was durch einen anderen Entwicklungsvorgang bedingt ist. Dafür sind sie fast in der ganzen Saison am Wasser anzutreffen.

Die Perliden — Steinfliegen, auch öfter Frühlingsfliegen genannt — besitzen im Gegensatze zu den vorbeschriebenen glatte, fast durchscheinende Körper und ebensolche Flügel.

Ihr bekanntester Vertreter ist die Steinfliege — Perla bicandata —, welche in verschiedenen Gegenden und Höhenlagen zu verschiedenen Zeiten oft in großen Massen erscheint. Oft schon Ende April, oft auch erst später im Mai. Die Engländer haben ihr den Namen „Maifliege des Nordens“ gegeben, da sie in diesen Gegenden eine ähnliche spezielle Saison hat wie die Maifliege in den südenglischen Gewässern.

Ihre Larve, englisch „Creeper“ benannt, trägt zwei Schwanzborsten von derselben Länge wie das fertige Insekt, lebt am

Boden der Flüsse und Bäche unter den Steinen im flachen Wasser und ist an sich schon wegen ihrer Größe leicht kenntlich. Sie ist einer der wirksamsten Forellenköder. Wenn sie ausgewachsen ist, verläßt sie das Wasser, heftet sich an Ufersteine, Sträucher, Brückenhölzer usw. an, wo man sie zu Zeiten massenhaft findet, oder aber die verlassenen Hüllen, wenn die Fliege nach ihrer Entwicklung ihr Larvenkleid abgestreift hat. Diese selbst findet man dann zu Zeiten in größerer oder geringerer Menge an den Sträuchern, an Einbauten, Brücken usw. Tritt jedoch während der Ausschlüpfungsperiode ein Hochwasser ein, so ist für dieses Jahr die Saison der Steinfliege abgeschnitten. Die Fliege selbst, d. h. die weibliche, hat einen langen, walzenförmigen Körper, ist am Rücken graubraun, am Bauche orangefarbig und zeigt deutliche gelblichweiße bis gelbe Ringe an den Leibessegmenten. Die Flügel, vier an der Zahl, sind gleich lang, liegen am Körper an, sind flach gedrückt und überlappen einander den ganzen Körper bedeckend. Die Hinterflügel sind meist breiter als die vorderen und gefaltet. Die Fliege besitzt gerade gestreckte Fühlhörner und zwei kurze, dicke, gabelförmig gestellte Schwanzborsten.

Das männliche Insekt, von den Engländern ,,Jack'' genannt, ist um ca. ein Drittel kleiner als das Weibchen, seine Flügel sind sehr kurz und decken knapp vier Fünftel der Körperlänge. Auch das Männchen trägt die beiden typischen Schwanzborsten, jedoch sind diese sehr kurz. Es wird im allgemeinen von den Fischen weniger gern genommen wie das Weibchen.

Die Sialiden, Schlamm- oder Wasserflorfliegen, unterscheiden sich von den drei vorerwähnten Arten vor allem dadurch, daß man sie fast nie über dem Wasser sieht, da sie ihre Eier nicht in dieses, sondern an dem Uferbewuchs ablegen, von wo dann die ausschlüpfenden Larven ins Wasser wandern, in dem sie weiter wachsen. Sie leben hier im Schlamm. Die Fliege selbst hat meist einen spindelförmigen Leib und vier durchsichtige Flügel, welche in der Ruhe eine dachförmige Stellung einnehmen.

Die Färbung der Fliegenkörper ist meist eine einfarbige, von nicht besonderer Auffälligkeit. Die Diptera — Zweiflügler — sind, wie ihr Name sagt, durch die Zahl der Flügel gekennzeichnet; zu ihnen gehören die Landfliegen, Schnacken usw.

Nicht vergessen dürfen wir der verschiedenen Käfer, Raupen und Heuschrecken, welche auch in ihrer Nachbildung bewährte und beliebte Köder sind. Nun wollen wir uns weiter mit der Frage der naturgetreuen Nachbildungsmöglichkeiten befassen.

Soweit es die Körpergröße, wenigstens der allermeisten Insekten anbelangt, kann man diese ohne Schwierigkeit exakt wiedergeben. Ebenso die Länge und Zahl der Schwanzfäden und Beine, auch die äußere Form läßt sich mit ziemlicher Treue nachbilden. Der springende und ewig umstrittene Punkt ist und bleibt aber die Farbe bzw. die Durchsichtigkeit des Leibes und der Flügel. Zunächst die Farbe: Der verstorbene Halford, der in einem großen

Werke seine Forderungen niederlegt und präzisiert hat, hat darin außer der Kardinalforderung absoluter Naturtreue eine Standardtafel der zu verwendenden Farben gebracht, um seinen Anhängern für die Zukunft die richtigen Farben seitens der Erzeuger sicherzustellen. Und doch — stimmen die Farben nicht.

Vor allem fehlt dem Fliegenleibe die Transparenz, die Farbe wirkt trotz ihrer Anpassung an das natürliche Vorbild stumpf. Des weiteren ist es durchaus nicht gleichgültig, ob ich die Farbe im auffallenden oder im durchfallenden Lichte betrachte. Nehmen wir z. B. ein Zeißsches Umbralglas zur Hand und betrachten es in der Aufsicht, so erscheint es uns schwarzbraun, in der Durchsicht aber verliert es für unser Auge diese Färbung; so ähnlich ist der Vorgang beim Insektenleib, soweit es sich um die transparenten Körper der Ephemeriden u. ä. handelt. Diese Tatsache betont der Schriftsteller J. W. Dunne in seinem Buche „Sunshine and the Dry Fly", dessen Lektüre ich jedem Flugangler wärmstens empfehlen kann und erhärtet seine Behauptung durch ein Experiment, welches jeder leicht nachmachen kann. Dieses zeigt, daß ein in der Aufsicht olivefarbiger Insektenleib im durchfallenden Lichte bernsteinfarbig ist.

Nun sieht aber der Fisch alle Dinge sowohl im Wasser selbst wie auch die an der Oberfläche desselben ausschließlich im durchfallenden Lichte, so daß der Zweifel an der naturgetreuen Farbenwiedergabe der Fliegen, die in der bisherigen Bindeweise hergestellt wurden, berechtigt ist.

Eine andere Frage ist es aber, ob das Fischauge die Farbe wirklich so sieht wie unser Auge. Nach den Forschungsergebnissen Hofers soll der Fisch farbenblind sein, und zwar in dem Maße, wie es eine photographische Platte ist, d. h. er kann nur Helligkeitswerte von Weiß bis Schwarz in den verschiedenen Tönungen und Zwischenstufen erkennen.

Heintz hat diese Ansicht ebenfalls verfochten und stützt sich zum Beleg auf den Erfolg eines Versuches, den er mit rosa und grünen Phantasiefliegen gemacht hat, welche ich ihm seinerzeit eigens zu diesem Zwecke gebunden hatte.

Andere Forscher bestreiten die Farbenblindheit des Fisches — und es wäre schließlich und endlich auch kein zwingender Grund vorhanden, beim Fische unbedingte Farbenblindheit anzunehmen, der in einer ganzen Welt von Farben lebt.

Viel plausibler erscheint mir die Annahme, daß der Fisch die Farben, welche er immer nur im durchfallenden Lichte betrachten kann, anders sieht, wie auch wir, wenn wir das Experiment mit dem Umbralglas oder das Dunnesche mit den transparenten Insektenleibern machen.

Soweit man bei unseren landläufigen Kunstfliegen überhaupt von Transparenz sprechen kann, ist es doch auffällig, daß man hier und da beobachten kann, daß irgendeine Ephemeridenart am Wasser ist, die Fische nach ihr steigen und man mit der schönsten und naturgetreuesten Nachbildung keinen Anbiß bekommt, wohl aber nach verschieden wiederholtem Wechsel der Fliege auf eine solche, die weder in Gestalt noch in Farbe mit dem eben schwärmenden Insekt eine Ähnlichkeit besitzt, einen Fisch nach dem anderen erbeutet. Es ist dabei anzunehmen, daß dieses scheinbar unmögliche Muster im durchfallenden Lichte gerade jene Farbe haben muß, welche das Original unter diesen Bedingungen zeigt.

Nachdem Dunne beim Studium der Farben des Insekten- oder besser gesagt des Ephemeridenleibes, denn es sind vornehmlich diese Insekten Gegenstand seiner Beobachtungen und Untersuchungen, zu dem Resultate gekommen war, daß es nötig sei, die Farbe wiederzugeben, welche wir im durchfallenden Lichte sehen, kam er zwangsläufig zu der weiteren Forderung, dem Leibe auch die nötige Transparenz zu geben.

Man hat zwar schon vor Dunne verschiedene Materialien diesem Zwecke dienstbar zu machen versucht, insbesondere Kautschuk in feinen Lamellen, sodann die Rippen verschiedener Federfahnen, Kiele und nicht zuletzt Zelluloid, ohne dem beabsichtigten Zwecke gerecht zu werden.

Nach Dunne ist es der dunkelbronzierte bzw. emaillierte Schaft des Hakens, welcher die Lichtstrahlen absorbiert, statt sie wieder in und durch die den Leib bildende Hülle zurückzustrahlen. Aus diesem Grunde verwendet er zur Herstellung seiner Fliegen blanke Haken.

Von einer naturgetreuen Wiedergabe der Flügel will ich überhaupt nicht reden, denn die hierzu verwendeten Federn sind, soweit es sich um die Nachbildung glasartig transparenter Flügel handelt, doch eher das Gegenteil von durchscheinendem Material. Man hat deshalb versucht, die Flügel aus mit Zelluloid imprägnierter Gaze herzustellen, was tatsächlich der Natur ziemlich nahe kommt, aber der Fliege eine unnatürliche Starre verleiht.

Aus dem Gesagten kann sich jeder Leser leicht ein Urteil darüber bilden, was man von der Naturtreue der bisherigen Nachbildungen, auch der so gerühmten Halfordschen zu halten hat, um so mehr, als die gleiche Fliege aus verschiedenen Erzeugungsstätten meist sehr verschiedene Farbennuancen aufweist.

Der einzig richtige Weg scheint mir der von Dunne angegebene zu sein, der sicher auch gegangen werden wird, wenn sich die Mehrzahl von der suggestiven Wirkung der Halfordschen Dogmen frei gemacht hat.

Im übrigen findet man schon selbst in England verschiedene Abweichungen von den Halfordschen Grundsätzen selbst in Kreisen, welche ausschließlich der Dryfly huldigen.

Man kann getrost behaupten, daß alle bisherigen Kunstfliegen mehr oder minder Phantasiefliegen sind, welche lediglich die Form und Größe, nicht aber die Farbe und eventuelle Transparenz des Originales kopieren.

Geradezu verwirrend ist für einen Anfänger die Überzahl der Fliegen, welche am Markt ist, und die Menge der Namen.

Wenn man weiß, worauf es ankommt, reduziert sich der Bedarf auf einige wenige Dutzend, ja auf manchem Wasser geradezu nur auf ein paar Stücke, wozu noch irgendwelche besonders fängige Raupenfliegen oder andere Spezialmuster gelegentlich dazukommen. Die Fliegen, welche ich beschreibe, sind so ziemlich als die Urbilder aller anderen Fliegen anzusehen, die im Handel sind; denn von einer und derselben Fliege existieren eine Anzahl Variationen, welche nur geringe Abweichungen in der Farbennuance des Körpers der Hecheln, der Flügel usw. zeigen und dann unter einem Phantasienamen im Verkehr sind.

Um nur ein Beispiel zu nennen: Die beliebten und an manchem Wasser geradezu unfehlbaren Fliegen mit orange- oder hellgelben Flügeln und Körpern oder Hecheln von der Schulterfeder der Schnepfe bzw. des Moorhuhnes (Grouse) werden als verschiedene Fliegen bezeichnet, z. B. (Orange and Snipe, Yellow and Grouse). Dabei sind die Unterschiede in der Färbung der beiden Federn so minimal, daß sie im besten Falle ein jagdlich erfahrener Angler auseinanderkennt — schwerlich aber der Fisch.

Werden diese Fliegen noch mit einer Rippung aus Gold- oder Silberfaden versehen, so wechselt auch damit ihr Name und ebenso ist es mit jeder anderen Variation. Und in Wirklichkeit handelt es sich bei allen um gar nichts anderes als um eine Nachbildung der „Orange Dun" und „Yellow Dun".

Ich kann daher dem Anfänger nur den einen wohlgemeinten Rat geben, sich nicht durch Namen oder spitzfindige Nuancierungen verwirren zu lassen, sondern sich an die altbewährten Muster zu halten, wenigstens so lange, bis er genügende Erfahrung gesammelt hat; er wird sich dadurch viel Geld und noch mehr Enttäuschungen ersparen.

Die Fliegen werden in folgenden Formen gebunden:

1. Geflügelte Fliegen (englisch Winged flies)
   - a) als „nasse" Fliegen mit spärlichen Hecheln oder Beinen und einfachen Flügeln (Wet Fly);
   - b) als „trockene" Fliegen mit reichlichen Hecheln und aufrecht stehenden, doppelten, vielfach auch „gespaltenen" Flügeln (Dry Fly);
   - c) Lachs- oder Glanzfliegen (Salmon Fly).

2. Summende oder Hechelfliegen (englisch Hackle flies) sowohl für das Fischen mit nasser wie mit trockener Fliege — für letzteren Zweck mit reichlicheren und härteren bzw. steiferen Hecheln.

3. Palmer oder Raupenfliegen. Diese sind eigentlich nur Hechelfliegen mit dickerem Leib, reichlichen, oft über den ganzen Körper gehenden Hecheln und vielfach auch farbigen Schwanzknoten oder Büscheln aus Wolle oder Federn.

4. Käfer, Heuschrecken, Larven usw. Letztere sind außerdem in Nachbildungen aus Gummi oder Zelluloid im Handel. Obzwar

diese ziemlich naturgetreu in Gestalt und Farbe sind, erfreuen sie sich keiner allzugroßen Beliebtheit bei erfahrenen Anglern; außerdem sind sie sehr teuer und nicht sehr haltbar.

Die Fliegen werden meist, auch in den großen Hakennummern, nur mit einfachen Haken erzeugt. Es sind aber auch Doppelhaken im Gebrauch, besonders für die großen Lachsfliegen; ich bin vom Doppelhaken, den ich früher für kleine Äschenfliegen im Gebrauch hatte, wieder abgekommen, weil ich mich überzeugte, daß der einfache Haken ebenso fängig ist.

Die meisten Angler kaufen oder bevorzugen ausschließlich geflügelte Fliegen — warum, ist mir nicht klar —, da doch die Hechelfliege genau so fängig ist als jene. Ich persönlich angle seit einer langen Reihe von Jahren ausschließlich nur mehr mit Hechelfliegen, sowohl „naß" wie „trocken".

Sogar in England setzt sich in den letzten Jahren die Hechelfliege zum Trockenfischen mehr und mehr durch, nachdem dieselbe schon lange, besonders in Schottland, als „nasse" Fliege sich großer Beliebtheit erfreute. So hat u. a. schon Pennell, der bekannte Angelsportschriftsteller, seine Fliegen ausschließlich als Hechelfliegen gebunden. Und in neuerer Zeit propagieren diese Form Baigent, J. J. Hardy und Dunne.

Bei uns hat Behm schon vor ca. 20 Jahren die nach ihm benannte Trockenhechelfliege gebunden, welche sich durch besondere Schwimmfähigkeit auszeichnet.

Ich will an dieser Stelle auch nicht verschweigen, warum ich die Hechelfliege bevorzuge und ihre Verwendung den Anglern empfehle.

Wenn ich „nasse" Fliege fische, ist es erstens schon einmal gleich, ob die Fliege Flügel hat oder nicht, denn sie geht nahezu immer unter die Wasserfläche und täuscht dem Fische ein ertrunkenes Insekt vor, wenn anders sie nicht als sog. „gezogene" Fliege ein Fischchen oder sonst ein Wassertier vortäuschen soll. Bleiben wir beim ersten Falle: ein ertrunkenes Insekt treibt durch die Strömung, treibt mit dieser in Rückläufen und Wirbeln durch alle Wasserschichten und sieht meist nach kurzer Zeit recht unscheinbar und zerzaust aus, wovon man sich leicht überzeugen kann, wenn man z. B. die Schlammstreifen an solchen Stellen auf ihren Inhalt untersucht. Es ist ja bekannt, daß die Fische mit besonderer Vorliebe Fliegen nehmen, die nur noch aus Fragmenten von Leib und Flügeln oder Hecheln bestehen.

Es ist daher für die nasse Fliege vor allem die Silhouette als Maßstab ihrer Gebrauchsfähigkeit anzusehen und im nassen Zustande die größtmöglichste Angleichung an die Formen eines ertrunkenen Insektes.

Bei der Trockenfliege handelt es sich vor allem um möglichste Schwimmfähigkeit. Deshalb bindet man ihr reichliche und vor allem steife Hechel oder Füße ein, denn diese allein ermöglichen der Fliege das Schwimmen infolge der vergrößerten Auftriebsfläche.

Zur Erhöhung der Schwimmfähigkeit werden die Hecheln — und nur diese allein gefettet.

Es ist nahezu als sicher anzunehmen, daß es die Lichtreflexe an den Hecheln bzw. an deren Berührungsstellen mit der Wasseroberfläche sind, welche die Fische anlocken und zum Zugriff verleiten. — schwerlich die Farbe der Flügel, die, wie ich schon erwähnte, meist nicht naturgetreu kopiert werden können.

Da ich nun in jahrelanger Praxis und unzähligen Vergleichen und Versuchen zu dem Resultate gekommen bin, daß die „geflügelte" Fliege der Hechelfliege in keiner Weise überlegen ist — hinsichtlich Dauerhaftigkeit ihr sogar stark nachsteht —, führe ich wie gesagt nur noch Hechelfliegen.

Schließlich und endlich sind diese viel leichter, schneller und haltbarer zu binden als „geflügelte", ein Vorzug, der sich besonders beim Binden von kleinen und kleinsten Trockenfliegen angenehm bemerkbar macht, wenn man seine Fliegen selbst bindet. Im Gegensatz zu der Ansicht anderer Autoren bin ich der Meinung, daß jeder Angler seine Fliegen selbst zu binden imstande sein soll. Es ist zwar richtig, daß die Fliegen heutzutage in großer Vollkommenheit hergestellt werden, aber gute Fliegen sind auch dementsprechend teuer.

Für den Anschaffungspreis von wenigen Dutzend Fliegen bekommt man die zum Fliegenbinden nötigen Geräte und Material für Hunderte von Fliegen. Aber abgesehen von der Ersparnis, die ja bei vielen heutzutage ein gewichtiger Faktor ist, wird der Fliegenbinder mit der Materie selbst viel intimer, erwirbt eine neue Fertigkeit und ist vor allem jederorts und jederzeit in der Lage, sich ein besonderes Muster an Ort und Stelle anzufertigen zu können oder seinen ausgegangenen Vorrat ohne Mühe und Zeitverlust zu ergänzen, was besonders bei weiten Angeltouren an fremde und ferne Wässer von unschätzbarem Vorteile ist.

Eine kleine Ausrüstung zum Fliegenbinden auf der Reise ist so kompendiös und leicht, daß sie in jedem Rucksack Platz hat, erst recht, wenn man sich an einem Wasser für längere Zeit häuslich einrichtet.

Aus diesem Grunde widme ich dem Fliegenbinden ein besonderes Kapitel, in welchem ich die Bindeweise der im folgenden Absatz beschriebenen Fliegen sowie verschiedener anderer detailliert erklären werde.

1. Männliche, 2. weibliche Märzbraune (Marchbrown). Beide Fliegen stellen Subimagines von Ecdyurus venosus vor und sind in oft recht abweichenden Mustern im Handel. Nr. 1 wird auch rot sowie silbergerippt erzeugt. Nr. 2 wirkt am besten mit fahl gelbgrünem Leib und Goldrippung. In manchen Wässern, besonders jenen der Mittelgebirge und Ebenen, ist diese Fliege während der ganzen Saison hervorragend fängig. Nr. 1 dagegen im Frühjahr gegen Ende April bis gegen Juni, dann wieder im Herbste. Die Märzfliegen sind ziemlich groß, daher sollen sie an Haken der Größe

3—5 neuer Skala (um Mißverständnissen vorzubeugen, gebe ich alle Hakengrößen nur in dieser an) gebunden sein.

3. Rote Fliege (Red fly) ist eine Nachbildung einer zur Gattung Nemura gehörigen Steinfliege, die mit Körpern in allen Schattierungen, von rotbraun bis rot, einfarbig rot, braunen und braun mit schwarz gesprenkelten Flügeln im Handel vorkommt. Sie ist eine sehr gute Frühjahrsfliege, kann aber auch in anderer Zeit braunrote Fliegen mit Erfolg ersetzen. Auch sie soll mindestens Hakengröße 4 besitzen.

4. Hagedornfliege (Hawthorn fly). Eine Diptera: Bibio marci, Sie kommt im Mai mancherorts in großen Massen vor und bevölkert die Stauden und den Bewuchs des Ufers. Die Nachbildung ist eine etwas dickleibige Fliege an kleinen Haken, Größe 1 oder 2. Wo das Insekt reichlich vorkommt, ist seine Nachbildung hervorragend fängig.

5. Blue Dun (blaue Nymphe), Perla bicaudata, soll die Nachbildung der echten „Steinfliege" sein, ist aber sowohl in Farbe als auch in Größe geradezu unrichtig und wie Heintz ganz richtig bemerkt, die Kopie irgendeiner Bremse. Wenn sie dem natürlichen Vorbilde halbwegs nachkommen soll, müßte sie eine Farbe haben, die ein Gemisch von Grau und Orange zeigt und an Haken Nr. 6—5 gebunden sein.

Ansonst ist die landläufige Steinfliege den ganzen Sommer hindurch sehr brauchbar, selbst wenn andere Fliegen reichlich schwärmen, sogar zur Maifliegenzeit. Entsprechend der Größe der durch sie eigentlich dargestellten Bremsen ist die Hakengröße 4.

Ich binde mir eine Steinfliege, welche das ganze Jahr geht, wenigstens in den Flüssen der Kalkalpen, die ich aber auch zur Maifliegenzeit führe und für viel „tödlicher", wie die Engländer sagen, gefunden habe als die naturgetreuesten Kopien der Maifliege. Ihre Beschreibung gebe ich im Kapitel über das Binden der Fliege.

7. Die Goldfliege (Wickham's fancy) wird allgemein als Phantasiefliege bezeichnet, obzwar es genug Insekten gibt, deren Leib direkten Goldglanz zeigt. Sie ist so oder so eine der besten Sommerfliegen, an manchen Gewässern nahezu immer unfehlbar, an anderen nur zu Zeiten.

An hellen Sommertagen und klarem Wasser sollte man sie immer am Vorfach haben. Mitunter geht sie selbst am Abend. Man führt sie im allgemeinen an kleinen Haken Nr. 1—3. Sie geht als Ersatz der meisten Fliegen mit gelbem Körper. An größeren Haken ist sie mitunter als „gezogene" Fliege außerordentlich wirksam, besonders auf große Forellen.

8. Hoflands Fliege (Hofland's fancy), eine Nachbildung einer braunen Ephemeride. Eine vorzügliche Fliege, welche nur meist in zu dunkler Farbe hergestellt wird. Ich habe die mittelbraunen bis hellrötlichbraunen Exemplare als die besten kennengelernt. Sie geht für alle braunen Fliegen. Die empfehlenswerteste Hakengröße ist Nr. 2 oder 3.

9. Die Sandfliege (Sand fly), eine Trichoptera: Limnophilus flavus. Der Name „Sand fly“ ist jedoch in England nicht gebräuchlich, sondern die Fliege heißt dort „Sedge“ und je nach dem Farbenton: Light, lichte, oder kurzweg „Sedge“, entsprechend unserer Sandfliege, Medium Sedge mit dunkleren Tönen, Dark, dunkle, Sedge mit schwarzbraunem Leib. Die Sandfliege ist eines jener Insekten, welche man das ganze Jahr am Wasser antrifft, sowohl in den hellen wie in den dunkleren Formen. Besonders die ersten beiden zeigen eine Mischung verschiedener Schattierungen von Grau, Gelb und Braun, während die letzteren eine mehr einheitlich dunkle Färbung aufweisen, die zwischen Orange und Kastanienbraun schwankt.

Diese drei Fliegenformen sind nahezu an jedem Wasser wirksam und gehen für eine Menge gleich und ähnlichfarbiger Fliegen, so daß sie in keiner Fliegenbüchse fehlen sollten. Sie sind eine Art „Universalfliege“, welche das ganze Jahr hindurch hervorragend fängig sind. Zur Ergänzung dieser Serie empfehle ich noch die in England unter dem Namen „Welshman's Button“ sehr beliebte Fliege mit dem orange Schwanzknoten.

Da das Originalinsekt verhältnismäßig groß ist, soll man für alle diese Fliegen keine kleinere Hakengröße als Nr. 3—4 nehmen.

10. Die „Erlen“-Fliege (Alder fly) ist die Nachbildung der im Mai und Juni oft in großen Mengen an den Gräsern und Stauden am Ufer zu findenden Sialis flavilateria und zu dieser Zeit eine fast unfehlbare Fliege, besonders am Abend an größeren Haken. An und für sich ist die Größe 3—4 die richtige. An manchen Gewässern ist das Muster mit roten Hecheln fängiger.

11. Pale Blue Dun — „Bläulich Aschgraue“, welchen Namen ihr Dr. Salomon Stein, unser heimischer Angelschriftsteller gibt, und den ich für so zutreffend halte, daß ich ihn als Verdeutschung der englischen Bezeichnung vorschlage. Diese Fliege repräsentiert eine Reihe kleiner, olivfarbener Ephemeriden und ist vom Frühjahre bis in den Herbst hinein wirksam. Es empfiehlt sich diese Fliege in helleren und dunkleren Mustern bzw. mit mehr blauem oder grauem Tone vorrätig zu haben.

In dieser Ausführung deckt sie alle grauen Fliegenarten. Obzwar sie die ganze Saison über wirksam ist, muß man doch die Zeitperiode empirisch herausfinden, in welcher sie an diesem oder jenem Wasser als Hauptfliege anzusehen ist.

12. Die Kuhmistfliege (Cow dung fly). Das Original ist eine Diptera: Skatophaga stercoraria und findet sich in großen Mengen dort, wo Viehweiden sind, und liefert oft reiche Beute, namentlich bei windigem Wetter. Als besonders wirksam hat sich mir ein Muster mit grünlichgelbem Leibe und orange Schwanzknoten erwiesen.

13. Der Rotschwanz (Red tag) wird als Phantasiefliege bezeichnet; er ist der allbekannte und tausendfach bewährte Rote Palmer mit einer roten Wollquaste am Körperende).

Meiner Ansicht nach ist er in dieser Ausführung die Nachbildung einer Hummel. Als solche binde ich ihn mir auch mit einer orange Quaste und finde dieses Muster beinahe fängiger als das andere. Unstreitig ist diese Fliege nahezu allenthalben während der ganzen Saison enorm wirksam. In großen Mustern an Haken Nr. 8 und noch größeren ist der Rotschwanz eine hervorragende Aitelfliege und nach den Erfahrungen von Heintz auch für Huchen sehr verwendbar. Als Hakengrößen empfehlen sich die Nr. 3—5 für Forellen und Äschen.

Eine dem Rotschwanz ähnliche Fliege ist die in England als spezielle Äschenfliege sehr beliebte Witch (Hexe) mit Schwanzbüscheln aus roten Federn und silbergrauen Hecheln. Diese Fliege ist auch bei uns außerordentlich brauchbar in der Größe 2.

14. Die Spinnenfliege (Spider fly). Soll eine Spinne ev. eine Mücke nachahmen. Im ersteren Falle dürfte sie aber keine Flügel, sondern nur Hecheln tragen. Sie ist im Handel in vielen, voneinander ganz abweichenden Farben und Ausführungen zu haben. Soweit es sich um die Nachbildung einer Spinne (Spider) handelt, sind die besten Muster die „schwarze Spinne" (Black spider), Hechel und Leib schwarz, letzterer ev. mit Silberrippung, und die orange Spinne (Orange spider), Leib orange, Hechel schwarz, an Haken 2—4. Diese beiden Muster sind während der ganzen Saison verläßliche Äschen- und Forellenfliegen.

15. Yellow Dun, die „Blaßwasserfarbene", Nachbildung des Subimage kleiner Ephemeriden dieser Färbung der Gattung Baetis. Für das Fischen mit der nassen Fliege bewährt sich ganz besonders das als summende Fliege gebundene Muster mit ingwergelbem Leib und Hecheln von der blaugrauen Brustfeder des Rebhuhnes (engl. Light partridge and Yellow), an Haken Nr. 1 oder 2 als Hochsommerfliege bei klarem Niederwasser. An sonnigen warmen Herbsttagen bringt sie zuweilen reiche Beute an Äschen.

16. Greenwellsfliege (Greenwell's Glory) ist nicht, wie meist behauptet wird, eine Phantasiefliege, sondern die Nachbildung einer im Sommer oft in Massen auf den Ufergesträuchen vorkommenden Fliege mit transparent bernsteinfarbigem Leibe und transparenten, braungeäderten Flügeln.

Die Muster des Handels sind ungemein verschieden, ich werde aber die richtige Bindeweise, wie sie Greenwell angibt, im betreffenden Kapitel schildern. Die Greenwell ist eine vorzügliche Fliege vom Frühsommer an bis in den Herbst, namentlich an sonnigen Tagen mit mäßigem Winde bringt sie oft außerordentliche Strecken und wird besonders gerne von großen Äschen genommen. Die beste Hakengröße ist Nr. 4.

17. Der Brach- oder Junikäfer (Cocky Bondy) ist ein Palmer mit glänzendem Pfauenleib und einer schwarzroten oder schwarzbraunen Ofenfeder als Hechel mit oder ohne Goldrippung, öfters auch mit goldenem Schweifknoten. Er gilt als eine hervorragende Fliege, wenigstens dort, wo die Käfer reichlich vorkommen, was nicht

überall der Fall ist. Wo es aber zutrifft und ein kräftiger Wind die Käfer von den Bäumen und Stauden ins Wasser weht, kann man große Strecken erzielen, wenn man gerade die Freßstunde trifft. In diesem Falle ist aber der Junikäfer vollständig durch den roten Palmer oder auch den Rotschwanz ersetzbar, wenn man gerade seine Nachbildung nicht bei der Hand hat. Die Hakengröße 4—5 ist nicht zu groß gewählt.

18. Der Gouverneur (The Governor) ist die Nachbildung einer Trichoptera, die aber so selten am Wasser beobachtet wird, daß man ihn allgemein als Phantasiefliege hält. Er ist eine Sommerfliege, bringt mitunter gute Beute an großen Fischen, ist aber im allgemeinen eine entbehrliche Fliege, zum mindesten durch den roten Palmer ersetzbar, wie ich mich zu wiederholten Malen überzeugen konnte, wenn ich beide am Vorfache hatte.

19. Der Kutscher (Coachman) hat seinen Namen nach seinem Schöpfer Tom Boswell, dem Leibkutscher der Königin Viktoria. Er ist eine Art Universalfliege, besonders für den Spätabend und die Dämmerung, geht auch für die als Abend- und Nachtfliege berühmte „Weiße Motte" und ist an manchen Wässern ebenso souverän, wie er an anderen versagt. Es ist aber immerhin ratsam, einige Exemplare von ihm in der Vorratsbüchse mitzuhaben, denn oft wird er von den Fischen gierig genommen, wenn sie alles andere refusieren, und zwar in kleinen Hakennummern 2 oder 3, wie ich überhaupt gefunden habe, daß er in kleiner Form viel lieber genommen wird — auch am Spätabend — wo sonst gemeinhin große Muster bevorzugt werden.

20. Die „Augustbraune" (August Dun) ahmt das Subimago von Bedyurus Flumimum nach. Diese Fliege ist besonders mit Goldrippung im Hochsommer an manchen Gewässern von direkt mörderischer Wirkung, ja oft zu dieser Zeit direkt die einzige Fliege, die geht. Unter Umständen kann sie durch die Hofland-Fliege ersetzt werden, nur nehme man die Fliegen nicht zu dunkel und nicht zu groß, die Hakengröße 1—2 ist richtig.

21. Die „Zimmtfliege" (Cinnamon Sedge) ist die Nachbildung einer Trichoptera, ähnelt der Sandfliege, ist aber dunkler als diese, meist von einheitlichem hellem Zimmtbraun. An manchen Wassern geht sie in der ganzen Saison, andernorts wieder nur hauptsächlich im Frühjahr und Herbst.

22. Die „Ziegenfliege" ist eine Nachbildung der Trichoptera Coenomyia ferruginata und bei uns in zwei Formen geläufig. Die kleine — ohne Korkleib — sieht der „bläulich aschgrauen" nahezu gleich, nur mit Beimischung von gelbbraunen Tönen. Sie ist in der ganzen Saison eine verläßliche Forellen- und Äschenfliege, jedoch ist sie im Herbste am wirksamsten. Die besten Hakengrößen sind 1—3.

Die große Form der Ziegenfliege, auch bekannt als „Schneiders Aitelfliege", ist, wie dieser Name sagt, eine Spezialfliege auf Aitel, die jedoch unter besonderen Umständen auch auf große Forellen eine starke Anziehungskraft besitzt. Sie besitzt einen Korkleib, über den das Körpermaterial gebunden ist, und kopiert eigentlich eine Hornisse o. ä. und wird meist an Doppelhaken gebunden verwendet.

23. Die „Wirbelfliege“ (Whirling blue Dun), eine Ephemeride der Gattung Baetis darstellend, gehört eigentlich in die Gruppe der „Olivenfarbigen“, hat aber wegen der Mischung mit grauen Tönen eine Mittelstellung zwischen diesen und den „Aschgrauen“ inne. Sie ist bekannt als die sicherste Herbstfliege. Hakengröße 2.

24. Der „Rotspinner“ (Red Spinner), die ausgebildeste Form von Postamanthus rufescens mit zinnoberrotem Leib ist eine der besten Hochsommer- und Herbstfliegen, der sich besonders in unseren Alpenländern der größten Beliebtheit erfreut. Seine richtige Hakengröße ist Nr. 2. Er ist nicht zu verwechseln mit dem „Großen Rotspinner“, einer Nachbildung einer Ecdyurus-Art, deren Subimago von der Märzbraunen vorgestellt wird. Dieser hat einen rötlichbraunen Leib und ist reichlich doppelt so groß. Seine Nachbildung trägt am besten die Hakengröße 4—5.

25. Die „Hasenohrfliege“ (Gold ribbed hare's ear) ist in England vornehmlich als Spezialfliege für Aschen beliebt. Bei uns wird sie sowohl für diese wie auch für Forellen verwendet. Ich kann nicht behaupten, daß sie da und dort von überragender Wirksamkeit wäre, jedenfalls zähle ich sie nicht zu den Unentbehrlichen, da sie durch alle ähnlich gefärbten Fliegen ersetzbar ist.

26. Der „Rote Bär“ — „Soldatenpalmer“ (Soldier Palmer) ist eine Phantasiefliege, die ihren Namen von den roten Röcken der englischen Soldaten herleiten soll. Möglicherweise sollen die großen Nummern dieser Fliege eine buntgefleckte Raupe darstellen; jedenfalls ist diese Fliege im Sommer sehr wirkungsvoll, die größeren Muster besonders für Aitel und Rapfen, namentlich wenn sie recht buschige Hechel besitzen.

27. Der „Rotbraune Bär“ (Red Palmer) ist eine der bekanntesten und wirksamsten Fliegen. In der Ausführung, wie er gang und gäbe ist, dürfte er bestimmt die Nachbildung einer Hummel oder eines Käfers sein — eher noch des letzteren —, da den ganzen Sommer über an Erlsträuchern ein Käfer der Gattung Melanosoma zu finden ist, der einen schwarzen, halbkugelförmigen Leib und rote oder braunrote Flügeldecken besitzt. Seine präzise Nachbildung wird unter dem Namen „Derbyshire beetle“ in den Handel gebracht. Der Rotbraune Bär ist eine sehr sichere Fliege, die sogar bei trübem Wasser noch Beute bringt, wenn die Fische überhaupt nach keiner Fliege mehr steigen; seine Verwendbarkeit erstreckt sich über die ganze Saison.

In großen Nummern ist er nicht nur eine vorzügliche Aitel- und Rapfenfliege, sondern sogar während der Maifliegenzeit mitunter besser als diese und trotz seiner dunklen Färbung ist er eine hervorragende Fliege zum Angeln in der Dämmerung und Nacht: ich wenigstens ziehe ihn zu diesem Zwecke der vielgepriesenen „Weißen Motte“ vor.

An mittleren Hakennummern wird er zu zweit hintereinander gebunden als sog. „Wurmfliege", welche mitunter, besonders bei trübem Wasser, ungeahnte Erfolge bringt.

28. Der „Schwarze Bär" (Black Palmer) ist wie der vorige in kleinen und mittleren Nummern ebenfalls eher die Nachbildung einer Hummel oder eines Käfers — wohl auch in den großen Nummern, weil ich oft und oft im Magen der Forellen die Körper oder Teile von diesen, der großen dunklen oder schwarzen Laufkäfer (Carabus) gefunden habe.

Auch der schwarze Bär ist eine Fliege, welche das ganze Jahr hindurch sich auf Forellen und Äschen bewährt, ebenfalls auf Aitel und Rapfen.

Um Raupen nachzuahmen, müßten beide Bären viel länger und größer sein und so gebunden werden, wie es Ronalds in seinem Buche „Fly Fishers Entomology" abgibt, d. h. mit zwei hintereinanderstehenden Haken wie an einem Stewartsystem. Ich habe mit derart gebundenen Raupen sehr schöne Erfolge gemacht, doch sind diese heutzutage nur noch bei der englischen Firma Foster erhältlich. Ich stimme mit Heintz überein, daß es bedauerlich ist, daß diese wirklich guten und brauchbaren Nachbildungen nicht mehr geführt werden, trotzdem sie sich in jahrelanger Praxis bewährt haben.

Außer diesen muß ich noch verschiedene andere Fliegen besprechen, die nicht übergangen werden dürfen. Vor allem die Maifliegen. Die Subimagines und Imagines von Ephemera danica, vulgata usw.

Zu den ersteren gehören die unter dem Namen Brown, Green und Grey-Drake bekannten Fliegen sowie weiters die verschiedenen Muster der Imago selbst in den reichsten Variationen als schwimmende und nasse bzw. versunkene Maifliegen. Es gibt leider sehr viele Gewässer, an denen die Maifliege gar nicht oder nur ganz vereinzelt vorkommt, während sie an anderen zur Schwarmzeit im Juni in ungeheuren Mengen auftritt. Die anachronistische Bezeichnung „Mai"fliege ist auch auf den julianischen Kalender zurückzuführen, nach welchem die Schwarmzeit effektiv in den Mai fiel.

Die Maifliegenzeit ist in den betreffenden Gewässern die Zeit der Mast für die Forellen, welche mit Gier ganz unglaubliche Mengen dieses Insektes verschlingen. Wenn dann die Freßstunde kommt, macht man mitunter Rekordfänge — nicht nur an Zahl sondern insbesondere auch hinsichtlich der Größe der gefangenen Fische, da man zu dieser Gelegenheit Exemplare erbeutet, die sonst zu anderen Zeiten selten oder gar nicht auf die Fliege steigen. Nur noch einmal im Jahr bietet sich dem Angler die gleiche Gelegenheit, aber leider auch nur an jenen Gewässern, an denen die Oligoneuria — der „Weißwurm" — schwärmt, und auch da nicht jedes Jahr, da unerklärlicherweise die Schwärme oft mehrere Jahre ausbleiben. Ob man mit der „trockenen" oder „schwimmenden" oder aber mit der versunkenen Maifliege, welche das abgestorbene, dahintreibende

Insekt (spent gnat) vorstellt, fischt, bleibt sich für den Erfolg gleich, wenn die Fische gierig beißen. Ich glaube sogar nach meinen Erfahrungen wird die versunkene Fliege viel bereitwilliger genommen als die schwimmende.

Man darf natürlich nicht zu Vergleichszwecken die überfischten englischen Flüsse und Seen heranziehen, in denen die Fische in kürzester Zeit zur größten Vorsicht erzogen werden. Heintz spendet der blauen Hechelfliege von Farlow viel Lob — ich kann sagen, daß sie der bräunlichen oder grauen Hechelfliege bei uns nicht überlegen ist. So oft ich sie neben einer der beiden anderen am Vorfache hatte, machte ich nie die Wahrnehmung, daß sie von den Fischen besonders bevorzugt würde. Trotzdem lasse ich solche reiche gelegentliche Fänge, wie sie Heintz in Bosnien damit hatte, gerne gelten, weil erfahrungsgemäß die Fische oft ein fremdes Muster viel gieriger aufnehmen als die beste Nachbildung. Das gleiche gilt von einer Hechelmaifliege mit orange Leib, die unter dem Namen „Butcher" bekannt ist. Obzwar sie viel eher einer Stein- als einer Maifliege gleicht, liefert sie oft mehr Fische in den Korb als diese. Ein Fehler der meisten Maifliegen ist der zu enge Bogen der Haken, wodurch viele große Fische abkommen. Ich liebe sie an weitbogige Haken gebunden, entweder an die sog. Italianhaken aus Vierkantstahl oder noch lieber an die Hardyschen Spezialmaifliegenhaken.

Auch die Subimagines Green, Brown und Grey Drake sind vorteilhafter mit einem der vorgenannten Haken bewehrt.

Die „Alexandra" spielt in den Büchern vergangener Tage eine große Rolle, die sie eigentlich gar nicht verdient — in der englischen Literatur erscheint ihr Name heute gar nicht mehr. Eigentlich ist sie die Nachbildung einer Pfrille und wird auch wie eine solche geführt, d. h. stromauf gezogen. In Wirklichkeit ist ihre Wirkung nicht tödlicher wie die irgendeiner anderen sog. „gezogenen" Fliege. Daß sie in manchen englischen Klubwässern verboten ist, stimmt, doch muß dazu bemerkt werden, daß es sich ausschließlich um Gewässer und Klubs handelt, wo nur mit der Trockenfliege geangelt werden darf und wo nicht nur die Spinnangel, sondern sogar jede andere Art des Fliegenfischens, erst recht das mit gezogener Fliege oder gar mit Spinnködern absolut verpönt ist. Dagegen ist eine ganz hervorragende Fliege der „Zulu" — sowohl in seinen kleinen wie in den großen Nummern. Die ersteren die ganze Saison über auf Forellen und Äschen in den Hakengrößen 3—5, die letzteren für Aitel, Rapfen und als gezogene Fliegen für große Forellen.

Variationen des Zulu sind der rote, der orange und der blaue Zulu. Die letzteren sind aber nur zu gewissen Zeiten zu verwenden, dann aber schlagen sie jede andere Fliege. Sie alle bewähren sich gleich gut zum Angeln in fließendem Wasser als auch in Seen. Eine vielgerühmte Fliege ist die „Weiße Motte" als spezielle Abend- bzw. Nachtfliege. Ich hatte die besten Erfolge mit ihr an Wassern, in denen der „Weißwurm" — die Oligoneuria — vorkommt, zur

Schwarmzeit derselben; in diesem Falle mit Fliegen in der Größe des Insektes. Ansonst halte ich den braunroten Bären und den Kutscher für weitaus überlegen.

Äußerst wirkungsvolle Fliegen sind die von dem bekannten Angler Cholmendely Pennell angegebenen: Blue Upright, Furnace Hackle, Redspinner für Forellen und Äschen, besonders die erstere.

Seine Hackle Black, Hackle Claret, Hackle Red und Hackle Yellow sowie seine „Dragoon"-Fliegen sind hervorragend zum Fischen in Seen sowie auf Meerforellen, sie gehen aber auch mit größtem Erfolge in den großen Alpenflüssen; ich kann sie nach meinen Erfahrungen jedem Besucher dieser Wässer bestens empfehlen. In England verwendet man zum Angeln auf die Forellen der großen Seen eigene Fliegen. Einzelne davon sind unter 1—28 beschrieben, nur in größeren Hakennummern. Die meisten sind lebhaft gefärbte Phantasiegebilde mit reicher Gold- oder Silberrippung, welche übrigens bei allen Fliegen eine erhöhte Anziehungskraft auf den Fisch besitzen. Auch kleine Lachsfliegen sind gebräuchlich. Wir sind leider nicht in der glücklichen Lage wie die Engländer, in unseren Seen neben Forellen auch noch Lachse und Meerforellen erbeuten zu können, trotzdem sind manche von den englischen Mustern auch für die Fische unserer Seen recht brauchbar. Im allgemeinen aber sind sie für unsere Verhältnisse entbehrlich, zum mindesten genügen die vorerwähnten Pennellschen Fliegen unter allen Verhältnissen, wie ich mich in jahrelanger Praxis überzeugen konnte.

Die künstliche Heuschrecke ist eine bekannte Nachbildung die in Grün, Braun und Gelb am Markte ist. Mitunter bringt sie gute Beute, namentlich an Wassern, welche durch Wiesengründe laufen. Trotzdem habe ich die wiederholte Erfahrung gemacht, daß an einem solchen Wasser die Fische nach den hineingefallenen Grashüpfern rechts und links aufgingen, ich aber mit einer recht gut gemachten Heuschrecke keinen zum Anbiß verleiten konnte. Dafür fing ich einen nach dem andern auf eine Seeforellenfliege, „Mallard and Green" genannt, mit grünem Leib und Hecheln aus Erpelfedern. Ich halte die Heuschreckenfliege für zum mindesten entbehrlich oder durch vorgenanntes Muster ersetzbar.

Dagegen lenke ich die Aufmerksamkeit meiner Leser auf die bei uns noch zu wenig bekannten und geschätzten „Nymphenfliegen", Nachbildungen der wirklichen Nymphen bzw. des Larvenstadiums der verschiedenen Ephemeriden u. a., die mitunter von geradezu fabelhafter Wirkung sind, besonders dann, wenn man sieht, daß die Fische unter Wasser jagen und die angebotenen Fliegen an der Oberfläche verschmähen. In diesem Falle liefern oft die Nymphenfliegen die reichste Beute. Ich kann es nur empfehlen, einige Muster von ihnen in der Vorratsbüchse zu haben.

Die Lachsfliegen, an sich reine Phantasiefliegen, welche wahrscheinlich irgendwelche bunten Fische oder andere Tiere mit lebhaften Farben, wie sie im Meer so häufig vorkommen, darstellen sollen, haben für den kontinentalen Angler nur beschränktes Interesse; auf Lachse in unseren Landen mit der Fliege zu angeln, dürfte sich kaum mehr lohnen — und wer die Lachsflüsse Norwegens, Finnlands oder Amerikas zu befischen in der glücklichen Lage ist, wird sich die besten Informationen in der englischen Literatur holen. Auch geben die großen englischen Firmen wie Hardy Bros, Farlow usw. bereitwilligst an ihre Kunden die eingehendsten Auskünfte und Ratschläge in dieser Hinsicht.

Trotzdem können wir bei uns die Lachs- oder wie sie auch heißt Glanzfliege in beschränktem Maße zum Fange einzelner Fischarten, wie Huchen, Zander, Barsche, Seeforellen u. ä. verwenden. Vielleicht die beste Fliege zu diesem Zwecke dürfte die als „Silver Doctor" bezeichnete sein, bestimmt bei hellerem Niederwasser; für höheres und leicht trübes Wasser empfehlen sich schwarze oder rote Fliegen mit Gold. Als Hakengrößen die Nummern 4—10/0 alter Skala.

Die Lachsfliegen, aber auch einige andere Fliegenarten, besonders die Alexandra, die Zulu und Palmer, werden mit einer kleinen Blechturbine vor dem Kopfe ausgestattet und als „spinnende" Fliegen bezeichnet. Sie sind unter Umständen sehr wirksame Köder. Selbstverständlich ist für so große Fliegen die einhändige Gerte, wenn sie nicht von besonderer Stärke ist, auf die Dauer zu zart und der Gebrauch der doppelhändigen Gerte rätlich.

So befremdend es klingt, so ist es doch eine nicht zu leugnende Tatsache, daß unser Anglerpublikum zum größten Teile nicht imstande ist zu beurteilen, ob eine Fliege korrekt gebunden ist oder nicht. Ich halte es daher für nicht unangebracht, darüber einige Worte zu verlieren.

Ich habe mich schon eingangs über die unbegründete Vorliebe für die geflügelte Fliege ausgesprochen und die Vorteile der Fliege am Öhrhaken nochmals zu erörtern, hieße Eulen nach Athen tragen. Die meisten oder sagen wir viele kennen aber den Unterschied zwischen „nassen" und „trockenen" Fliegen gar nicht und wundern sich, daß letztere ihren Zwecken nicht entsprechen. Wieder andere können die Fliegen nicht dick genug und die Flügel nicht groß genug bekommen. Die wenigsten aber wissen, daß solche Fliegen fehlerhaft gebunden sind. Wenn wir von der naturgetreuen Wiedergabe der Farben absehen wollen, so soll doch die Silhouette des Originales kopiert werden, und dieses ist doch ein zartleibiges, feinflügeliges Insekt.

Darum sollen „nasse" Fliegen mit möglichst wenig Körper und zarten Flügeln ausgestattet sein und sehr sparsam Hechel eingebunden haben.

Fliegen mit „aufrechtstehenden" bzw. „gespaltenen" Flügeln sind speziell gebundene Trockenfliegen.

Eine gut gebundene Fliege muß aber als Haupteigenschaft ein sauberes, freies Öhr haben, damit man die Knoten beim Einbinden ins Vorfach gut um den Hals legen kann, andernfalls läuft man Gefahr, daß sie abgleiten, die Fliege schlenkert oder gar der Knoten aufgeht. Der Hals der Fliege soll unter dem Öhr einen Millimeter ganz frei sein.

Zum Schlusse dieses Kapitels muß ich noch einige Köder besprechen, die nicht eigentlich Kunstfliegen sin , aber doch mit der Fliegengerte geworfen und geführt werden.

Außer den schon erwähnten „Spinnenden" oder Turbinenfliegen (Abb. 40) sind da zu nennen die ihnen ähnlichen Behmschen

Abb. 40.

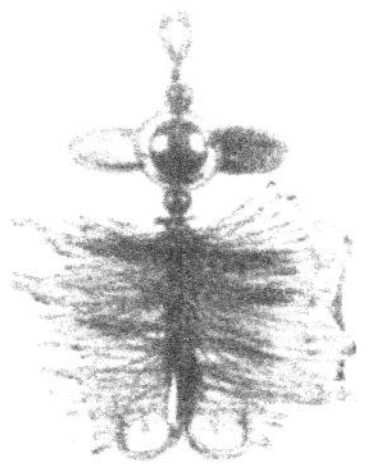

Abb. 41.

Aus Storks „Gerätekunde und Katalog".

Kugelspinner kleinster Größe (Abb. 41), welche durch die rotierende Kugel außerdem auch noch Tauchbewegungen ausführen.

Ferner die kleinsten Größen der verschiedenen Löffel und Blinker, von denen die bekanntesten der „Hogbacked"-Löffel (Abb. 42), der Halcyon-Spinner (Abb. 43) und der Heintz-Blinker (Abb. 44) sein dürften. Auch kleine „Minnows" und „Devons" gehören in diese Gruppe. In der letzten Zeit sind die kleinsten amerikanischen Wobbler aus Holz — das „Fly"

Abb. 42.

Abb. 43.

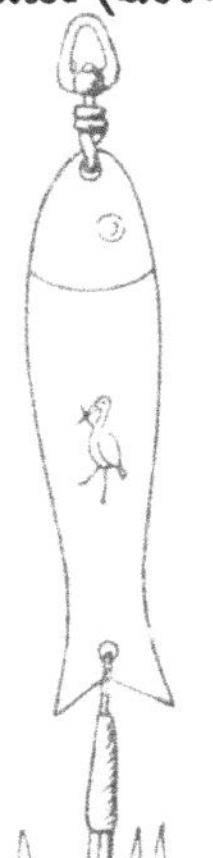

Abb. 44.

Aus Storks „Gerätekunde und Katalog".

und das „Trout-Oreno" — sehr beliebt geworden, schon deshalb, weil sie keine rotierenden Bewegungen machen, daher keine Wirbel am Vorfach erfordern wie die vorigen und auch keine Verdrehungen der Schnur verursachen.

Durch ihr äußerst lebendiges Spiel im Wasser, welches sie einem verfolgten Fischchen täuschend ähnlich erscheinen läßt, wirken sie auf den Raubfisch geradezu faszinierend.

Ich habe mit diesen Holzködern die besten Erfahrungen gemacht und schwere Fische, sogar einen guten Huchen an ihnen erbeutet. Allerdings — an jedem Wasser gehen sie nicht, und auch die jeweilige Farbe muß für jedes Wasser erprobt werden. Doch glaube ich, daß die Muster mit grünem Rücken und gelbem Bauche infolge ihrer Ähnlichkeit mit Pfrillen, Stichlingen usw. fast überall angenommen werden.

Gleichfalls amerikanischen Ursprungs sind die „Taumel"-Köder und die „Fuzz-Orenos", die eine Wasserwanze o. dgl. vorstellen sollen. Ich habe mich überzeugt, daß sie zum Fange des Black-Bass außerordentlich geeignet sind — in unseren Wässern habe ich mit ihnen noch zu wenig Erfahrungen gesammelt. Meiner Ansicht nach werden sie am ehesten für die großen Flüsse und Seen der Alpen in Frage kommen.

Wurftechnik. „Nasse" und „trockene" Fliege.

Einerlei, ob jemand naß oder trocken fischt — die erste Bedingung ist, daß er imstande ist, seine Fliege kunstgerecht aufs Wasser hinauszubringen. Und um das zu vollbringen, muß er werfen können. Allerdings besteht zwischen Werfen und Werfen ein Unterschied, bedingt durch die bessere oder die gegenteilige Technik, die einer eben hat. Es ist wohl nicht zu leugnen, daß eine gute Gerte in Verbindung mit der richtigen Leine den Wurf erleichtert und unterstützt; trotzdem wird jemand, der die richtige Wurftechnik innehat, auch mit einer minder guten Gerte noch etwas leisten, wo der andere nichts mehr herausbringt.

Die Wurftechnik mit der einhändigen Gerte hat in den letzten 25—30 Jahren gegen die Zeit vorher eine gewaltige Umwälzung erfahren, was vornehmlich dem Siegeszuge der Trockenfliege zuzuschreiben ist, deren gedeihliche und erfolgreiche Handhabung in erster Linie einen tadellosen und präzisen Wurf als Grunderfordernis verlangt. In zweiter Linie haben die Wurfturniere unleugbar zur Hebung der Technik beigetragen, wenn dies auch von mancher Seite entgegen der besseren Einsicht starrsinnig geleugnet wird und sogar mit kleinlichen Einwänden gegen diese nützlichen Veranstaltungen opponiert wird.

Um dem Leser das Verständnis für die neue Wurftechnik zu geben, muß ich ihn vornächst mit dem Wesen der alten bekanntmachen. Die Autoren der vergangenen Ära lehrten einen Wurf mit fixiertem, unbeweglich am Körper anliegenden Oberarm, lediglich aus dem Ellenbogen und Handgelenk heraus. Jedem, der das nebenstehende Bild unbefangen betrachtet, leuchtet ohne weiteres ein, daß eine derartige Zwangsstellung der Glieder und Gelenke an und für sich ermüden muß, aber nicht nur das, sondern auch keine besonderen Leistungen liefern kann. Wenn nun dazu noch eine Zwangsstellung der Hand, wie sie Abb. 45 a u. b zeigt, dazu gelehrt wurde, dann braucht es nicht wunderzunehmen, daß die Erlernung des Wurfes mit der Fluggerte vielen ein unerreichbares Ideal wurde. Ich kann mich ganz gut einer Zeit erinnern, in der Angler, die an diesen Arm- und Handstellungen festhielten, nach längerem Werfen über Schmerzen in den Vorderarmen klagten, die sich prompt verloren und auch nie wiederkamen, als sie die neue Methode annahmen.

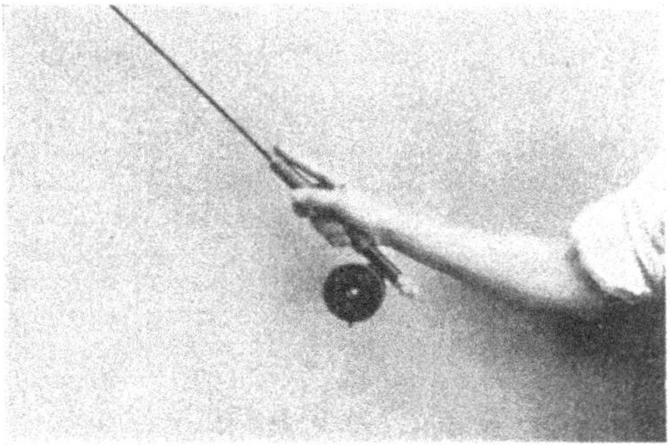

Abb. 45 b.

Abb. 45 a.

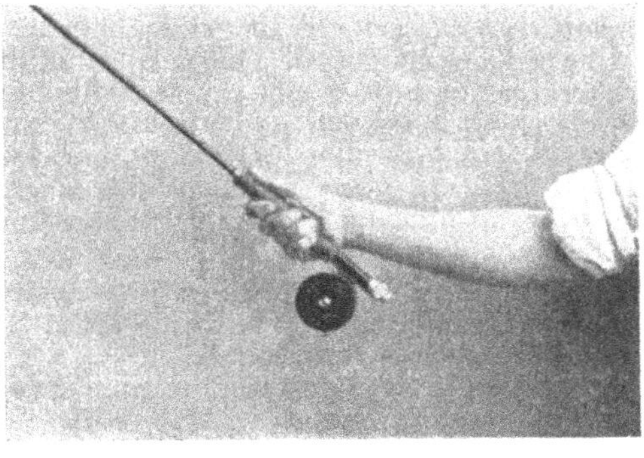

Abb. 46.

Es ist ja auch ohne besondere anatomische Kenntnisse klar, daß der in Streckhaltung dauernd gehaltene Zeigefinger eine Ausspannung verschiedener Muskelgruppen bedingt, welche unnatürlich ist und auch der Haltung der Gerte am Griffe abträglich ist. Statt daß alle Finger gleichmäßig fest und sicher den Griff umfassen, wie in Abb. 46, ist der Halt lediglich auf Daumen und Mittelfinger beschränkt, während Ring- und Kleinfinger am Griffe keinen

Schluß haben und der Griff nur am Handballen ansteht. Eine Angelrute ist endlich und schließlich kein Federhalter, und das Resultat einer derart gezwungenen Haltung ist naturnotwendige Überanstrengung und Ermüdung. Und daß eine ermüdete Muskulatur keine stilgerechte Arbeit leisten kann und wird, bedarf keiner besonderen Beweisführung.

Die einzige richtige und den natürlichen Verhältnissen der Hand angepaßte Haltung des Griffes ist die in der vollen Faust mit dem ganzen Griff der vier Finger und dem entlang des Griffes angelegten Daumen, welcher der Bewegung der Gerte die Richtung gibt (Abb. 46).

In dieser Stellung arbeitet die ganze Hand und konsekutiv der ganze Arm unter natürlichen Bedingungen unter gleichmäßiger Beanspruchung aller Muskelgruppen und Gelenke.

Wenn ich vorhin sagte „die Angelrute ist kein Federhalter", so muß ich an dieser Stelle nachdrücklichst darauf aufmerksam machen, daß sie auch kein Schwert oder Beil ist, dessen Griff man mit „eiserner" Faust umklammern muß. Es genügt, daß die Hand an dem Griff guten Halt hat, ohne daß eine krampfhafte Anspannung der Muskeln erfolgt. Das „Faustmachen" läßt den ganzen Arm zu einem starren Ganzen werden, welches ein geschmeidiges Zusammenspiel der Gelenke verhindert, wovon sich jeder durch einen Versuch leicht überzeugen kann.

Das Gleiche, was ich von der alten Handstellung gesagt habe, gilt von der Forderung des alten Stils, daß der Wurf lediglich aus dem Ellenbogengelenke zu erfolgen habe.

Die neue Wurfweise dagegen beschäftigt den ganzen Arm vom Schultergelenk angefangen. Der Schwung geht aus der Schulter heraus unter Mitarbeit von Ellenbogen und Handgelenk durch alle seine Phasen vom Beginne bis zum Ende. Daraus folgt, daß die Bewegungen in sich geschlossen und abgerundet sind und dadurch den Eindruck müheloser Eleganz für den Zuseher machen. Aber auch die Ökonomie der Kraft ist dadurch gewährleistet und die Kraft für einen etwa notwendigen besonders weiten Wurf stets vorhanden, weil eine Ermüdung nicht leicht eintreten kann, selbst wenn man mit einer schweren Gerte arbeitet.

Der Wurf selbst besteht aus folgenden Phasen, welche sich der Anfänger genau einprägen und einlernen muß. Jeder anders geartete Wurf hat diesen schulmäßigen Wurf zur Vorbedingung. Auch der Wurf mit der doppelhändigen Fluggerte oder mit der Lachsrute wird in diesen drei Phasen ausgeführt, woran die veränderte Haltung des Griffes und die andersartige Ausführung der Schwünge gar nichts ändert.

Die erste Phase ist der Rückschwung.

Durch ihn wird die Schnur nach rückwärts von dem Werfenden gebracht und gestreckt. Er erfolgt aus der Horizontallage bei nach vorne gestreckter Leine, gleichviel, ob diese am Wasser liegt oder zum Zwecke eines Leerwurfes in der Luft bleibt. Der Arm be-

Abb. 47 a.

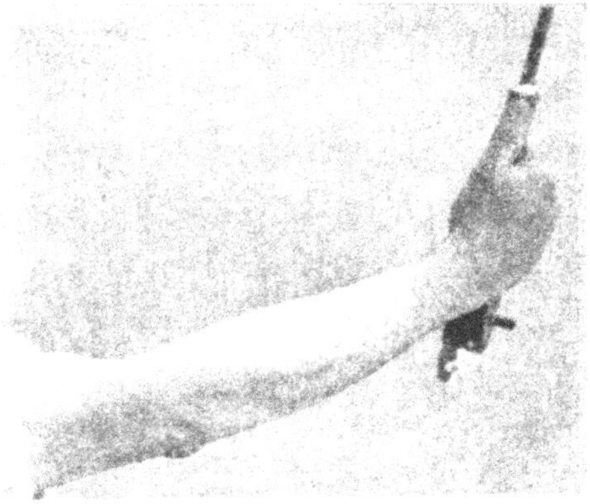

Abb. 47 b.

schreibt dabei, leicht und federnd im Ellenbogengelenk gebeugt, einen Viertelkreisbogen nach oben seitwärts, wobei die Gerte am Ende der Bewegung eine Stellung einnimmt, daß sie ein wenig mit der Spitze nach außen zeigt (Abb. 47 a u. b). Der Anfänger übt sich diese Stellung peinlich genau ein, anfangs unter Kontrolle des Auges, so lange, bis sie ihm zur automatischen Gewohnheit geworden ist. Es ist durchaus *fehlerhaft*, mit der Gerte aus der Gesichtsebene *nach hinten zu fallen*. Wenn die Endstellung des Rückschwunges erreicht ist, muß man der Leine Zeit lassen, sich nach hinten vollauf auszustrecken.

Diese sog. „*Wurfpause*" ist die *zweite Phase*.

Ihre Dauer ist bedingt von der Länge der ausgegebenen Leine und naturgemäß um so länger, als jene lang ist. Ihr Ende und damit das Zeichen für den Vorschwung signalisiert das Moment, welches der Engländer so treffend mit dem „Fühlen der Fliege" bezeichnet, d. h. also daß die Schnur nun vollkommen nach hinten gestreckt ist und somit zum Vorschwunge bereit ist. Dieses Moment zu erfassen, ist lediglich Sache der Übung — kommt bei dem einen früher, beim anderen später zum Bewußtsein — und ist eigentlich das Schwierigste bei der ganzen Kunst des Werfens.

Der Anfänger, namentlich jener, der seine Wurfstudien gleich am Wasser macht, mit der Nebenabsicht, auch dabei gleich Fische zu fangen, erfaßt die Wichtigkeit der Wurfpause in der Regel am spätesten, da ihn die Fangleidenschaft zu sehr beherrscht und ihn immer wieder vergessen läßt, daß nur eine voll und ganz gestreckte Leine sich wieder tadellos aufs Wasser zurückbringen läßt. Ich bin daher mit der Unterrichtsweise der Engländer viel mehr einverstanden, welche die schulmäßigen Wurfübungen auf einer Wiese oder an einem Bassin machen läßt. In jüngster Zeit hat sich erfreulicherweise das Interesse für gutes Werfen so weit gesteigert, daß verschiedene Vereine Wurfübungen in ihr Pflichtprogramm aufgenommen haben, wenn wir auch noch nicht so weit sind, daß wir Lehrer des Wurfes besitzen wie die Engländer und Amerikaner, welche die Unterrichtung in der Handhabung der Flug- und Spinngerte berufsmäßig ausüben.

Um es nochmals zu sagen: In der Wurfpause streckt sich die Schnur nach hinten und oben aus. Das „oben" ist sehr wichtig, denn die Leine darf nicht unter eine Ebene fallen, die man sich parallel zum Erdboden durch die Gertenspitze oder zum äußersten in Kopfhöhe des Werfenden gelegt denkt. Je länger die Leine, desto mehr muß man beim Rückschwunge darauf bedacht sein, sie über jene Ebene hinauszubringen. Wird die Pause zu lange ausgedehnt, dann fällt die Leine durch ihre eigene Schwere unter diese Ebene, weil die treibende Kraft des Rückschwunges erschöpft ist, und der Vorschwung bringt dann die Leine nicht mehr hinauf; vielmehr ist es wahrscheinlich, daß dieselbe sich irgendwo an der Gerte oder am Körper des Anglers verfängt. Ich gebe daher dem Anfänger den Rat, für seine schulmäßigen Anfangsübungen schwere Fliegen zu verwenden, diese Übungen nicht am Fischwasser, sondern auf einem Rasenplatz o. dgl. vorzunehmen und bei mäßig langer Leine unter Kontrolle des Auges sich dieses Streckungsmoment so lange einzuüben, bis er es gefühlsmäßig erfassen kann. Ich gebe zu, daß ohne Lehrer die Sache ein bißchen langsam geht, aber bei etwas gutem Willen und Beharrlichkeit gelingt's!

Hat der Anfänger einmal die Wurfpause erfaßt, dann macht ihm die dritte Phase — der Vorschwung — keine Schwierigkeiten mehr. Der Arm beschreibt dieselbe Viertelkreisbewegung unter Mitnahme der Gerte zur Ausgangsstellung — also nach vorne — zurück, unter gleichzeitiger Vorwärtsbewegung, aber mit Vermeidung einer Kraftäußerung des Ellenbogengelenkes, so daß die Leine sich in einer Ebene streckt, welche man sich, je nach dem Standpunkte des Werfenden 1—1½ m oder in Augenhöhe über dem Wasser bzw. beim Übungswurfe über dem Boden liegend denkt. Wenn sich die Schnur vollständig nach vorne gestreckt hat, was man ja jedesmal durch das Auge exakt kontrollieren kann, senkt man die Gertenspitze langsam zur Horizontalen; damit erzielt man ein sanftes, schneeflockenartiges Niedersinken der Fliege zum Wasserspiegel.

Ich kann nicht oft und nachdrücklich genug betonen, wie wichtig es ist, diese drei Phasen in präziser Ausführung und ununterbrochener Reihenfolge durchzuführen und so aneinanderzuschließen, daß das Ganze als eine einzige fließende Bewegung erscheint, ohne Absatz der einzelnen Teile gegeneinander. Nichts wäre

Abb. 48 a.

Abb. 48 b.

falscher, als den Wurf wie einen Gewehrgriff am Exerzierplatz zu exekutieren, wozu sich besonders die „Methodiker" nur zu leicht verleiten lassen.

Ich gebe ja zu, daß die Bewegungen im Anfange eckig sein werden, aber das korrigiert sich allein durch fortschreitende Übung.

Ebenso dringend aber und vielleicht noch mehr als vor dem abgehackten Ausführen der Tempos warne ich vor Kraftanwendung — schon gar bei kurzer Leine von höchstens der doppelten Länge der Gerte und noch mehr warne ich vor dem Bestreben „Weitwürfe" zu machen, ehe man nicht die exakte Ausführung des Wurfes beherrscht.

Beides sind Fehler, die nur dazu führen können, den Stil zu verderben oder das Erlernen desselben zu verzögern.

Nochmals zusammengefaßt, besteht die Wurftätigkeit aus: Rückschwung: Die Leine wird zügig vom Wasser gehoben bzw. nach einem Leerwurf nach vollendeter Streckung hoch hinauf zurückgebracht. Wenn Arm und Gerte in Endstellung stehen: Wurfpause, bis man die „Fliege fühlt", d. h. die Schnur nach hinten oben völlig gestreckt ist. Man kann die Schnur nie weit genug nach hinten oben bringen — je höher hinauf, desto besser. Wer weit werfen will, kann es nur, wenn er die Schnur in die Höhe zurückbringt. Dieses kann nie oft und eindringlich genug betont werden. Darauf Vorschwung

Abb. 49 a.

— ebenso zügig wie der Rückschwung — die Schnur streckt sich nach vorne.

Beim Vor- und Rückschwung vermeide man peinlich Kraftbetätigung des Ellenbogens. Keine Faust machen!

Keine überflüssige Kraftanwendung! Lasse die Gerte arbeiten — das ist ihre Bestimmung! Du hast ihr nur den Weg zur Arbeit zu weisen! Keine Übereilung!

Wie schon erwähnt, gelten diese Regeln auch für den Gebrauch der zweihändigen bzw. der Lachsgerte, deren Führung ich im folgenden beschreiben will.

Das Halten mit beiden Händen erfordert naturgemäß eine besondere Stellung derselben für den Wurf nach rechts oder links, und zwar faßt diejenige Hand, nach welcher der Wurf gehen soll, am Knopf unterhalb, die andere Hand mehr oder weniger weit oberhalb der Rolle am Griff, wie Abb. 48a u. 48b zeigen. Der Rückschwung erfolgt auch hier aus dem Schultergelenke des jeweils oben liegenden Armes, der auch hier einen Viertelkreisbogen beschreibt,

Abb. 49 b.

aber nicht seitlich, wie beim einhändigen Wurfe, sondern nach oben, die untenliegende Hand, welche die Stellung der Gerte dirigiert, in derselben Ebene mitnehmend. Das Ende des Rückschwunges und die Stellung der Gerte illustrieren Abb. 49 a u. b. Die nun folgende Wurfpause ist im allgemeinen länger als beim einhändigen Wurfe, schon wegen der meist viel längeren und schwereren Leine; jedenfalls muß man auch hier das „Gefühl der Fliege am anderen Ende des Vorfaches" sich aneignen. Andernfalls ist einmal wegen der erheblich größeren Länge der Gerte und der viel weiter hinauf verlegten Flugbahn der Schnur auch die Ebene, unter welche die Schnur nicht fallen darf, viel höher gelegt, als bei der einhändigen Gerte, so daß ein natürlich nicht extrem getriebenes Verlängern der Wurfpause nicht so schädlich ist wie bei jener.

Der Vorschwung erfolgt wiederum nach vorne, jedoch nicht in der gleichen Ebene, sondern derart, daß die Gertenspitze eine Parabel beschreibt, wie in Abb. 50 (Skizze), an deren Ende die Gerte so lange in der Steillage stehen bleibt, bis sich die Schnur wieder völlig nach vorne gestreckt hat, also ungefähr in Kopfhöhe des Werfenden, und wird dann zur Horizontalen gesenkt in dem Maße, als die Fliege zum Wasserspiegel niedersinkt.

Die ganze Aktion mit der Doppelhändigen ist in allen Phasen ähnlich der des „Holzhackens“. Nach dem Einfallen der Fliegen stemmt man die Gerte gegen die Hüfte, ev. verbunden mit einem Griffwechsel, je nachdem einer die Rolle mit der rechten oder linken Hand zu bedienen gewohnt ist.

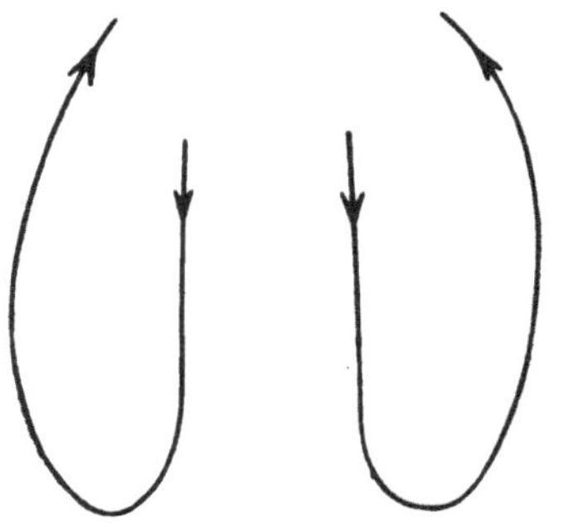

Abb. 50.

Das „Schießen“ der Leine wird genau so wie beim einhändigen Wurf durchgeführt, die hierzu abgezogenen Schleifen hält die oben am Griff liegende Hand, wenn anders man nicht die Schnur beim Vorschwung direkt „von der Rolle“ schießen läßt, wie es im folgenden beschrieben ist.

Wer den Wurf mit der einhändigen Gerte beherrscht, der wird keine nennenswerten Schwierigkeiten haben, die Führung der doppelhändigen Gerte ohne weiteres zu erlernen, denn die veränderte Handstellung und die verschiedene Schwingungsebene sind die einzigen Unterschiede. Wenn ich aber für das Erlernen des Wurfes schon bei der einhändigen Gerte vor überschüssiger Kraftanwendung und vor Übereilung gewarnt habe, so ist das hier noch mehr am Platze; denn der Anfänger könnte sich mit Hinblick auf das schwerere Gerät nur zu leicht verführt sehen, demgemäß mehr Kraft in den Schwung zu legen, als eben nötig ist, was nicht nur dem Wurfe selbst abträglich ist, sondern auch zu rascher Ermüdung führt. Noch schädlicher ist aber die Übereilung! Man halte sich stets vor Augen, daß die schwerere Schnur viel mehr Luftwiderstand zu überwinden hat, selbst wenn die Luft unbewegt ist. Wenn diese grundlegenden Bewegungen so in Fleisch und Blut übergegangen sind, daß sie sozusagen automatisch ausgeführt werden, dann erst darf man zum Zielwerfen übergehen und das auch nur im Anfange mit einer Leine von höchstens doppelter Länge der Gerte.

Ich lege enormen Wert darauf, daß der Jünger der Flugangelkunst unter allen Bedingungen zielgenau werfen lernt, was er nur dann kann, wenn er zuvor die Ausführung der Würfe vollauf und gründlich beherrscht; mit meinen Schülern habe ich stets diesen Lehrgang eingehalten und bin mit den auf diesem Wege von ihnen erreichten Resultaten sehr zufrieden.

Ist erst einmal der Schüler so weit, daß er auf die kurze Distanz von 6—7 m seine Fliege mit jedem Wurf auf ein handtellergroßes Ziel setzen kann, dann darf er ohne weiteres zu weiten Würfen schreiten.

Für dieses theoretische Werfen empfehle ich den Gebrauch eines stärkeren parallelen Vorfaches von nur 1 Yard Länge mit nur einer größeren Fliege, welche am Hakenbogen abgebrochen sein kann, um Verhängungen oder ev. Verletzungen zu verhüten.

Der Weitwurf erfolgt, indem man die Schnur in Schleifen von der Rolle zieht und sie im Momente des Vorschwunges, wenn die Leine sich nach vorne zu strecken beginnt, losläßt; diesen Vorgang bezeichnet man als „Schießen der Schnur". Hat man besonders weite Würfe zu machen, so muß der Vorgang so oft wiederholt werden, bis die ausgegebene Schnur die gewünschte Länge erreicht hat. Es ist selbstverständlich, daß man bis zu diesem Augenblicke nur Leerwürfe macht, also die Fliege nicht aufs Wasser fallen läßt, aber trotzdem ist es unerläßlich, diese Leerwürfe mit derselben Genauigkeit und Sorgfalt zu machen wie den endgültig letzten Wurf.

Es gibt aber noch eine Art des Weitwurfes mit der Fliegengerte, der, so sonderbar es anmuten mag, direkt von der Rolle gemacht wird. Mein alter Freund und Lehrer im Gebrauche der Lachsgerte John D. Egan machte mich mit ihm schon vor einer langen Reihe von Jahren vertraut — allerdings damals war es eine Kunst, ihn mit den ungefügen Rollen mit der ewigen Tendenz zu überlaufen, auszuführen. Mit einer modernen Rolle, insbesondere mit denen, welche stille Hemmung mittels einer aufs subtilste regulierbaren Schleifbremse besitzen, wie die Modelle „Oku" oder „St. George", ist es kinderleicht. Man hat weiter nichts zu tun, als die Bremse so zu stellen, daß bei einer gewissen Länge, sagen wir 9—10 m, das Gewicht der Leine und in Verbindung damit das treibende Moment des Vorschwunges die Trommel in Bewegung setzen. Je mehr Schnur draußen ist, desto größer ist naturgemäß die treibende Kraft an der Trommel, desto mehr Leine zieht der nächste Vorschwung mit hinaus.

Dieses Verfahren hat gegenüber dem Wurfe in Schleifen den großen Vorteil, daß man sich eine Menge von Leerwürfen erspart, infolgedessen auch eine Menge körperlicher Arbeitsleistung, was sich im Laufe eines Fischtages ganz angenehm auswirkt.

Bezüglich der Einstellung der Bremse ist zu bemerken, daß jene, welche für den Anhieb von der Rolle genügt, auch für den Weitwurf richtig ist. Um zu vermeiden, daß beim Rückschwung auch Schnur auslaufe, hält man diese mit einem Finger an den Griff gedrückt fest und gibt sie im Moment des größten Vorschwunges frei. Im Anfange mag vielleicht das Erfassen dieses Momentes einige Schwierigkeiten bereiten, jedoch wird ein geübter Werfer diese bald überwunden haben; schon gar, wenn er auch Spinnangler ist. In Wirklichkeit ist ja das Ganze nichts anderes wie der Wurf von der Rolle beim Spinnen, nur mit einer anderen Wurfbewegung.

Daß man auch mit dieser Art zu werfen Zielsicherheit erreicht, bedarf wohl keiner besonderen Erwähnung; vielleicht gehört im Anfange etwas Übung dazu, ehe man — genau wie beim Spinnen — sich das Maß von Kraft zu eigen gemacht hat, welches notwendig ist, um eine lange Leine an ein bestimmtes Ziel zu bringen. Da aber der Wurf wie der Überkopfwurf, der auch größere Zielgenauigkeit ermöglicht als der Seitenwurf, ausgeführt wird, ist die Bedingung für präzises Werfen schon von Haus aus in ihm selbst gegeben.

Abb. 51.

Unerläßlich und selbstverständlich ist und bleibt es, daß man bestrebt sein muß, auch auf weite Entfernungen hin so genau als möglich zu werfen, sonst wird man es nie dazu bringen, seine Fliege auf größere Entfernungen unter überhängende Zweige, zwischen Lücken von Grasbetten usw. zu plazieren, also an Stellen, die erfahrungsgemäß von guten Fischen innegehalten werden. Mit der Zeit wird das genaue Werfen zur unabänderlichen Gewohnheit, wenn man es sich, wie gesagt, von der ersten Stunde an zum Prinzip gemacht hat. Das genaue Werfen ist das Charakteristikum für einen guten Flugangler, gleichviel, ob er naß oder trocken fischt. Unbegründete Weitwürfe um jeden Preis imponieren vielleicht einem zusehenden Laien, aber nicht einem wirklichen Angler.

Der eben beschriebene normale Wurf erfährt aber in der Praxis eine Menge Modulationen, welche meist vom Terrain und der Umgebung des Wassers bedingt sind. Selbst der von beiden ziemlich unabhängige, watende Angler kommt da und dort in Situationen, wo er den schulgerechten Wurf nicht machen kann, ohne sich im Hintergrund an irgendeinem Hindernisse zu verfangen. Vielfach bedingt aber auch der Wind, welchen ein bekannter englischer Autor den „Erbfeind der Uferfischer" nennt, Abänderungen in der Ausführung des Wurfes.

Einer der häufigsten Fälle ist der, daß der Angler zwischen hohen Bäumen am Ufer stehend einen Wurf zu machen hat. Ein Aufziehen nach hinten wäre so ziemlich gleichbedeutend mit einem Hänger, der in den meisten Fällen mit einem Verluste von Fliegen oder eines Teiles, wenn schon nicht des ganzen Vorfaches verbunden ist. In solchen Fällen bleibt nichts anderes übrig, als den Wurf seitlich zu machen, ja unter Umständen, wenn die Bäume mit ihren Ästen weit übers Wasser ragen, direkt parallel zur Wasseroberfläche (Abb. 51). Bei solchen Würfen offenbart sich erst deutlich die Überlegenheit des Werfens aus dem ganzen Arm gegenüber den alten Methoden, denn das Ellenbogengelenk gestattet nur eine Bewegung in einer einzigen Ebene, d. h. vor und zurück.

Abb. 52.

Bei sehr starkem Gegenwind oder bei hohen Hindernissen hinter dem Angler, wie Felswände oder hoher Uferbewuchs, Böschungen u. dgl. wird man auch mit dem schulgerechten Wurfe sein Auskommen nicht finden, da man beim Nachhintenschwingen der Schnur unfehlbar mit den Hindernissen in unliebsamen Kontakt gerät. Zu diesem Behufe wendet man den sog. Peitschenwurf an, der aber seinen Namen zu unrecht trägt. Der Rückschwung erfolgt wie beim normalen Wurf aus dem Arm-Schultergelenk, jedoch so, daß man die Schnur möglichst senkrecht nach oben zur Streckung bringt, wobei der Arm nicht seitlich, sondern nach oben zur Senkrechten ausschwingt (Abb. 52). Dann aber wird nicht wie bei einer Peitsche der Arm nach unten, sondern wie beim Schulwurf nach vorne gebracht, so daß die Schnur wieder denselben Weg nach unten nimmt, den sie nach oben genommen hatte. Die in verschiedenen Lehrbüchern gegebene

Anweisung, den Vorschwung peitschenartig nach unten auszuführen, ist vollständig falsch. Wer sich den Versuch nicht verdrießen läßt, wird die Wahrnehmung machen, daß er nach dieser Anleitung die Fliege im besten Falle vor seine Füße, meist aber auf seinen Kopf, statt aufs Wasser hinaus wirft.

Alle diese Würfe sind aber kinderleicht zu lernen, wenn man den schulmäßigen Wurf tadellos beherrscht, denn die Tempi sind dieselben, nur die Art und Weise der Schwünge bzw. die Ebene, in welcher sie ausgeführt werden, sind von der Norm abweichende.

Der Wind wirkt besonders dann störend, wenn er der Richtung des Wurfes direkt entgegengesetzt weht, was namentlich beim Angeln mit der Trockenfliege unangenehm empfunden wird. Trotzdem wird man selbst bei recht kräftigem Gegenwinde mit dem normalen Wurfe auskommen, wenn man eine steife Gerte und eine schwere Leine führt, wie sie ja heutzutage nahezu allgemein im Gebrauche sind, so daß der Peitschenwurf nur fallweise als ein heroisches Auskunftsmittel in Frage kommt.

Bei Seitenwind wirft man am vorteilhaftesten gegen die Windrichtung oder schräg zu dieser, weil die Luftströmung dann die Fliegen förmlich an ihr Ziel weht.

Rückenwind ist für den Angler am angenehmsten; hat er aber eine gewisse Stärke, dann muß man den Rückschwung etwas zügiger machen als gewöhnlich, sonst wirft der Wind die Schnur zurück, ehe sie sich strecken konnte, und das Resultat ist eine Verhederung von Leine oder Vorfach. In solchen Fällen wirft man, vorausgesetzt, daß es das Terrain erlaubt, entweder so, daß man sich derart zum Ufer stellt, daß der Wind nunmehr als Seitenwind wirkt, wenn anders man nicht das Ufer wechseln kann, was mitunter vorteilhafter ist, oder man macht den Rückschwung so wie zum Peitschenwurf und trachtet, die Leine möglichst senkrecht in die Höhe zu bringen. Den Vorschwung ersetzt dann die Kraft des Windes, welche die Schnur übers Wasser zurück zur Streckung nach vorne bringt und sogar die Fliegen über dem Wasser so lange schwebend erhält, bis man sie durch Senken der Gerte gegen den Wasserspiegel zum Einfallen bringt. Es ist dies quasi ein Fischen mit der „geblasenen Leine".

Es ist sehr wichtig, sich schon am Übungsplatze mit den Einwirkungen des Windes bekannt und vertraut zu machen und zu lernen, trotz diesem genau und unter Umständen auch weit zu werfen, denn, wie wir später sehen werden, ist windiges Wetter oft für den Erfolg dem windstillen vorzuziehen. Jeder Flugangler, der seine Laufbahn am Fischwasser selbst begann, wird mir vorbehaltlos recht geben, daß ich so viel Wert auf die vorhergehende Erlernung des theoretischen Wurfes lege, wenn er sich seine eigenen Erfahrungen ins Gedächtnis zurückruft, seine Mißerfolge, seinen Ärger und die Enttäuschungen, die er erlebte, ehe sich die ersten bescheidenen Erfolge einstellten.

Schließlich ist es ja dasselbe, als wenn jemand auf die Jagd geht, ohne die Theorie des Schießens und der Handhabung der Waffen zu kennen und ohne vorbereitende Übung auf dem Schießplatze. Im günstigsten Falle verpulvert er eine Unmenge Munition, wenn er schon nicht das Malheur hat, sich selbst oder einen Mitmenschen zu verletzen, wie man es nur leider zu häufig hört und erlebt. Hat dagegen der angehende Jäger vorher Schießunterricht genossen, dann wird ihm auch das Treffen und Erlegen von Wild nicht mehr große Schwierigkeiten bereiten.

Genau so liegen die Dinge beim Flugangler. Wenn auch die Gefahr der Verletzung seiner selbst oder anderer nicht so drohend ist wie bei der Handhabung einer Schußwaffe, so muß auch er erst seine Geräte handhaben können, ehe er an Fang und Erfolg denken darf.

Das Um und Auf liegt im richtigen Setzen des Anhiebes, aber wie kann jemand, und das muß der verbissenste Verfechter des „Am-Wasser-Lernens" widerspruchslos zugeben, einen Anhieb setzen, wenn ihm die grundlegendsten Bedingungen der Geräteführung fehlen?

Von dem Hinsetzen und Darbieten der Fliegen rede ich überhaupt nicht einmal.

Nun aber wollen wir mit unserem Jünger, der am Übungsplatze Werfen gelernt hat, das Gelernte in die Praxis umsetzen. Vorerst aber werden wir uns entscheiden müssen — werden wir „nasse" oder „trockene" Fliege fischen? Ehe wir aber diese Entscheidung treffen, müssen wir uns über die beiden Begriffe im klaren sein. Was heißt „nasse Fliege" und das Angeln mit derselben?

Unter „nasse Fliege" oder kurz „naß fischen" verstehen wir jene Art des Flugangelns, bei welcher eine bis drei Fliegen am Vorfache dem Fisch derart vorgeführt werden, daß es für ihn den Anschein hat, es handle sich um ertrunkene Insekten, die ihm von der Strömung zugeführt werden, oder um Larven bzw. aufsteigende Subimagines von verschiedenen Ephemeriden u. o. F. Diese Fliegen werden stromabwärts gefischt, der Wurf geht schräg über die Strömung oder auch direkt ans andere Ufer, und man überläßt nun die Fliegen dem Strome, der sie über Grasbetten, Steine, durch Wirbel und Schnellen treibt, in die Tiefe zieht und wieder in die Höhe zur Oberfläche bringt, so daß jeder Wurf, wenn er aufs Geratewohl gesucht wurde, ein großes Stück Wasseroberfläche absucht.

Mitunter läßt man die Fliegen direkt sinken bzw. untergehen, oft sogar splißt man zu diesem Zwecke ein Schrotkorn am Kopfe der Fliege an oder verwendet gar solche mit Bleieinlage. Aber auch die Verwendung von den im vorigen Kapitel erwähnten Kunstködern, Löffeln usw. rechnen wir zur Fischerei mit der nassen Fliege.

Es unterliegt natürlich gar keinem Widerspruche, einen Fisch, den man steigen oder auf der Lauer liegen sieht, die Fliege direkt anzubieten, indem man sie je nach Beleuchtung und Strömungsverhältnissen weiter vor ihm oder direkt vor seinem Maule aufs Wasser setzt, gleich einem von der Höhe herabgefallenen Insekt; in ruhigem Wasser kann dieser Wurf sogar stromauf gemacht werden. „Trocken" oder „mit der Trockenfliege fischen" nennen wir aber jene Art des Flugangelns, bei dem eine einzige Fliege, welche durch besondere Bindungsweise sowie außerdem noch durch Behandlung mit irgendeinem „Schwimmfett" dem Fische schwimmend, also nur an der Oberfläche angeboten wird. Der Wurf erfolgt stromauf, wenn man Trockenfischerei lege artis, wie sie Halford und seine Schule lehren und verlangen, betreibt. Trotzdem gibt es auch eine Art Trockenfliegen stromab zu fischen, die ich später auch beschreiben werde.

Um bei der ersteren zu verbleiben, gibt es in dieser zwei Richtungen: die konservative, um nicht zu sagen orthodoxe — englische —, welche nur den Wurf über einen Fisch, den man stehen oder steigen sieht, gestattet und apodiktisch den Gebrauch naturgetreuer Nachbildungen des eben schwärmenden Insektes vorschreibt, und die neuere — amerikanische —, welche den Fisch stets und überall sucht, wo man ihn eben vermuten kann, und sich auch nicht an sklavische Nachahmung der Insekten bindet, ja sogar direkt Phantasiefliegen verwendet, wie eine Betrachtung der amerikanischen Fliegentafel zeigt, und ebenso wenig an das Schwärmen einer Insektenart oder an die besondere Freßstunde der Fische.

Es liegt wohl auf der Hand, daß die letztere Methode die unterhaltendere und spannendere ist, weil sie den Angler nicht dazu verdammt, müßig am Wasser zu sitzen und auf das Aufgehen eines Insektenschwarmes oder der Fische zu warten, wenn auch vielleicht die erstere an den ebenso nahrungsreichen wie überfischten Kreideflüssen des südlichen Englands eine gewisse Berechtigung haben mag, wie anderseits ihr Auswuchs, der „Purismus", welcher einzig, überall und stets nur die Trockenfliege gelten läßt, unberechtigt ist.

Um es gleich vorweg zu sagen: Richtig und für allgemeine Verhältnisse passend ist die Kenntnis beider Stilarten und die Anwendung derselben bei gegebener Gelegenheit.

Der Stil des „Fischens mit nassen Fliegen" ist an sich einfach. Man sucht den Fisch im ganzen Wasser, zuerst am Ufer, an das man bei Beginn nicht allzu nahe herangehen soll, außer wenn an demselben besonders günstige Stellen sind, vorausgesetzt, daß es das Terrain erlaubt. Nun sucht man durch Würfe längs des Ufers das Wasser ab, läßt ev. bei stärkerer Strömung die Fliegen an eine besonders günstige Stelle durch das Wasser zutreiben, indem man Schnur gibt oder ein paar Schritte mitgeht, und erst wenn man keinen Fisch zum Steigen verleiten konnte, beginnt man die Würfe nach der Mitte bzw. nach dem Gegenufer zu machen. Bei letzteren hat man darauf zu achten, daß die Schnur nicht von der Strömung in der Mitte erfaßt und fortgetragen werde, so daß sie vor der Fliege herschwimmend diese mitzieht, was vorsichtige Fische mißtrauisch macht. Man kann das vermeiden, wenn man der Gerte, ehe die Fliege einfällt, mit dem Daumen einen Impuls stromaufwärts gibt, der sich der Leine mitteilt und sie in dieser Richtung etwas zurückschnellt, wodurch sie sich in einem gegen den Angler offenen Bogen aufs Wasser legt. Die Fliege oder die Fliegen schwimmen nun richtig, d. h. Leib voraus mit offenen Hecheln und im Tempo der Strömung jener Stelle, an der sie sich gerade befinden.

Ob man die Fliegen hoch oder tief führen soll, hängt von verschiedenen Umständen ab. Ich möchte hier noch die Frage einflechten, ob der Anfänger nur mit einer oder gleich vom ersten Male an mit mehreren Fliegen am Vorfach fischen soll. Allgemein heißt es nur mit einer, um seine Aufmerksamkeit nur auf diese konzentrieren zu können.

Dieser Ansicht schließe ich mich nur bedingt an. Selbst wenn man die Leine und einen Teil des Vorfaches fettet, ist man bei den schweren Schnüren, die man jetzt führt, nicht imstande, die Schnur derart in Spannung zu halten, daß die Fliege an der Oberfläche sichtbar erhalten wird, wenn eine halbwegs lange Leine draußen ist. Bei zwei Fliegen am Vorfach ist es dagegen viel besser, möglichst die obere im Auge zu behalten und von ihrer Stellung aus auf die Endfliege einen sicheren Schluß zu ziehen. Darum soll der Anfänger gleich von vornherein getrost zwei Fliegen in sein Vorfach binden; er wird nicht mehr und nicht weniger Anbisse deshalb verpassen, eher aber noch sie schneller sehen lernen.

Wie schon erwähnt, läßt man die Fliegen mit der Strömung treiben, ohne sie selbst sonderlich viel zu dirigieren bzw. ihnen eine unnatürliche Bewegung zu verleihen — das gilt namentlich beim Angeln auf Äschen —, anderseits ist es mitunter von Vorteil, die Fliegen in kleinen Rucken, selbst mit Einziehen der Leine, quer über oder gegen den Strom zu führen, sie versinken zu lassen und wieder ruckweise zur Oberfläche zu bringen, eine Bewegung, welche offenbar beim Fisch den Eindruck einer aufsteigenden Larve, einer schwimmenden Schnecke o. dgl. zu erwecken scheint. Dieses Verfahren ist besonders lohnend an kalten, windigen Tagen, wenn keine oder nur wenige Insekten am Wasser sich zeigen. Eine besondere Art zu fischen ist das Angeln mit der gezogenen Fliege. Zu diesem Zwecke gebraucht man Fliegen an großen Haken, mit dickem Leib und Federkleid von der Form, wie sie Dr. Hepperger im Juniheft 1926 im „Angelsport" beschrieben hat, oder die an ein Stewardsystem gebundenen englischen „Daemons" und „Terrors" usw., aber auch große Palmer, Alexandra oder die „Medusenfliegen" von Behm sowie Lachsfliegen: von letzteren sind Silver Doctor, Jock Scott und Butcher die wirksamsten. Ob sich die gezogene Fliege in mittleren und kleinen Wässern bewährt, weiß ich nicht, dagegen in den großen Flüssen der Nord- und Südalpen bringt sie gute Beute, besonders an großen Fischen im Frühjahr, wenn die Flüsse hoch gehen, aber auch zu anderen Zeiten, wenn der Wasserstand hoch, das Wasser aber nicht allzu trüb ist. Zu solchen

Zeiten sind auch die von der Fliegengerte geworfenen Kunstköder, wie Turbinenfliegen, Löffel, Blinker, Minnows und Devons sowie die amerikanischen Wobbelköder Oreno, Dowagiac usw. sehr wirksam.

Zu Zeiten macht man die Wahrnehmung, daß das Wasser wie tot daliegt und die Fische nach keiner Fliege steigen wollen. In solchen Fällen lasse man die Fliegen so tief sinken, als sie können — und man wird auf einmal am Straffwerden der Leine oder an einem Zerren oder kräftigen Zucken in der Hand einen Anbiß konstatieren können. Ja nicht nur das, man wird unter Umständen eine überraschend große Strecke von stattlichen Exemplaren machen. Der Grund für diese Erscheinung dürfte darin liegen, daß die Fische bei solchen Gelegenheiten auf der Suche nach Bodennahrung, aufgehenden Insekten oder Schnecken sind. Ich konnte einmal die Beobachtung an einem Wasser mit großen Krautbetten machen, daß die Fische, die ich fing, sich mit unglaublichen Mengen einer kleinen gelben Schnecke vollgefressen hatten, trotzdem aber eine orange Fliege gierig nahmen, die ich ihnen „versunken" vorsetzte.

Wenn man auch im allgemeinen beim Flugangeln nach dem Gesicht fischt, d. h. das Aufgehen des Fisches nach der Fliege, welches uns unser Auge vermittelt, durch den Anhieb quittiert, so wird trotzdem jeder alte Flugangler aus seiner Erfahrung heraus bestätigen, daß er seine besten Fische immer dann gefangen hat, wenn er überhaupt keine seiner Fliegen sehen konnte und lediglich das Straffwerden seiner Schnur oder das elektrisierende Zucken in der Hand ihm den Anbiß eines Fisches meldete, er also wie der Spinnangler nach dem Gefühl zu fischen gezwungen war. Ich halte es für falsch, immer nur von der Beobachtung der Fliege zu sprechen und dem Verhalten der Schnur gar keine Beachtung zu schenken. Es ist unbedingt ein Verdienst von Heintz, diesen Punkt herausgegriffen zu haben, denn, wie gesagt, in mehr als der Hälfte der Fälle sieht man seine Fliegen auch im klaren Wasser nicht, schon gar nicht im angetrübten und erst recht nicht in der tiefen Dämmerung oder bei Nacht. Wie soll dann der Angler, der nur angelernt wurde, seiner Fliege das ganze Augenmerk zu schenken, wissen, daß ihm ein Fisch gebissen hat, wenn er die Signale, die ihm die Schnur gibt, nicht zu deuten vermag.

Heintz sagt ganz richtig, daß ein solcher Angler von zehn Fischen, die seine Fliegen unter Wasser nahmen, keine Ahnung hat. Darum mache man es sich zur Regel, auch die Schnur im Auge zu behalten, selbst wenn man seine Fliegen schwimmen sieht, erst recht, wenn es nicht der Fall ist, und bei der geringsten Streckung anzuhauen, selbst auf die Gefahr hin, daß zufälligerweise einmal kein Fisch, sondern ein angeschwommener Grashalm, ein Hölzchen o. dgl. die Ursache war. Man verdirbt sich durch einen solchen Anhieb ins Leere nichts von seinen Chancen — höchstens muß man den Wurf wiederholen, wenn man genötigt war, irgendeinen angeschwemmten Gegenstand, der vom Haken gefaßt war, von diesem abzulösen.

Das Angeln mit der Trockenfliege ist von dem „Naßfischen" vor allem einmal dadurch unterschieden, daß man nur eine Fliege am Vorfach führt, welche durch Bindeweise und Fettung schwimmend gemacht wurde und daher unter allen Umständen durch das Auge kontrolliert werden kann. Schnur, Vorfach und Fliege werden gefettet, die ersteren beiden durch Schwimmfett, die letztere durch Tränken des Körpers und der Hechel in Paraffin. Der Wurf erfolgt immer stromaufwärts.

Die Flügel aber, wenn die Fliege solche trägt, dürfen nie gefettet oder getränkt werden. Das einfachste Verfahren ist das Aufquetschen der Fliege auf ein in flüssiges Paraffin getränktes Läppchen, doch kann dabei leicht des Guten zu viel geschehen, so daß dann am Wasser um die Fliege herum eine Zone von überschüssigem Paraffin sich bildet, welche für mißtrauische Fische verdachterregend wirkt. Besser ist es, das Paraffin mit einem Glasstäbchen auf die Fliege bzw. deren zu fettende Teile aufzutragen, wenn man sich nicht dazu entschließt, mit Hilfe einer Zerstäubers die Ölung zu besorgen. Für letzteren Zweck verwendet man gewöhnlich nicht reines Paraffin, sondern eine Lösung desselben in einem rasch verdunstenden Medium. Solche Lösungen sind unter verschiedenen Namen, wie „Zephirine" usw., im Handel.

Ich komme immer mehr davon ab, von der Fliege mehr zu fetten, als die äußersten Spitzen der Hechel, indem ich mit den Fingerspitzen, welche eine Spur eines guten Schwimmfettes tragen, dieses auf den Hechelenden verreibe.

So behandelte Fliegen schwimmen tadellos, ohne die oben erwähnte Fettzone zu bilden und ohne daß die Hechel sich verkleben. Mit einiger Übung lernt man bald die richtige Menge Fett auf die Finger zu nehmen, wobei stets etwas zu wenig einem Zuviel vorzuziehen ist.

Wir wollen zunächst den in England geübten oder, wie ihn die Engländer nennen, den „reinen Stil" besprechen.

Vor allem verlangt dieser, daß die Fliege nur einem steigenden oder ausgemachten, besser gesagt gesichteten Fische vorgesetzt werde, und zwar so, daß jene dem Fische unmittelbar vor das Maul gesetzt werde, leise wie eine Schneeflocke zum Wasserspiegel niedersinkend. Ich will aber gleich an dieser Stelle bemerken, daß viele angesehene englische Autoren hinterher doch den Rat geben: „Wenn der Fisch die Fliege ignoriert, dann nehme man eine größere Fliege, etwa eine Sedge oder eine Pink Wickham (letztere ist eine Phantasiefliege) und setze sie, sie ev. aufs Wasser klatschen lassend, seitlich hinter den Kopf des Fisches!" Trotzdem erfordert beides in erster Linie ein absolut weiches, zielgenaues Werfen und folgerichtig eine tadellose Beherrschung der Wurftechnik. Die Fliege darf nicht eher einfallen, als bis die Leine die richtige Länge hat, daher muß man so viele Leerwürfe machen, bis man die Distanz um Fische mit ihr deckt.

Nach dem Einfall der Fliege erfolgt entweder sofort der Anbiß — oder nicht; im letzteren Falle läßt man die Fliege ruhig stromab treiben, wobei man die Schnur in Klängen einziehend in Spannung hält, da erfahrungsgemäß Fische die Fliege vorbeischwimmen lassen, um sie dann, ihr nachfahrend zu rauben. Nimmt aber der Fisch die Fliege trotzdem nicht, dann wiederholt man den Wurf, aber nicht ohne die Leerwürfe am Anfang, die den Zweck haben, nicht allein die Leine wieder in der ganzen Länge herauszubringen, sondern auch die Fliege von dem anhaftenden Wasser zu befreien, also wieder zu trocknen.

Die Leerwürfe mache man auch, wenn man den Platz wechselt. In seine einzelnen Phasen zerlegt, schaut demnach der Vorgang so aus:

1. Wurf nach dem Fische mit einer Anzahl eingeschobener Leerwürfe. Die Gerte geht wie immer nach dem Einfallen der Fliege in die Horizontale und behält diese Lage: Gerte Schnur und Fliege sollen in einer Ebene liegen.
2. Die Fliege treibt stromab. Die linke Hand zieht die Schnur in Klängen ein, um die Spannung zu erhalten, wobei jedoch peinlichst jeder Zug an der Fliege zu vermeiden ist, da diese sonst unfehlbar untergeht.

   Sollte das aus irgendeinem Grunde vorkommen bzw. der Wurf falsch ausfallen, so lasse man ruhig die Fliege herabtreiben und nehme die Schnur auf, um den Wurf erst zu wiederholen, wenn man sicher ist, den Fisch nicht zu vergrämen.
3. Vor jedem neuen Wurfe, besonders wenn die Fliege untergetaucht war, trockne man sie sorgfältig, nach dem Fang eines Fisches befreie man sie erst vom anhaftenden Schleim, trockne sie und fette sie dann wieder.
4. Wenn die Fliege schwimmt, versuche man nicht, sie aus der Richtung, welche sie innehat, zu bringen, selbst dann nicht, wenn die Leine Schleifen gebildet hatte.
5. Der Anhieb erfolgt durch ein Erheben der Gertenspitze.
6. Der Wurf und die Annäherung an den Fisch erfolgt stets stromauf. Letztere unter größter Vorsicht, ev. auf den Knien rutschend, ja sogar an Ufern ohne Deckung, am Bauche liegend bzw. kriechend.
7. Die Fliege am Vorfach muß stets eine getreue Nachbildung der eben schwärmenden sein.

Diese Regeln, besonders Punkt 7, sind wohlgemerkt das Glaubensbekenntnis der „Puristen“, wie der Engländer die verbissensten Trockenfliegenmänner nennt. Ich gebe zu, daß an den überfischten Wassern Englands die Fische zu einem höheren Grade von Scheu und Vorsicht erzogen worden sind, was auch der Engländer exakt mit dem Ausdrucke „educated“ bezeichnet, ganz besonders dort, wo das Wasser kristallklar und ruhig fließt und Überfluß an Nahrung bietet; daß ein solches Wasser eine raffinierte Methode des Befischtwerdens verlangt, ist auch leicht zu glauben, ebenso, daß diese Art, „trocken" zu fischen, dort eine unleugbare Berechtigung hat.

Aber vielleicht auch nur dort. In unseren Landen ist weder die Beteiligung am Angelsport eine derartige wie jenseits des Kanales, noch sind unsere Wässer der großen Mehrzahl nach so beschaffen, wie die Kreideflüsse des südlichen Englands — und schon gar nicht die Gewässer in der neuen Welt.

Aus diesem Grunde haben die Amerikaner sich mit dem sog. „orthodoxen" Stil nicht befreunden können und sich demzufolge einen eigenen geschaffen, dessen Besonderheiten und Unterschiede ich im folgenden beschreibe.

Vor allem emanzipiert sich der Amerikaner von der Forderung des Wurfes über den gesichteten Fisch.

Unter Beibehaltung des Stromaufwärtsfischens und Werfens wird mit der Fliege jeder Fleck abgesucht, an dem man einen Fisch vermuten kann, sowohl die scharfe Strömung wie die ruhige und die Deckungen sowohl wie das freie Wasser.

Es liegt auf der Hand, daß diese Art von Angeln viel reizvoller ist, einmal deshalb, weil man in steter Bewegung und Erwartung bleibt und sich nicht langweilen muß, wenn die Fische gerade nicht aufgehen oder am Boden stehend verdauen oder dort ihre Nahrung suchen; sodann weil man seine Aufmerksamkeit auf den zu erwartenden Anbiß konzentrieren muß; bei den englischen Methoden kann man diesen förmlich berechnen — bei ihr spielt die Hauptrolle der Wurf —, hier dagegen nicht bzw. ist seine extreme Präzision nicht Hauptbedingung. Auch versteift sich der Amerikaner nicht auf unbedingte Naturtreue der Nachbildung, wovon ein Blick in eine Liste amerikanischer Fliegen überzeugt.

Es ist naheliegend, daß diese Art, mit der Trockenfliege zu angeln, sich für unsere Gewässer hervorragend eignet, besonders zu einer Zeit, wenn ihr Wasserstand niedrig und ihr Wasser bis in große Tiefen hinein durchsichtig ist.

Daß man in rascher Strömung die Schnur schneller einziehen muß als in langsamer, ist selbstverständlich, doch darf das nicht so schnell geschehen, daß man die Fliege unters Wasser zieht. Es wird vielleicht jemand den Einwand erheben, daß der Anhieb nicht zur Wirkung kommt, weil die Schnur nicht vollständig gespannt sei — nun dem ist nicht so. Man vergesse nicht, daß ja auch Schnur und Vorfach infolge der Fettung auf dem Wasser schwimmen.

Ein Impuls, wie der Anhieb, teilt sich der Leine unmittelbar mit und bewirkt, daß nach dem Gesetze der Trägheit die Bewegung weitergeleitet wird; hierzu kommt noch, daß die Strömung, welche ja die Richtung des Anhiebes hat, diesen verstärkt, wozu weiters noch das Gewicht der körperhaften Leine hinzutritt, so daß ein verhältnismäßig sanftes Anheben der Gertenspitze genügend Kraft entwickelt, um den Haken ins Fischmaul zu treiben. Das wird auch dem Leser erklären, warum der Anhieb zur Wirkung kommt, trotz der scheinbar unrichtigen Stellung der Gerte, d. h. unrichtig nach der landläufigen Ansicht und Regel, daß jene etwa einen Winkel von 45° zur Wasseroberfläche zu bilden habe.

Ich fische auch die nasse Fliege mit horizontal gehaltener Gerte, allerdings muß man dazu die Schnur — nicht aber das Vorfach! — fetten, damit sie schwimmt, so daß sie beim Anhieb am Wasser gleitet; liegt sie im Wasser, dann allerdings setzt die Strömung und die daraus resultierende Reibung dem Anhieb einen oftmals so starken Widerstand entgegen, daß jener fehlgeht. Unsere älteren Autoren fischten mit ungefetteten Leinen, waren daher gezwungen, möglichst viel von dieser außerhalb des Wassers zu halten und daher stellten sie die Regel von der Steilhaltung der Gerte auf.

Es gibt auch eine Methode, die Trockenfliege stromab zu fischen, welche von dem Schotten Peter Kerr erfunden wurde. Da sie ebenso originell wie einfach ist und sich für unsere Wässer hervorragend eignet, will ich den Leser mit ihr bekanntmachen.

Bedingung ist, daß die Schnur und die Fliege, nicht aber das Vorfach gefettet werden. Kerr empfiehlt eine 11—13 Fuß lange Gerte von der Art, welche der Engländer „Top supple" nennt, welche Eigenschaft ich im Kapitel über die Gerten erklärt habe. Abgesehen davon, daß eine so lange Gerte erheblich schwer ist und ihre Handhabung ziemlich anstrengt und ermüdet, kann ich getrost verraten, daß auch eine normale 10 Fuß lange Gerte den Wurf klaglos gestattet. Die Schnur ist vorteilhafter parallel zu nehmen, doch geht die zugespitzte, verjüngte auch. Zwischen das normale Vorfach und die Wurfschnur schaltet man noch ein Vorfach von 1 Yard Länge ein, das aus Lachsgut besteht.

Ev. kann man doppelt gedrehtes Gut dazu verwenden. Kerr schaltet vor dieses noch eine Länge von 1 Yard dickes Silkcast, so daß sein Vorfach 14 Fuß lang ist. Notwendig ist es aber nicht, für die normallange Gerte genügt das Zwischenschalten der stärksten Gutlänge.

Der Wurf wird wie sonst ausgeführt bis zu dem Moment, wo sich die Leine nach vorn gestreckt hat. In diesem Moment wird die Gerte rasch nach hinten aufgehoben, so daß die Schnur ein Stück zurückschnellt, und dann wieder rasch gestreckt. Durch das Zurückschnellen entsteht in der Schnur bzw. im Vorfach ein gegen die Fliege offener Bogen, der auch dann stehen bleibt, wenn die Fliege aufgefallen ist und schwimmt (Abb. 53 a u. 53 b).

Das Vorfach treibt unter dem Wasser, seitab von der Fliege, kommt daher dem Fische nicht zu Gesicht. Man läßt die Fliege so lange treiben, bis sich der Bogen zu strecken beginnt, dann wiederholt man den Wurf, nachdem man vorher durch Leerwürfe die Fliege vom anhängenden Wasser befreit hat. Diese Methode ist sehr lohnend, wenn die Fische irgendwie beunruhigt sind — ich verdanke ihr gute Erfolge.

Bemerkenswert ist noch, daß Kerr ausschließlich buschige Hechelfliegen eigener Bindung verwendet, welche von Schwarz bzw. Dunkelviolett bis zum hellsten Gelb und Grau alle Nuancen zeigen.

Ich darf dieses Kapitel nicht schließen, ohne der Besprechung des Anhiebes einige Worten widmen. Meiner Empfindung nach ist das Wort anhauen nirgends so wenig am Platze wie beim Flugangeln, denn wer dabei anhaut, wird viele Fliegen abprellen, aber wenig Fische erbeuten. Wenn schon beim Grund- und Spinnfischen vor allzuviel Kraftanwendung gewarnt werden muß, so ist diese für den Flugfischer direkt ein Verderben. Leider hat unsere Anglersprache keinen anderen Ausdruck für eine Tätigkeit, die mit Hauen aber

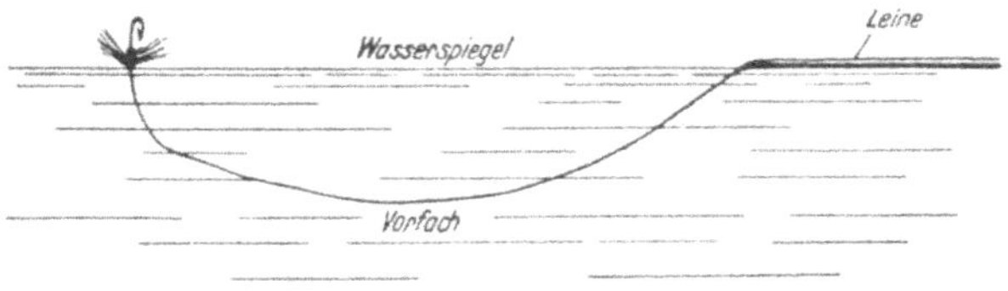

Abb. 53 a.

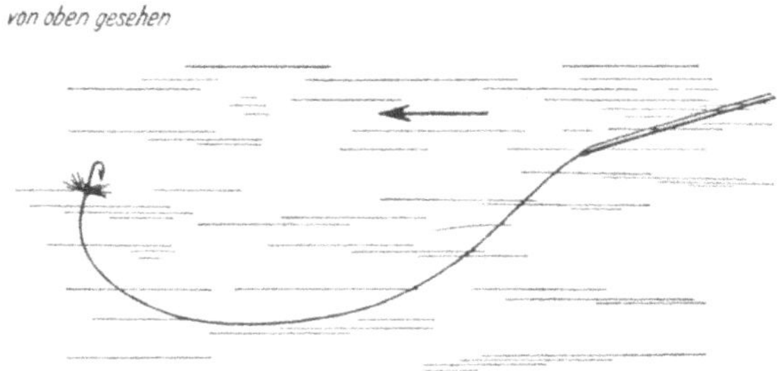

Abb. 53 b.

schon gar nichts gemein hat, sondern nur ein mehr oder minder rasches Erheben der Gertenspitze ist. Ob dieses Erheben nun in der Weise erfolgt, daß die Hand im Gelenk eine Aufwärtsbewegung macht oder aber eine Drehung nach oben innen, bleibt sich an sich gleich, denn der Endeffekt beider Bewegungen ist das Erheben der Gertenspitze. Aber das muß ohne Kraft geschehen, lediglich reflexartig, kommandiert von dem Auge, das den steigenden Fisch erblickte, oder von dem feinen Gefühle in der Hand, welches seinen Anbiß in der Tiefe als feines Zucken empfand.

Ohne Kraft, aber schnell — a tempo. Allerdings mit Modulationen, je nachdem ob man auf Äschen oder Aitel fischt, ob die Fische gierig beißen oder bedächtig.

Das ist und bleibt Gefühlssache und die der Übung, kein Buch und kein Lehrer können den Moment diktieren; hier muß die Individualität des Anglers einsetzen, welche ihn die schulmäßig erworbenen Kenntnisse in Erfolg umsetzen läßt.

Zum Schlusse dieses Kapitels muß ich das von England herübergekommene Fischen mit „geblasener Leine“ — Blow line fishing oder Dapping genannt — besprechen. Obzwar dabei eine eigentliche Wurftätigkeit nicht ausgeübt wird, ist diese Methode zu angeln doch nicht so einfach, wie sie aussieht, wenn sie korrekt ausgeführt werden soll.

Ursprünglich und eigentlich ist das Blow-line-Angeln auf den großen Seen in England und Irland zu Hause und dient dazu, natürliche Insekten, deren weiche Leiber keinen Weitwurf gestatten, den Fischen auf größere Distanzen anzubieten. Die hauptsächlichst verwendeten Köder sind Maifliegen, Steinfliegen und die großen Schnaken, aber auch Heuschrecken, Wespen u. dgl. eignen sich zu diesem Zwecke. Zu dieser Art zu fischen bedient man sich auf den Seen eines Bootes — je nach seiner Größe und Stabilität können bis zu drei Anglern außer dem Bootsführer darin fahren, da man sich durch die Handhabung der Geräte gegenseitig nicht behindert, denn erstens bleibt man bei allen Verrichtungen, Drill und Landen eingeschlossen, ruhig sitzen, zweitens fällt jede Wurftätigkeit, welche eine Behinderung des Nachbarn oder ein Verwirren von Leinen usw. verursachen könnte, fort.

Die Tätigkeit des Werfers übernimmt der Wind. Es ist klar, daß man, um möglichst weit hinauszulangen, sich sehr langer, leichter Gerten bedienen muß, die in England für diesen speziellen Zweck unter dem Namen „Dapping Rods“ gebaut werden — 5 bis 6½ m lang —, meist aus Wholecane, d. i. Tonkinrohr mit Spitzen aus Greenheart. Wie ich ausprobierte, eignet sich die in Band I beschriebene, 5 bis 6 m lange Seerohrgerte mit einer gesplißten Spitze ganz hervorragend zu diesem Zwecke und ist dabei viel billiger und leichter als die englischen Spezialgerten.

Die Engländer verwenden auch speziell geflochtene Schnüre, sog. Dapping lines, welche sehr locker geklöppelt sind und daher sehr leicht sind und vom Wind da und dorthin geblasen werden, wie man es eben braucht. Ich habe oft und viel mit ihnen gefischt, finde aber, daß eine feine Seidenschnur gewöhnlicher Klöppelung von etwa 10—12 Pfund Tragkraft ebensogute Dienste leistet. Selbstverständlich darf diese Schnur weder gefettet noch sonstwie imprägniert werden, da sie durch diesen Prozeß zu schwer und auch zu steif würde. Da man mit dieser Methode gemeinhin die größten Fische erbeutet, besonders zur Maifliegenzeit, ist es einerseits nicht ratsam, feinere Schnüre zu nehmen als von 12 Pfund Reißfähigkeit, anderseits auch nicht weniger als 80 bis 100 m auf die Rolle zu nehmen, da man fast immer mit einem scharfen Drill rechnen muß, der sich möglichst weit vom Boote abspielen soll. Als Rolle genügt jede Art von Nottingham-Rolle, auch die alte hölzerne, doch muß die Knarre tadellos funktionieren. Für diese Art zu angeln ist ein Schnurleiter an der Rolle von größtem Vorteil, da er bei offenen

Rollen mit Sicherheit das Herunterfallen der Schnur von der Trommel verhindert. Es ist angezeigt, Rollen von mindestens 10 cm Durchmesser zu verwenden, um rasch und ausgiebig einrollen zu können.

Das Vorfach besteht aus Gut, je nachdem in den Stärken von ¼ drawn bis 1 x und ist nur 1 Yard lang. Der Haken wird direkt an sein Ende eingebunden. Man verwendet mit Vorteil Öhrhaken. Für durchschnittliche Verhältnisse genügt der bekannte und bewährte „Perfekt"-Haken in den Größen 4 bis 1 alter Skala vollständig. Wenn man aber mit besonders starken Fischen zu rechnen hat, ev. sogar mit dem Anbiß einer Seeforelle, dann ist es rätlich, die eigens zu diesem Zwecke erzeugten kräftigen Spezialhaken zu verwenden, die in England unter dem Namen „Dapping Hooks" im Handel sind. Man ködert meist nur eine Mai- oder Steinfliege derart, daß man den Haken unter dem Kopfe einsticht und dann der Länge nach durch das Insekt führt, am Leibesende herauskommend. Ködert man zwei Insekten, dann wird das erste in der eben beschriebenen Manier an den Haken gebracht, an ihm hinaufgeschoben und dann das zweite in gleicher Weise angeködert. Es ist einleuchtend, daß man verschiedene Hakengrößen bei sich haben muß, um sie je nach der Größe der vorhandenen Köder wechseln zu können, was ja bei Öhrhaken weder schwierig noch zeitraubend ist. Um den Köder aufs Wasser zu bringen, muß man selbstredend den Wind im Rücken bzw. von der Seite her haben. Nun hält man die Gerte senkrecht und zieht so viel Schnur ab, als man für nötig hält; der Wind streckt die Leine und nimmt die abgezogene mit hinaus. Es ist klar, daß dazu eine Brise erforderlich ist, welche stark genug ist, die Leine hinauszuführen und in wagrechter Stellung zu erhalten. Um den Köder ins Wasser zu bringen, senkt man die Gerte so lange, bis der Köder und höchstens 1 bis 2 Zoll vom Gut das Wasser berühren. Darin liegt die ganze Kunst dieses Angelns; es ist fehlerhaft und von Nachteil, wenn das ganze Vorfach oder große Teile desselben im Wasser sind. Wenn man einen Fisch aufgehen sieht, so bietet man ihm den Köder auf diesem Wege an und muß natürlich die Menge auszugebender Leine gut berechnen können, um ihm nur den Köder, nicht aber Vorfach und Schnur zu zeigen. Ebenso muß man die Leine in richtiger Spannung erhalten, damit nicht mehr als eben 1 bis 2 Zoll Gut im Wasser liegen. Man kann aber auch aufs Geratewohl angeln — die Wasserfläche mit dem Köder absuchend. Erfolgt kein Biß, dann nimmt man den Köder durch Anheben der Gerte vom Wasser und läßt ihn auf einem anderen Punkt wieder auf dieses zurücksinken. Je kräftiger und stetiger der Wind ist, desto leichter ist es, die Leine zu führen und auch eine lange Leine herauszubringen. Unangenehm ist böiger und umspringender Wind. Es braucht wohl nicht besonders betont zu werden, daß man die Gerte beim Angeln in die Hüfte gestemmt hält und nicht frei in den Händen.

Der Anbiß macht sich verschiedenartig bemerkbar. Oft sieht man den Fisch nach dem Köder aufgehen, oft aber, und besonders bei stärkerem Wellenschlag, sieht man das nicht, nur das Straffwerden der Leine signalisiert den Moment; wieder in anderen Fällen rauben die Fische so gierig, daß sie sofort die Rolle ertönen machen. Nur hüte man sich vor einem Anhieb stricte nominis! Ein einfaches Straffen der Leine durch leichtes Erheben der Gertenspitze genügt vollauf, um den Haken einzutreiben — meist hauen sich die Fische selbst an. Wie ich schon erwähnte, ist es von großer Wichtigkeit, daß die Bremse der Rolle richtig arbeitet, weder zu locker noch zu hart eingestellt sei und doch so fest, um den Anhieb von ihr zu gestatten. Deshalb sind Rollen, deren Hemmung regulierbar ist, von großem Werte. Über den Drill ist nicht viel zu sagen — man trachtet nur den Fisch vom Boote fernzuhalten und zu verhindern, daß er unter dasselbe komme. Angelt man in Gesellschaft, dann kommt es oft vor, daß auch der Genosse gleichzeitig einen Anbiß hat; in solchen Fällen muß man natürlich trachten, jede Verhängung der Leinen zu verhüten. Hat man als Mitfahrer keinen Biß, wird man sein Gerät einziehen, um den im Drill stehenden Gefährten nicht zu genieren. Sehr erleichtert wird der Drill durch die Mitarbeit und Geschicklichkeit des Bootsführers, so daß man oft sehr schwere Fische an dem verhältnismäßig schwachen Zeuge rasch besiegt, ohne dieses allzusehr anstrengen zu müssen. Anderseits kann ein schlechter und ungeschickter Bootsführer die Ursache unendlichen Mißgeschickes und Ärgers werden.

Wie schon erwähnt, richtet man die Fahrt so ein, daß man den Wind im Rücken oder in der Seite hat und fährt die Stellen ab, die gemeinhin Standorte guter Fische sind. Insbesondere beachte man treibende Schaumstreifen oder Flocken, treibende Grasbüschel und Stellen, an denen sich der Wellenschlag bricht.

Man kann aber das Angeln mit geblasener Leine auch in fließendem Wasser und auch vom Ufer aus betreiben oder watend — es ist nicht minder reizvoll und lohnend, besonders was den Fang großer Exemplare anbelangt.

Es ist eigentümlich, daß dieses wirklich reizvolle Angeln bei uns fast unbekannt ist und daß unsere Autoren früherer Epochen ihm so gar keine Beachtung schenkten. Wie viele wohnen direkt am Fischwasser oder verleben ihre Ferien an einem solchen und ziehen es vor, daheim zu bleiben, wenn eine kräftige Brise weht, statt diese herrliche Gelegenheit auszunützen — lediglich deshalb, weil, wie ich glaube, ihnen niemand gesagt hat, was für Genüsse und Erfolge ein Ausflug mit der Blowleine bringt.

Nicht nur Forellen und Äschen — letztere besonders zur Heuschreckenzeit — sind so zu erbeuten, nein, alles was nach Insekten jagt, Schiede, Rotaugen usw. — fallen uns zur Beute, wenn wir die Gelegenheit wahrnehmen.

In unserer ganzen Literatur finde ich überall nur im besten Falle eine dürftige Erwähnung des Blowleinefischens als einen spezifisch englischen Sportzweig — nirgends auch nur eine Ermunterung, auch bei uns einen Versuch damit zu machen, außer bei Heintz, der die Vermutung ausspricht, daß man auf diese Weise Seeforellen erbeuten könnte —, aber auch nirgend eine Anleitung und eine eingehendere Besprechung der Geräte und der Handhabung derselben.

Ich hoffe, daß sich mancher Leser durch das Gesagte verleiten lassen wird, die Reize dieser Art zu angeln auszukosten, die nur mit einer einzigen Beschwerde verbunden ist — mit dem Einsammeln der Köder.

Bezüglich letzterer möchte ich noch einiges sagen: Es ist von Vorteil, wenn diese möglichst frisch gefangen und lebend sind; besonders Maifliegen soll man zeitlich morgens einsammeln, da diese zäher sind als die am Tage gefangenen, auch leichter zu fangen sind, solange sie auf den taufeuchten Gräsern sitzen. Um die Insekten lebend zu erhalten, verwahrt man sie in eigenen Behältern, von denen die Maifliegenbüchse von Cummins, welche in allen besseren Gerätehandlungen erhältlich ist, mir die beste erscheint. Es wird wohl niemand so roh sein, ein lebendes Insekt an den Haken zu spießen, sondern es ist vorher durch Zusammendrücken des Brustkorbes zu töten.

Erleichtert wird das Fangen von Maifliegen, Heuschrecken usw. durch Benützung eines gewöhnlichen Schmetterlingsnetzes, das man auf den Handstock des Landungsnetzes aufsetzen kann.

Das Binden der Kunstfliege.

Wenn man so und so viele Angler fragt, wie man eine Fliege bindet, so wird man die erstaunliche Bemerkung machen, daß die allerwenigsten darüber Auskunft geben können. Ich empfinde diesen Mangel an Kenntnis als geradezu beschämend, denn wenn schon jemand nicht so viel Zeit erübrigt oder mangels Fingerfertigkeit davon absteht, sich mit dem Binden der Fliege abzugeben, so sollte doch ein richtiger Angler wenigstens wissen, wie der Hergang der Bindeweise ist, schon deshalb, um ein objektives Urteil darüber abgeben zu können, ob eine Fliege gut oder schlecht gebunden sei.

Ich habe es aus diesem Grunde immer für einen Fehler gehalten, daß unsere neuere Literatur dem Fliegenbinden gar keinen Platz einräumte und den Angler mit seinen Bedürfnissen ganz und gar dem Erzeuger oder Händler überließ. Abgesehen davon, daß gute Fliegen immerhin nicht ganz billig sind, halte ich das Selbstbinden derselben für einen so intimen Teil des ganzen Flugfischens, daß mir die halbe Freude daran genommen wäre, wenn ich nicht meine eigenen Fliegen fischen könnte.

Und noch etwas: nahezu jedes Wasser hat irgendeine spezielle Fliege, welche dort sozusagen souverän ist. Hat man gerade das Muster nicht mit oder geht es einem aus, so verliert man kostbare Stunden oder gar Tage eines oft karg bemessenen Angelurlaubs durch die Nachbestellung, erst recht in der Hochsaison und bei womöglich noch dazu schlechter Postverbindung des Urlaubsortes, was fast immer der Fall ist, wenn dieser abseits von der großen Heerstraße liegt. Diesen Unannehmlichkeiten entgeht der Angler, der seine Fliegen selbst zu binden versteht.

Bedauerlich ist es, daß unsere Fachgeschäfte sich bislang nicht darauf verlegten, die Angler mit Material zum Fliegenbinden zu beliefern, wie es in England seit jeher gang und gäbe ist, wo das Selbstbinden in hohem Ansehen steht, und trotzdem die Fliegenbindereien jahraus jahrein vollauf beschäftigt sind. Viele möchten ja gern ihre Fliegen oder wenigstens ihre Spezialmuster gerne

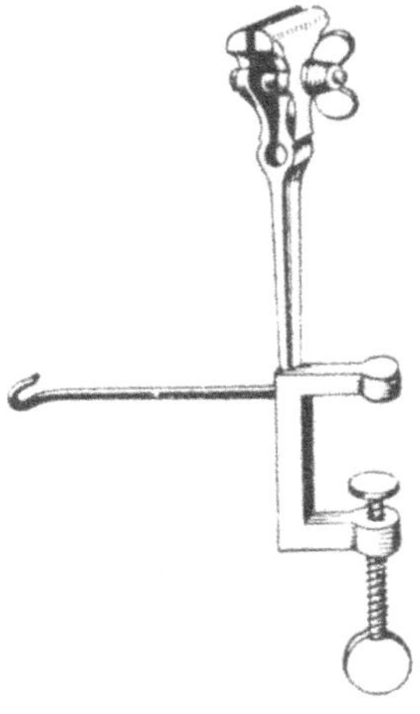

Abb. 54.

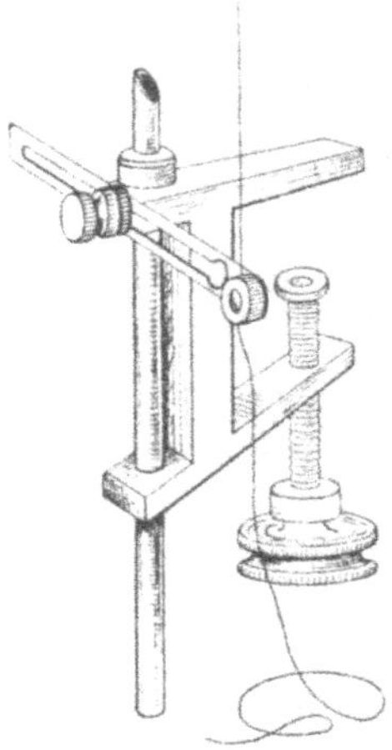

Abb. 55.

Nach Storks „Gerätekunde und Katalog".

selbst binden, wenn eben die Beschaffung des Materiales ihnen nicht so große Schwierigkeiten bereiten würde oder ihnen in der Literatur wenigstens ein Fingerzeig gegeben würde, denn wie wir im folgenden sehen werden, ist die Sache nicht so schwer wie sie aussieht.

Das Werkzeug ist ziemlich einfach und nicht unerschwinglich. Ich möchte bei dieser Gelegenheit darauf hinweisen, daß ich mit der Methode, welche im Bischoff geschildert ist, nicht einverstanden bin. Es ist das jene der berufsmäßigen Fliegenbinder, welche eine lange Übungszeit und viel Hand- und Fingerfertigkeit erfordert. Ich meine die Methode, die Fliege in der Hand ohne Anwendung eines Schraubstöckchens zu binden.

Der Fliegenbinder aus Liebhaberei, erst recht der Anfänger in dieser Kunst, wird viel mehr Vorteil davon haben, seine Fliegen am Schraubstock zu arbeiten. Es sind von diesen eine Menge Modelle am Markte, von denen ich für den allgemeinen Gebrauch das in Abb. 54 abgebildete für das beste halte, weil es allen Bedürfnissen entspricht. Wer will, kann sich noch den von Mc. Clelland angegebenen Fadenhalter (Abb. 55) anbringen lassen, was ihm jeder Mechaniker für wenig Geld besorgt. Diese Vorrichtung ist recht praktisch, erspart in vielen Fällen eine Pinzette und gewährleistet vor allem die Freiheit beider Hände, was mitunter selbst für den Geübten eine besondere Annehmlichkeit beinhaltet; ich kann ihre Verwendung sehr empfehlen. Der in Abb. 56 gezeigte Schraubstock ist besonders für die Befestigung kleiner und kleinster Haken konstruiert, gewährt infolge seiner besonderen Form allseitige Freiheit für die arbeitenden Finger, ist aber meiner Ansicht nach ein

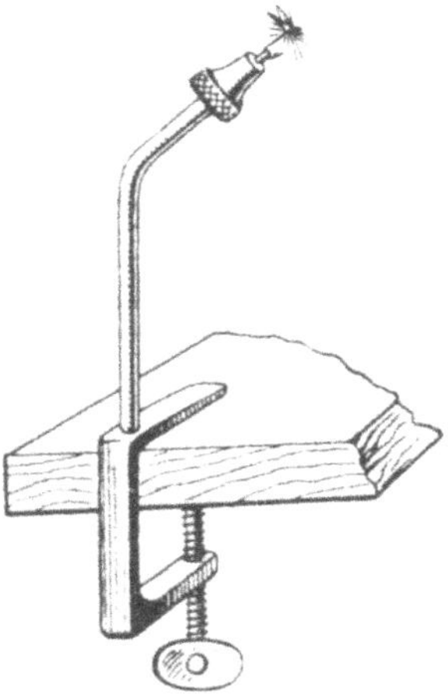

Abb. 56.

Abb. 57.

Spezialgerät, das ziemlich teuer ist und leider vielfach gerade in den haltenden Teilen schlecht und unsauber ausgeführt ist.

Besser ist der in Abb. 57 wiedergegebene Schraubstock, allerdings noch teurer. Diese Sachen könnten bei uns ebensogut, vielleicht noch besser und vor allem mindestens um die Hälfte billiger hergestellt werden. Immerhin ist diese Anschaffung nur eine einmalige Ausgabe, die sich rasch amortisiert.

An weiteren Geräten benötigt der Fliegenbinder: eine scharf und glatt schneidende Schere (Abb. 58c u. 58d), sog. Manikureschere, eine Uhrmacherpinzette (Abb. 58e) und zwei federnde Haltepinzetten (Abb. 58a). Die letzteren sind sehr gut durch die in jedem Instrumentengeschäft erhältlichen „Schieber-Peans" kleinster Größe zu ersetzen. Ich verwende nur diese, weil sie mir handlicher erscheinen, und ziehe über die Spitzen ein Stückchen Gummischlauch, wodurch sie besser fassen und Fäden, Federn u. a. nicht schneiden.

Die vielfach empfohlene „Rauhnadel" (Abb. 58b) ist mir entbehrlich, da sie durch die geschlossene nadelspitze Uhrmacherpinzette vollauf ersetzt wird. Wer sie aber haben zu müssen glaubt, der kaufe sich eine sog. „Präpariernadel" oder Zupfnadel, wie sie zu Mikroskopierzwecken benötigt wird — ebenfalls in einem Instrumentenladen — oder aber man bricht von einer feinsten Häkelnadel das Häkchen ab und schleift die Spitze scharf zu, wenn man sich das Werkzeug selbst oder in der Not rasch herstellen will.

All diese genannten Werkzeuge sind so kompendiös, daß man sie auch auf eine weitere Angelfahrt leicht mitnehmen kann, ohne sein Gepäck sonderlich zu überlasten, sintemal der Flugangler ohnedies die wenigsten und leichtesten Geräte und Ausrüstungsstücke mit sich führt.

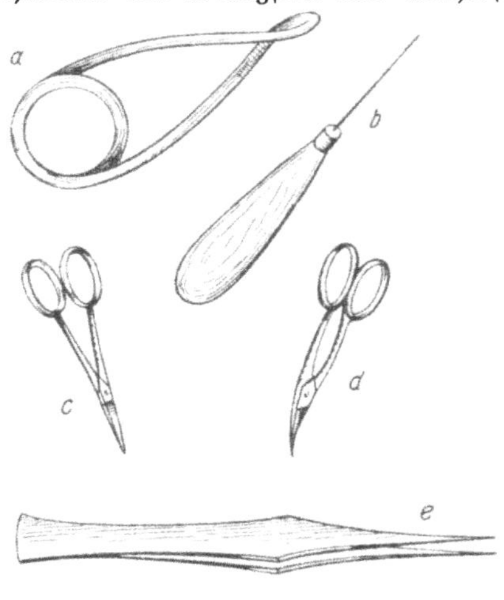

Abb. 58.

Zum Binden der Fliegen braucht man eine sehr feine, aber auch sehr haltbare Bindeseide. Leider habe ich unter den heimischen Erzeugnissen noch keines gefunden, welches dem Erfordernis der Haltbarkeit, besser gesagt Reißfestigkeit immer gleichmäßig entsprochen hätte, so daß ich immer wieder zu dem englischen Fabrikat zurückgreifen mußte, welches unter dem Namen „Pearsall's Gossamer fly tying silk" im Handel ist.

Diese Seide ist in allen Farbschattierungen zu haben: um es gleich vorweg zu sagen: ich komme mit der einen Farbe rot für alle meine Zwecke aus.

In letzter Zeit habe ich eine französische Seide zur Verfügung gestellt bekommen, welche ich auch als gut bezeichnen muß — aber warum sollte unsere heimische Industrie uns das nicht auch liefern können? Ich bin überzeugt, daß sie es kann und tun wird, wenn wir Angler es auch nur einmal kategorisch von ihr verlangen.

Zum Gebrauche muß die Seide gewachst werden. Wegen ihrer Zartheit eignet sich zu diesem Zwecke nur ein flüssiges Wachs. Das beste ist das von Mc. Clelland angegebene: Terpentinöl und feinstes weißes Harz (Resina alba) werden zu gleichen Teilen im Wasserbade zusammengeschmolzen. Es ist ratsam, von ersterem etwas weniger zu nehmen als gleiche Teile. Die fertige Masse muß eine geleeartige Beschaffenheit haben. Sie wird aus dem Schmelztiegel direkt in Stannioltuben[1]) mit Schraubverschluß gegossen; in

[1]) Stanniolltuben erhält man in Apotheken oder Apothekenausrüstungsgeschäften in jeder Größe. Ich empfehle jene zu ca. 10 g Inhalt, ev. noch kleiner.

diesen bleibt sie selbst durch Jahre unverändert gebrauchsfähig. Zum Wachsen bringt man eine Spur Wachs auf die Zeigefingerkuppe und zieht dann den Faden zwischen ihr und dem Daumen einigemale durch, bis er ganz durchtränkt ist.

Bei dieser Gelegenheit möchte ich erwähnen, daß ich es für vorteilhafter halte, das jeweils benötigte Stück Seide abzuschneiden, aus Gründen, welche ich später beim Binden näher besprechen will.

Für das Herstellen der Körper kommen verschiedene Materialien in Betracht. Flockseide ist das bekannteste, meistverwendete, aber nicht das beste, denn die meisten Seiden verändern ihre Farbe, sobald sie naß werden; weiß wird grau, gelb und orange dunkeln verschiedentlich nach, rot wird meist nahezu schwarz. Ich bin daher schon längst von Flockseide — außer der schwarzen — abgekommen und mache die Körper meiner Fliegen aus Wolle.

Für die großen Fliegen und solche, deren Körper dick oder rauh erscheinen sollen, verwende ich Schafwolle, für alle anderen Zwecke aber Mohair, besser gesagt, die Wolle vom Angorakaninchen.

Sie ist von Kaninchenzüchtern leicht erhältlich, 10 dkg kosten etwa 2 M. und genügen für einige hundert Fliegenleiber.

Die Wolle muß man für die verschiedenen Körper waschecht färben, was keine besondere Kunst ist.

Zu diesem Behufe verwendet man die sog. „Wollecht"-Farben. Besonders zu empfehlen und leicht zu verarbeiten sind die von der Badischen Anilin- und Sodafabrik. Es genügt vollauf, folgende Farben im Vorrat zu haben: Schwarz, Blau, Zinnober und Scharlachrot, Gelb in zwei Nuancen, und zwar Gummigutt und Neapelgelb, und ein leuchtendes Orange und Rostbraun. Von Schwarz gibt es Sorten, die nach dem Färben graustichig trocknen, man probiere daher die Färbung aus. Kostspielig ist das Verfahren nicht, denn an sich sind die Farben nicht teuer und größere Quantitäten als 1 bis 5 g braucht man nicht sich einzuwirtschaften, so daß auch einige mißlungene Färbeversuche bzw. die Ausscheidung einer unbrauchbaren Farbensorte keine Belastung der Börse bedeutet.

Durch Mischen von Blau mit Gelb erhält man Grün, von Blau mit Rot Violett, von Rot mit Gelb Orange, von Schwarz mit Blau Grau und von Schwarz mit Rot Braun. Das Mischungsverhältnis ist für jede Farbensorte ein anderes, so daß sich darüber keine Regel aufstellen läßt und der gewünschte Farbenton einfach auf dem Wege wiederholter Probefärbungen gefunden werden muß. Nur das eine wäre zu betonen: Es ist nicht ratsam, zu dunkel zu färben. Vor dem Einfärben müssen sowohl Wolle wie auch Federn, welch letztere auch des öfteren nicht von Natur aus die richtige Farbe haben, die wir brauchen, von Fett und Schmutz befreit werden.

Dies geschieht, indem man sie in einer starken Sodalösung durch einige Zeit kocht, nach dem Kochen spült man sie dann in reinem, möglichst weichem Wasser ab und aus, worauf sie getrocknet werden.

Die Farblösung wird hergestellt, indem man eine Messerspitze (große Klinge eines Taschenmessers) voll in 1/4 l Liter kochenden Wassers, welches möglichst weich sein soll — also Fluß- oder Regenwasser — löst. Bei Farbmischungen nimmt man von jeder Farbe gleich viel bzw. von einer mehr oder weniger, je nach dem Ton, den man zu erzielen wünscht. So wird Grün mit mehr Gelb heller als solches mit mehr Blau, Violett leuchtender mit mehr Rot usf.

Zu der Lösung fügt man einen Eßlöffel starken Essig bzw. einen halben Löffel Essigsäure hinzu.

Die nach dem vorbeschriebenen Verfahren gereinigten und entfetteten Federn, Wolle usw. legt man nun in diese Lösung und kocht sie darin auf schwachem Feuer eine halbe Stunde. Im allgemeinen trocknen die Sachen etwas lichter auf, als die Farblösung ist.

Manche Fliegenkörper werden von Pelzhaar gemacht. Ich kann dem Leser gleich verraten, daß er mit zwei Sorten vollständig auskommt, nämlich mit der hellen und dunklen Wolle vom Gesicht des Hasen bzw. noch der schwarzbraunen am Grunde der Ohren desselben und mit Maulwurfhaar. Letzteres bekommt man beim Kürschner als Abfall, ersteres kann man sich mühelos von einem Küchenhasen abschneiden.

Ein sehr gutes Material für Körper ist auch der Gärtnerbast, welchen man sogar in allen Farben erhalten kann.

Weiters sind Federkiele ein prachtvolles Material, besonders in den Farben Schwarz und Braun bzw. Rotbraun. Man zieht zu diesem Behufe einfach die Federfahne einer Hechelfeder ab und preßt den Kiel zwischen den Zähnen oder den Nägeln des Daumens und Zeigefingers durch Hindurchziehen in der Weise flach, daß die farbigen Teile oben und unten liegen, umsäumt von der abgezogenen weißen Seite. Beim Aufwinden auf den Haken entsteht dann eine schöne weiße Ringelung, analog den Ringen am Insektenleib.

Zu demselben Zwecke verwendet man auch die Seitenfibern der Pfauenfeder, von denen man die feinen Härchen abgestreift hat. Ich werde darauf noch bei der Bindeweise der einzelnen Fliegen zurückkommen.

Um die Segmentierung oder Ringelung des Insektenleibes zu kopieren, verwendet man Seidenfäden verschiedener Farbe, aber auch mit besonderer Vorliebe Gold- und Silberlametta, welche als Christbaumschmuck unter dem Namen „Engelhaar" bekannt ist, sowie Gold- und Silberdraht. Letzteren kann man bei Saitenerzeugern in verschiedenen Stärken erhalten. Außer dem Vorgenannten kommen noch Fibern der Straußenfeder und solche vom Pfau in Verwendung; auch Pferdeschweifhaare in verschiedenen Farben sind zu diesem Zwecke sehr gut zu gebrauchen.

Die Schwanzfäden von Ephemeriden imitiert man durch Fibern von Hahnhecheln oder auch solche aus der Fasanenstoßfeder.

Für den Schweif der großen Glanzfliegen nimmt man leuchtende Federn exotischer Vögel.

Als Material für die Beine oder Hechel kommen in erster Linie die Halshechelfedern des Haushahnes in Betracht, welche man in allen Farben vom reinsten Weiß bis zum tiefsten Schwarz naturfarbig haben kann. Allerdings sind die schwarzen Hechel fast immer so dünnfibrig, daß es vorteilhaft ist, sich weiße schwarz zu färben. Die schönsten Hechel trägt der Hahn im Frühjahr und im Winter — jeweils nach der Mauser —, worauf man beim Sammeln zu achten hat. Mauserhechel sind mißfarbig, glanzlos und morsch.

Eine besondere Gattung von Hecheln, die sich durch hervorragende Elastizität und Stärke der Fibern auszeichnen, liefert der sog. Kampfhahn, der zum Zwecke des Hahnenkampfes in manchen Ländern speziell gezüchtet wird; leider sind solche Federn sehr schwer zu haben.

Als „Ofenhechel" (Furnace hackle) bezeichnet man eine Hahnhechel, die innen dunkel (schwarz oder schwarzgrün) und außen rot bzw. gelb- oder rotbraun gefärbt ist, als „Dachshechel" eine solche mit dunklem innern und weißlichem oder gelbem Rande (Badger hackle).

Die Halsfedern der Henne sind auch verwendbar, aber sie sind weich und speziell für die Herstellung von Trockenfliegen ungeeignet.

Dasselbe gilt für die Federn vom Rebhuhn, der Waldschnepfe, des Wasserhuhnes u. v. a.

Sehr beliebt sind als Hechel die Brust- und Schulterfedern verschiedener Wildentenarten, die je nachdem grau oder braun mit weiß gebändert oder gesprenkelt sind, ebenso die Kragenfedern des Perlhuhnes.

Zum Nachbilden der Flügel verwendet man entweder ganze Federn oder aber Ausschnitte aus der Fahne der Schwungfedern, wozu die von Staren, Tauben, Fasanen, Schnepfen, Enten u. v. a. Verwendung finden.

In früherer Zeit hatte ich oft Mühe und Plage, das geeignete Material für die Flügel zu beschaffen. Seit ich mich zu der Erkenntnis durchgerungen habe, daß es einfach unsinnig ist, ein so zartes und transparentes Gebilde wie den Flügel eines Insektes mit so derbem und undurchsichtigem Material zu imitieren, wie es Federfahnen sind, und deshalb ganz und ausschließlich zur Verwendung von Hechelfliegen übergegangen bin, ist für mich die Frage der Beschaffung von Material für Flügel bedeutungslos geworden. Wenn ich trotzdem hier darüber spreche und im folgenden auch das Binden der Flügel besprechen und erläutern werde, so tue ich es nur der Vollständigkeit halber, um nicht den Vorwurf hören zu müssen, ich hätte aus Abneigung oder Bequemlichkeit dem oder jenem das Binden geflügelter Fliegen vorenthalten.

Ehe ich weitergehe, will ich noch einiges über das Aufbewahren der Materialien sagen. Wolle, Federn und Pelz sind beliebte Ansiedlungsorte für Motten, daher soll man diese Sachen, nach Farben sortiert, in gut schließenden Schachteln, welche etikettiert sind, verwahren und diese wieder in einem gut schließenden Blechkasten. Für die Reise genügen kleine Quantitäten zum Mitnehmen, welche alle in einer Schachtel Platz haben.

In englischen Katalogen findet man verschiedene Modelle solcher Materialkasten mit und ohne Ausstattung und Inhalt für jede Art der Fliegenbinderei angezeigt. Die Anordnung ist sinnreich und recht praktisch, aber auch respektabel teuer. Wer sich die Mühe nimmt, das lesenswerte Büchlein von Mc. Clelland „How to tie trout and grayling flies" zu lesen, wird darin eine Anleitung zur Herstellung eines Materialkastens finden, die sehr empfehlenswert und billig ist.

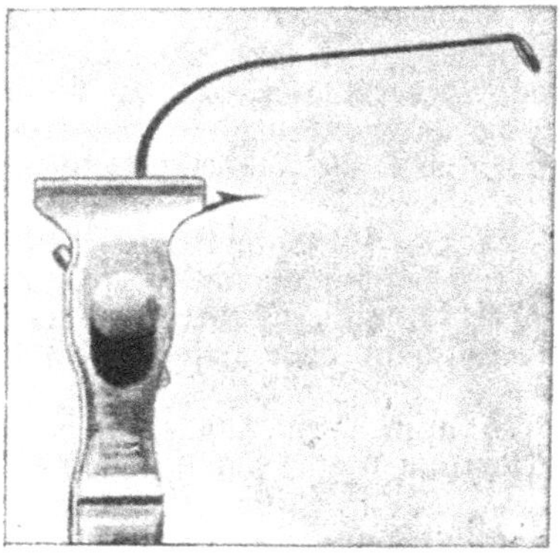

Abb 59.

Und nun wollen wir vom Fliegenbinden selbst sprechen.

Aller Anfang ist schwer, auch hier; Beharrlichkeit, guter Wille und Freude am Tun werden aber die anfänglichen Schwierigkeiten bald besiegen und fortschreitende

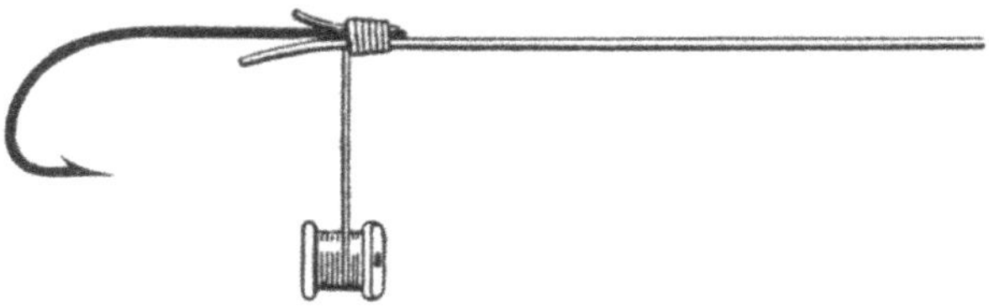

Abb. 60.
Aus Storks „Gerätekunde und Katalog".

Übung und damit verbundene erhöhte Geschicklichkeit werden immer bessere Erzeugnisse liefern.

Vor allem mache sich der angehende Fliegenbinder zwei Dinge zum Prinzip: Exaktes und sauberes Arbeiten und — nicht nervös werden, wenn etwas nicht gleich nach Wunsch und Willen gerät.

Es ist gut, wenn man sich im Anfang nur das Material für eine Fliegenart herauslegt und sich angewöhnt, die Hilfsinstrumente stets in gleicher Ordnung auf den Tisch auszulegen, so daß man blind hingreifen kann, um das Gewünschte zu erfassen.

Da es sich um Kleinarbeit handelt, ist gute Beleuchtung eine Hauptsache. Man arbeite womöglich nur am Tage und trachte womöglich noch durch einen Reflektor (ein Stück weiße Pappe o.dgl.) mehr Licht auf das Arbeitsfeld zu werfen, wenn die Beleuchtung ungünstig oder zu einseitig ist.

Wir wollen mit dem Binden der einfachsten Fliege, einer Hechelfliege ohne Schwanz usw., beginnen.

Wir schrauben den Schraubstock an die Ecke unseres Arbeitstisches und spannen in ihn einen Haken mittlerer Größe — etwa Nr. 5 neuer Skala — derart ein, daß die Backen des Schraubstockes den unteren Teil des Bogens mit der Spitze voll erfassen und der Schenkel nach rechts zeigt, wie in Abb. 59. (Der besseren Anschaulichkeit halber wurde bei der Aufnahme ein ganz großer Haken gewählt.) Zu beachten ist, daß der Hakenschenkel richtig wagrecht liege, andernfalls ist das Abrutschen der Windungen zu befürchten [1]).

Jetzt schneiden wir uns eine entsprechende Länge Anwindeseide mit der Schere ab. Ich betone das A b s c h n e i d e n, denn beim Reißen wird die Faser des Fadens gezerrt und überdehnt. Dadurch verliert nicht nur der ohnedies zarte Faden viel von seiner Festigkeit, sondern er bekommt auch noch eine erhöhte Neigung zum Rollen, was beim Arbeiten ungemein störend ist. Für mittelgroße und kleine Fliegen genügen 35 cm. Der abgeschnittene Faden wird in der schon beschriebenen Weise mit dem flüssigen Wachse[2]) getränkt, wobei ihm durch das Durchziehen zwischen den Fingerkuppen viel von der Neigung zum Rollen genommen wird. Ich bin davon abgekommen, den Faden von seiner Rolle fallweise abzuziehen und diese als Beschwerung bzw. Spanngewicht wirken zu lassen — vgl. Abb. 60 —, wie es oft gelehrt wird.

An und für sich ist das Holzröllchen viel zu leicht, um den Faden in Spannung zu halten, und leistet dem Rollen desselben eher noch Vorschub, weil der fixierte Faden sich nicht „auslaufen" kann. Der Materialverlust, welcher durch das Fortwerfen des unverbrauchten Fadenendes nach dem Abschluß einer Fliege entsteht, spielt doch beim Liebhaberfliegenbinden keine Rolle. In Wirklichkeit ist die Arbeitsweise mit dem ganzen Faden jene der berufsmäßigen Fliegenbinder, welche billige Massenware herstellen; hierbei wird auch vielfach nicht einmal der Faden gewachst, so daß die Fliege ihren ganzen Halt in dem Tröpfchen Firnis besitzt, das auf den Schlußknoten am Kopfe aufgetragen ist.

Wenn ich auch einer Kunstfliege keinen Ewigkeitswert zumesse, so solid soll sie doch gebunden sein, daß sie sich nicht sofort nach dem

[1]) Es ist einleuchtend, daß ein Linkshänder ohne weiteres die ihm besser passende verkehrte Anordnung treffen kann, da die hier gegebenen Anweisungen für Rechtshänder gemeint sind.

[2]) Die Finger reinigt man von anhaftendem Wachse mit einem Terpentin getränktem Läppchen.

Fangen einiger Fische oder wenn der Firnisüberzug am Kopfe defekt wird, in ihre Urbestandteile auflöst.

Wir legen nun den Faden etwa 1 bis 2 cm mit Daumen und Zeigefinger an den Hakenschenkel, so daß je nach der Größe des Hakens 4, 5 bis 10 mm vom Öhr weg frei bleiben, und winden nun straff und sauber, Windung an Windung über das Fadenende zurück gegen den Hakenbogen. Nach einigen Windungen — je nach Hakengröße 4 bis 10 — schneiden wir das freie Endchen glatt ab, führen die Windungen in gleicher Richtung weiter bis nahe an den Beginn des Bogens und spannen den Faden durch Anhängen der Pinzette. Da durch das Winden der Faden gerne zu rollen beginnt, ist es gut, ihn vorerst durch Ausstreichen zwischen den Fingerspitzen zu strecken, dann erst die Pinzette anzuhängen und zu warten, bis die rückläufige Drehung aufgehört hat, ehe man weiterarbeitet. Auch im Verlaufe der weiteren Arbeit ist es ratsam, das Ausstrecken und Ausrollen zu wiederholen, ganz besonders aber vor dem Anlegen des verborgenen Endknotens, denn wenn sich hierbei der Faden rollt, reißt er nahezu sicher beim Festziehen.

Ich kann es nicht oft und eindringlich genug sagen, daß von der sauberen und festen Fadenlegung allein nicht nur die Haltbarkeit und Lebensdauer der ganzen Fliege abhängt, sondern auch das störungsfreie Arbeiten, weil man sich bald davon selbst überzeugen kann, daß im gegenteiligen Falle sich mitunter die ganzen Teile um ihre Achse zu drehen beginnen, ja oft die ganze Fliege sich aufrollt.

Nun gehen wir daran, den Körper der Fliege zu bilden.

Nehmen wir zuerst den einfachsten Fall an: Wir wollen ihn aus Floßseide oder einem Wollfaden herstellen. Zu diesem Behufe schneiden wir uns ein 5 bis 6 cm langes Stück davon ab, dessen eines Ende wir durch zwei bis drei feste, saubere Windungen in der Verlängerung der bisher gemachten am Hakenschenkel festmachen. Ich empfehle es wärmstens, die Pinzette abzunehmen und den Faden frei in der Hand zu führen. Nach Anlegung dieser Windungen hängen wir die Pinzette wieder an und schneiden das überstehende kurze Endchen ganz knapp an der Bindung mit der Schere glatt und sauber weg. Hierauf nehmen wir die Pinzette ab und führen die Anwindeseide in engen Spiralen zurück gegen das Hakenöhr bis zum Ausgangspunkte, unter Umständen nicht ganz so weit, worauf wir wieder die Pinzette einhängen. Bei Gebrauch der Fadenklemme legt man den Faden in ihr fest.

Jetzt windet man das Körpermaterial in gleichmäßigen Windungen gegen das Öhr auf den Hakenschenkel bis zu dem Punkte, wohin man die Anwindeseide geführt hat, und hält die letzte Windung fest, indem man das Material nach oben senkrecht zum Haken zieht und macht mit der Seide zwei Windungen um sie herum; besser ist es noch, zwei Windungen und eine halbe Schleife zu machen, das hält unverrückbar fest. Nachdem man den Seidenfaden mit der Pinzette beschwert hat, schneidet man das überschüssige Ende des Körpermaterials glatt ab.

Wenn man den Körper aber aus Wolle oder Mohair oder Pelzhaar bilden will, muß man anders verfahren. Von Wolle oder Mohair zupft man ein Flöckchen ab und rollt es um den Seidenfaden mit Hilfe der Spitzen des Daumens und Zeigefingers — je nach der Größe der Fliege 1 bis 2 cm lang — locker auf. Es genügt ein geradezu winziges Quantum, dessen Größe man durch Übung bald kennenlernt. Pelzhaar wird ebenso angebracht (der richtige Ausdruck dafür lautet „angewuzelt").

Sodann wird der Seidenfaden samt der Auflage in knappen Windungen gegen das Öhr geführt bis auf die Ausgangsstelle; überschüssiges Material wird einfach abgestreift und zwei Windungen und eine halbe Schleife beenden den Vorgang.

Will man einen zweifarbigen Körper machen oder einen sog. Schweifknoten in anderer Farbe, dann wird naturgemäß zuerst das eine Material angedreht und angewunden, dann erst das andere. Soll der Leib der Fliege rauh erscheinen, so wird mit Hilfe der „Rauhnadel" oder mit der Spitze der geschlossenen Uhrmacherpinzette das Material aufgezupft.

Für einen Schwanzknoten in roter, gelber oder oranger Farbe genügen zwei bis drei Windungen. Ist der Körper zu dick geraten, dann kann man mit der Schere so viel abtragen, als man für nötig erachtet, außer man beabsichtigt, eine besonders dicke Fliege zu binden. Die Leiber der Raupenfliegen oder Palmer und die der Käfer werden aus den Fibern der Pfauenschweiffeder gemacht. Man bindet 5 bis 8 oder mehr solcher Fibern mit dem dünnen Ende dort ein, wo man sonst das Körpermaterial einbindet, dreht sie sodann zu einem Strang zusammen, den man mit der Pinzette faßt, um sein Aufrollen zu verhindern, und windet ihn dann bis zum gewünschten Punkte hinauf um den Haken. Hier empfiehlt es sich, die Anwindeseide nicht unter dem Körper, sondern über diesen hinweg zurückzuführen, weil er dadurch viel größere Haltbarkeit bekommt, oder aber beim Anwinden des Körpers so zu verfahren, wie es im folgenden bei der Anwindung der Hechel beschrieben wird.

Man mache es sich zur Regel, die Leiber der Fliegen im allgemeinen so zart und schlank wie möglich zu formen. Es wird natürlich im Anfang nicht immer nach Wunsch gelingen, aber mit zunehmender Übung wird das Gefühl für die richtige Menge einzuarbeitenden Materials immer sicherer.

Soll der Körper eine Rippung bekommen, dann muß man das Material dafür — Seidenfaden, Lametta, Draht usw. — mit 2 bis 3 Windungen einbinden, ehe man das Körpermaterial anbringt. In solchen Fällen darf man aber die Grundwindung nicht zu weit gegen den Hakenbogen herunterbringen, sondern muß sie um so viel eher beenden, als man Materialien oder Teile einzubinden hat, weil für jeden mindestens zwei Windungen benötigt werden.

Wichtig ist es auch, die Reihenfolge einzuhalten, in der die Teile eingebunden werden: sind Schwanzfäden einzubinden, dann kommen erst diese, nach ihnen das Rippungsmaterial, dann das für einen ev. Schweifknoten oder eine Körperhechel, zuletzt das für den Körper.

Ich will hier gleich auch über die Zahl und Länge der Schweiffäden sprechen: Im allgemeinen nimmt man deren nur zwei, höchstens drei und nimmt sie ungefähr eineinhalb- bis dreimal so lang als den Fliegenkörper, wenn es sich um die Nachbildung eines Ephemeridenleibes handelt. Zum Binden jener Fliegengattungen, welche die Engländer als „Lake trout flies" bezeichnen, verwendet man Fibern aus der Kragenfeder des Goldfasans, und zwar 6 bis 10 von der Länge des Fliegenkörpers.

Das Rippungsmaterial wird erst nach Vollendung des Leibes über diesen in gleichmäßigen Spiralen geführt, ebenso die Körperhechel. Bei gleichzeitiger Anlegung einer solchen und einer Rippung windet man erst die Hechel an und führt dann erst die Rippung über diese. Mit der Nadel werden dann die in falscher Stellung befindlichen Fibern der Hechel hervorgeholt.

Ich habe es für besonders vorteilhaft gefunden, bei Verwendung von Lametta oder Draht vorerst zwei bis drei Windungen davon um den Hakenschenkel zu machen, ehe man auf den Körper geht, es ist vielleicht eine Imitation eines Eies, das das Insekt eben legen will, jedenfalls habe ich gefunden, daß diese Zugabe die Fliege bedeutend fängiger oder begehrenswerter macht.

Wenn die Fliege mit Schwanzfäden versehen ist, so muß man die Windungen unter diese legen. Man erzielt dadurch ein schönes Abstehen derselben, wie es die Insekten tatsächlich aufweisen.

Ist man mit der Rippung oder Körperhechel am oberen Körperende angelangt, wird sie durch zwei Windungen und eine Halbschleife festgemacht, der Rest abgeschnitten.

Wenn die Fliege bis hierher korrekt gebunden war, so muß ein Viertel der ganzen Hakenschenkellänge noch frei sein, um Hechel, ev. auch noch Flügel oder unter Umständen auch noch einen Kopf binden zu können und trotzdem ein freies Ohr zu behalten. Dieser Punkt wird in allen mir bisher bekannten Anleitungen nicht betont, und doch halte ich ihn für enorm wichtig, denn Maßangaben nach Millimetern sind irreführend, schon deshalb, weil gleiche Hakengrößen verschiedener Fabrikate ungleich lange Schenkel haben.

Nach meinen Erfahrungen ist es absolut kein Fehler, wenn nach Fertigstellung der Fliege ein nackter Raum von 1 bis 2 mm zwischen Kopf und Öse vorhanden ist, im Gegenteil, das Gut sitzt dann wirklich fest und faßt den Haken rund um die Öse. Schlecht dagegen ist eine Fliege gebunden, bei welcher das Ohr in Hecheln und Flügeln geradezu vergraben ist und man nicht weiß, wo man den Verbindungsknoten anlegen soll.

Die nächste Arbeit ist das Anbinden der Hechel oder Beine. Wir wählen die zur Fliege passende oder gewünschte Farbe. Die Größe der Hechel bestimmt die Länge des Hakenschenkels, welcher die der Hechelfiber höchstenfalls gleich sein soll; oft ist es besser, sie kürzer zu nehmen. Von der Hechel schneidet man den kieligen Teil mit dem Flaum ab und stutzt auf etwa 1 bis 1½ cm Länge die Fibern entlang des Kieles knapp an diesem zu (Abb. 61). Es ist besser, die Fibern zu beschneiden als sie abzureißen, weil im ersten Falle der gleichsam bürstenartig rauhe Kiel nicht aus der Bindung herausrutschen kann. Die Feder an der Spitze festhaltend,

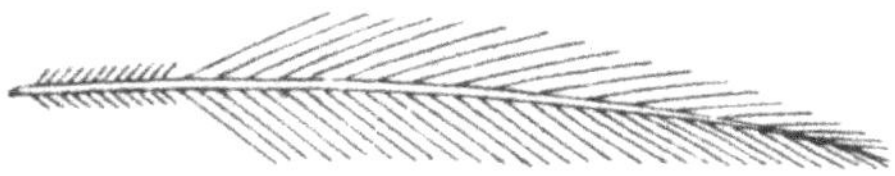

Abb. 61.

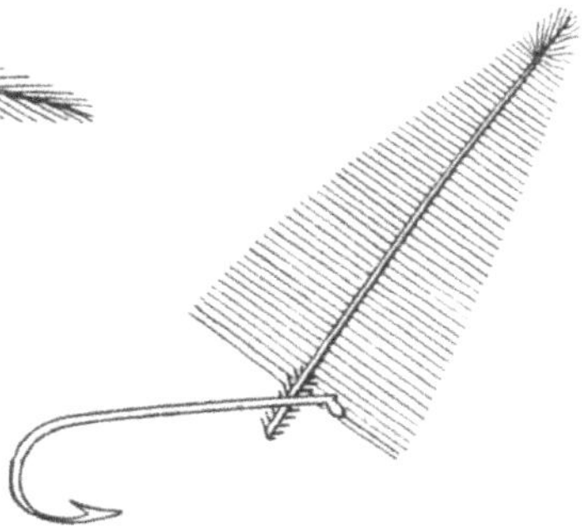

Abb. 62.

streicht man zwischen Daumen und Zeigefinger der anderen Hand die Fibern zurück, so daß sie wagrecht vom Kiel abstehen wie in Abb. 62.

Nun legt man die Hechel derart an den Haken, wie es Abb. 62 zeigt, wobei darauf zu achten ist, daß die lebhaft gefärbte, glänzende Seite der Federfahne nach vorn, also nach dem Öhr sieht, legt über beide drei, bei sehr kleinen Fliegen nur zwei Windungen nach vorn und eine hinter die Hechel, worauf die Anwindeseide wieder mit der Pinzette beschwert und das Endchen des Kieles knapp an der Bindung abgeschnitten wird. Wer ganz sicher gehen will, kann statt der Windungen nach vorn Halbschleifen anlegen, was die Feder entschieden unverrückbar festhält.

Mit einer zweiten Pinzette faßt man sodann das Ende der Feder und führt diese in gleichmäßigen Windungen nach dem Öhr zu um den Hakenschenkel, und zwar so, daß die Hechel einmal vor, das nächstemal hinter dem Seidenfaden herumgebracht wird, wodurch dieser in die Windungen hineinkommt, was zu ihrer Haltbarkeit enorm viel beiträgt. Man tut sich besonders im Anfang leichter, wenn man bei dem Umwinden der Hechelfeder die Hände wechselt, d. h. von oben her mit der Rechten die Pinzette haltend, diese unten der Linken übergebend usf. Nicht zu vergessen ist, daß man die Fibern des bereits angewundenen Teiles immer bei jedesmaliger Umwindung gut zurückstreife und in dieser Stellung festhalte, bis die Windung vollendet ist. Das verhindert, daß abstehende Fibern in die folgenden Touren eingebunden werden. Hier und da kommt es doch vor, dann muß man trachten, die eingebundenen Fibern mit der Nadel herauszuziehen und in ihre Stellung zurückzubringen.

Die Zahl der Windungen richtet sich danach, ob die Hechel reich oder arm an Fibern ist bzw. nach der Stärke dieser, ferner danach, ob man eine „nasse“ oder „trockene“ Fliege, mit oder ohne Flügel binden will, ferner ob man einfache oder doppelte Hechel, wie z. B. bei den Hechel-Maifliegen u. a., anbringen will.

Englische Autoren, besonders Pennell, verlangen, daß die Fliege mit möglichst magerem Leib und sehr sparsamen Hecheln verfertigt werde. So sehr ich mit der ersteren Forderung einverstanden bin, der letzteren kann ich nur bedingungsweise zustimmen, insoweit, als es sich um spezifisch „nasse“ Fliegen handelt. Ich binde in meine Fliegen, und erst recht, seit ich ganz zum ausschließlichen Gebrauch der Hechelfliege übergangen bin, reichlich Hechel ein. Das hat den Vorteil, daß ich alle meine Fliegen jederzeit im Erfordernisfalle auch „trocken“ fischen kann. Einen Überschuß an Hecheln kann ich ebenso leicht jederzeit durch Auszupfen entfernen; also möchte ich die Forderung dahin modifizieren: Magerer Leib, aber reichlich Hecheln.

Ich möchte noch eines Umstandes Erwähnung tun: des Beschneidens der Hechel. Man sieht des öfteren Fliegen, besonders Palmer, deren Hechel so abgestutzt sind, daß die Fliege einem Maurerpinsel ähnlicher sieht als einem Insekt. Abgesehen vom ästhetischen Effekt wirken derlei Fliegen auch nicht besonders fängig. Wenn ich auch kein fanatischer Anhänger der Naturgleichheitstheorie bin, so bin ich anderseits doch dafür, das Insekt so weit zu kopieren, daß wenigstens eine Angleichung an seine Naturform erreicht wird und seine Silhouette gewahrt bleibt. — Ist nun die nötige Zahl der Umwindungen erreicht, so gehen wir daran, die Hechel festzumachen. Zu diesem Behufe müssen wir sie nach oben festhalten, die Fibern mit der Hand gegen den Hakenbogen zurückdrücken und den Seidenfaden in zwei bis drei Windungen fest über den Kiel legen. Ich mache gewöhnlich auch noch eine halbe Schleife. Der Faden wird wieder mit der Pinzette beschwert und dann erst der Rest der Feder knapp an der Bindung abgeschnitten.

Wenn nun eine einfache Hechelfliege gebunden werden soll, ist diese jetzt fertig; es erübrigt sich nur noch, die Bindung durch den verborgenen Knoten zu schließen, dessen Schürzung Abb. 63 veranschaulicht.

Da seine rückläufigen Touren jene der letztangelegten Windung überdecken, ist ein ausgezeichneter Halt gewährleistet. Billige Handelsfliegen sind meistens nur mit einer bis zwei Halbschleifen geschlossen und den Halt besorgt der Lack am Schlußknoten. Ich rate jedem, diesen Verschluß nicht zu wählen, sondern die Schürzung des soliden verborgenen Knotens zu lernen, der im Notfalle auch ohne Firnis unverrückbar hält.

Wenn eine doppelte Hechel angebracht wird — z. B. beim Binden von Maifliegen —, wird die zweite nach Schluß der ersten genau so eingebunden wie diese, nur muß man die Fibern der unteren Hechel stets gut zurückstreifen und in dieser Stellung festhalten, damit sie nicht in die obere eingewunden werden. Aber auch auf das Zurückstreifen und Festhalten der Fasern der Oberhechel darf aus den angeführten Gründen beim Binden nicht vergessen werden! Der vorhin beschriebene Händewechsel ist hierbei noch wichtiger, weil die andere Hand auch noch dies Halten der Fibern zu besorgen hat. Es ist ratsam, die Anwindung der unteren Hechel mit drei Halbschleifen statt mit einfachen Windungen zu beschließen und die Fixierungsknoten der oberen Hechelfeder über diese zu legen. Wer seine Fliegen besonders haltbar machen will, kann auch die Schlußwindung der ersten Hechel firnissen.

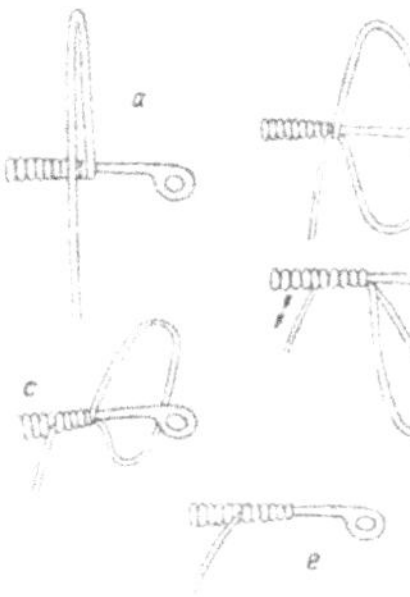

Abb. 63.

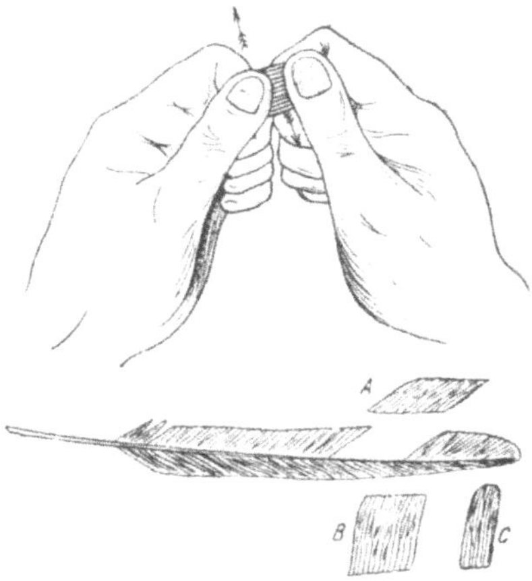

Abb. 64.

Will man eine „geflügelte“ Fliege herstellen, so muß man sich die Flügel in der erforderlichen Größe vorbereiten. Zu manchen Fliegen verwendet man ganze Federn, zu manchen, besonders zu den Glanz- oder Lachsfliegen, ein Gemisch von Fibern verschiedener Federn, die Mehrzahl der Fliegen trägt aber nur Ausschnitte aus Federfahnen, welche man, wie Abb. 64 unten zeigt, aus je einer rechten und einer linken symmetrisch herstellt, damit die Fibern aufeinanderliegen und sich nicht kreuzen.

Es ist wichtig, die Flügel erst „auszurichten“. Das geschieht, indem man zuerst je einen rechten und einen linken Ausschnitt mit den stumpffarbigen Innenseiten aufeinanderlegt, sodann die Enden zwischen Daumen und Zeigefinger beider Hände nimmt, leicht anzieht und in einer Ebene hin und her bewegt, wodurch sich die Fasern strecken (Abb. 64 oben).

Wenn man „doppelte“ Flügel binden will, wie sie für die Trockenfliegen der größeren Steifigkeit und des Aufrechtstehens halber in Verwendung sind, verfährt man folgendermaßen: Man schneidet die einzelnen Teile aus der Fahne in doppelter Breite des zu bildenden Flügels, faltet jeden einzelnen Teil der Länge nach in der Mitte zusammen, so daß die glänzenden Oberflächen nach außen stehen, und richtet jetzt jede Flügelhälfte für sich in der angegebenen Weise aus. Dann erst legt man die beiden Flügel zum Anbinden aneinander.

Dieses erfolgt, indem man den ausgerichteten und fertig gelegten Flügel, nachdem man zuvor die Hechelfibern gut zurückgestreift hat, an den Hakenschenkel anpreßt, ihn zwischen Daumen und Zeigefinger haltend und den Hakenschenkel mit in die Fingerspitzen fassend (Abb. 65). Den Anwindefaden führt man nun zwischen Fingern und Flügel hindurch, so daß er über letzterem einen Bogen

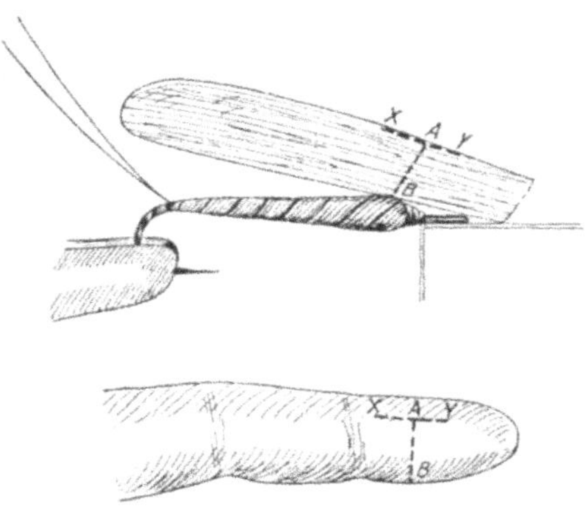

Abb. 65.

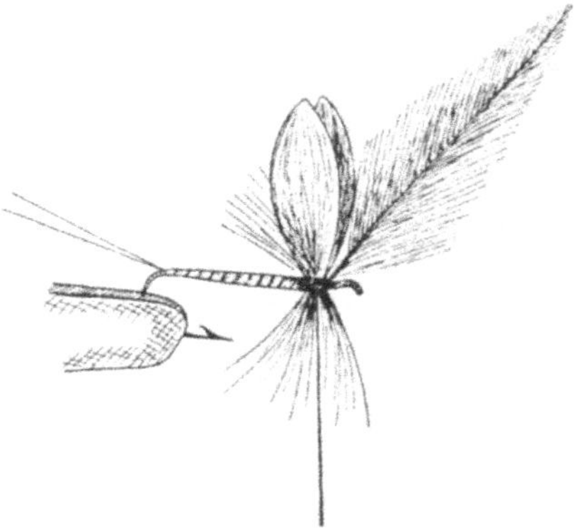

Abb. 66.

macht, achtet darauf, die Fasern nicht zu verschieben, d. h. der Fingerdruck muß immer gleich bleiben und zieht sodann, während die Finger noch immer fest Flügel, Faden und Hakenschenkel zusammenpressen, den Faden fest nach unten, wodurch sich die Federfasern senkrecht aufeinanderlegen; dann macht man noch eine Windung über die erste, immer noch die Finger zusammengepreßt haltend, und läßt erst mit dem Pressen aus, wenn die zweite Windung beendet ist. Hierauf macht man zwei Halbschleifen, schneidet das überstehende Ende der Flügelfedern ganz glatt an der Bindung weg, führt den Faden hinter die Flügel, macht zwischen ihnen und der Hechel eine bis zwei Windungen und führt den Faden wieder nach vorn, um die Fliege mit dem verborgenen Knoten zu schließen.

Das ist die Bindeweise für die gewöhnliche „einflügelige“ oder „nasse“ Fliege. Anfänger tun sich leichter, wenn sie erst die Flügel, und erst nachher die Hechelfeder einbinden. Das Binden von geflügelten Trockenfliegen — „doppelflügeligen“ oder „Fliegen mit gespaltenen, aufrechtstehenden Flügeln“, um die landläufigen

Katalogbezeichnungen zu gebrauchen — unterscheidet sich von der vorbeschriebenen Bindeweise merklich.

Gleichbleibend ist nur die Bindung des Körpers und die Rippung sowie die Anbringung allfälliger Schwanzfäden.

Um „doppelflügelige" Fliegen zu binden, werden Hechelfeder und Flügel gleichzeitig eingebunden und die Bindung mit dem verborgenen Knoten gesichert (Abb. 66). Jetzt spaltet man die beiden Flügelhälften auseinander, indem man mit der Nadel oder der Spitze der Uhrmacherpinzette zwischen sie hineingeht und mit den Fingern die Flügel zur Seite biegt. Hierauf erst faßt man die Spitze der Hechelfeder in die Klemmpinzette und führt sie in Touren von der Form einer 8 um und zwischen den Flügeln hindurch.

Nach Anlegung einer genügenden Anzahl Touren wird die Hechelfeder vor den Flügeln in der schon beschriebenen Manier festgebunden, abgeschnitten, und die Anbringung des verborgenen Knotens vollendet das Werk.

Anfänger werden vielleicht die nachstehende Arbeitsweise bequemer und leichter finden, denn ich gebe zu, daß viel Übung dazu gehört, bei diesen meist sehr kleinen Fliegen die richtigen Maße zu treffen, innerhalb deren Flügel und Hechel anzubringen sind, um genug der letzteren anwinden zu können und trotzdem genug Platz für den Schlußknoten und ein freies Öhr zu behalten.

Bei dieser Art, Trockenfliegen zu binden, beginnt man mit dem Einbinden von Flügeln und Hechel, und zwar bindet man zuerst die Flügel an und dann erst die Hechelfeder. Nach einigen Versuchen wird man es heraushaben, wie weit die Flügel vom Öhr entfernt stehen müssen, damit Hechel und Schlußknoten richtig gesetzt werden können. Im allgemeinen wird es annähernd richtig sein, die Flügel in der ungefähren Mitte des Hakenschenkels anzusetzen. Nun gibt es zwei Arten zu arbeiten: Bei der einen werden Flügel und Hechel fertig gemacht und dann erst der Körper gebunden. Bei der anderen macht man erst den Körper fertig und bringt dann erst Flügel und Hechel in Stellung. Die letztere Methode hat vielleicht den Vorteil, daß man beim Firnissen der Körperschlußbindung die Hechel nicht mit Lack beschmutzt und auch einen Teil der diese haltenden Fadentouren in die Firnisschichte bringt.

Selbstverständlich muß man erst das Trocknen des Lacks abwarten, ehe man weiterarbeitet, was bei Verwendung von Zelluloidfirnis ca. 6—10 Minuten dauert.

Nach Beendigung dieser Tätigkeit wird der Körper mit Schwanzfäden und Rippen genau so gefertigt, wie ich es eingangs beschrieben habe, nur schließt man den Körper nicht mit dem verborgenen Knoten ab, sondern mit drei Halbschleifen, welche man vorsichtig firnißt, um ein Aufgehen zu verhindern. Ich mache das so, daß ich den Lack direkt mit einer Nadel auf den Seidenfaden auftrage und mit dem so gefirnißten Faden Windungen bzw. Schleifen mache. Da der Zelluloidlack in den Faden eindringt, ist absolute Haltbarkeit der Bindung gewährleistet. Man verwendet am besten Zelluloidlack von nicht zu dicker Konsistenz. Ich empfehle auch hierzu den schon mehrfach erwähnten „Cellire“ Varnish von Wadham, den man sich nach Bedarf mit Amylazetat verdünnen kann.

Wer sich die Zeit nimmt und seine Fliegen besonders dauerhaft herstellen will, dem empfehle ich, die jeweiligen Abschlußwindungen an Körper und Hecheln auch zu firnissen. Zelluloidlack trocknet ja, besonders in der Wärme, binnen weniger Minuten glashart ein.

Ich darf aber noch einen Punkt nicht unerwähnt lassen, nämlich die zu gebende Länge der Flügel. Es ist oft grotesk anzusehen, was manche Fabrikanten darin leisten, nämlich an übertriebener Größe. Sie berufen sich dabei auf die Forderung des Publikums — nun, über Geschmäcker will ich nicht streiten, aber da ich seit Jahr und Tag ausschließlich nur mit flügellosen Fliegen angle, habe ich für diese Zutat jeden Sinn und jede Wertschätzung verloren. Wer aber an den Flügeln festhält oder sie für unentbehrlich ansieht, dem sei gesagt, daß die Länge des Flügels jene des Hakenschenkels nicht überschreiten soll, was besonders für doppelflügelige Fliegen zu gelten hat.

Es kommt mitunter vor, daß der Anwindefaden reißt; besonders gerne ereignet sich das beim Anlegen von Schleifen und am häufigsten beim Endknoten, namentlich wenn sich der Faden unter dem Schürzen rollt. In diesem Falle hilft man sich, indem man rasch einen frischen Faden über die alten Windungen legt in der Form, wie man die Anfangswindung über den nackten Haken macht. Es hat gar nichts zu sagen, wenn der Knoten dann etwas dicker ausfällt. Der alles Gewebe durchdringende Zelluloidlack kittet das Ganze bruchfest zusammen im Gegensatz zu dem althergebrachten Schellack-Spiritus-Firnis, der bloß eine oberflächliche Decke bildet.

Im folgenden gebe ich nun eine eingehende Beschreibung davon, wie die in dem Kapitel: Die Kunstfliege besprochenen Standard-Fliegen zu binden sind, und noch von einigen als besonders wirksam bekannten anderen Mustern. Wer sich für die neuen Fliegen nach Dunne interessiert, findet in dessen Buche „Sunshine and the dry fly“ eine detaillierte Anleitung zum Binden derselben.

Die Märzbraune (March brown), männlich: Hakengröße 3—5[1]). Zwei Schweiffäden aus den gelbbraunen Fibern der Fasanstoßfeder, Leib helle und dunkle Wolle vom Hasengesicht gemischt, wollig gerauht, Rippung mit gelber Seide, auch mit Silberlametta, Hechel: ein Büschel Fibern aus der Rückenfeder des Rebhuhnes, Flügel: je eine ganze solche Feder.

Als Hechelfliege: Hechel von der Rückenfeder des Rebhuhnes. Soll die Fliege „trocken“ gefischt werden: Unterhechel hellbraune Hahnenhechel, Oberhechel Rückenfeder vom Rebhuhn.

Weiblich: Zwei Schweifborsten aus Fibern von der Halsfeder des Perlhuhnes, Leib aus fahlgelboliver Wolle, Rippung:

[1]) Um Mißverständnissen vorzubeugen, bezeichne ich die Hakengröße nach der neuen Skala, außer in den Fällen, wo ausdrücklich „alte Skala“ erwähnt ist.

Goldfaden, Hechel: rote Hahnenhechel, Flügel: Ausschnitte aus der Schwungfeder der Waldschnepfe.

Als Hechelfliege: Hechel von der Brustfeder der Waldschnepfe. Als Trockenfliege mit Unterhechel von blaßroter Hahnenhechel.

Rote Fliege (Red fly): Körper rostrot von Wolle, Hechel hellrote Hahnenhechel, Flügel entweder aus der rotbraunen Schweiffeder des Rebhuhnes oder der roten Unterflügelfeder des Wachtelkönigs oder auch aus Büscheln der Rückenfeder des Rebhuhnes.

Als Hechelfliege: Hechel von der Brustfeder der Waldschnepfe; als Trockenfliege mit Unterhechel von rotbrauner Hahnenhechel, Oberhechel Waldschnepfe. Hakengröße 3—4.

Hagedornfliege (Hawthorn fly): Haken Nr. 1. Leib von zwei bis drei schwarzen Straußenfederfibern, dick, fast kugelig. Hechel: schwarze Hahnenhechel, Flügelspitzen von schwarzer Hechel, sehr kurz. Als Hechelfliege nur kurze schwarze Hahnenhechel.

Blaue Nymphe (Blue dun): Hakengröße 3. Zwei Schwanzborsten von rotgelben Hechelfibern. Leib: graugelbe oder fahlolivgelbe Wolle, zart, mit feinem Silberdraht gerippt. Hechel: gelbrot vom Hahn, Flügel aus der Schwungfeder des Stares.

Als Hechelfliege: Mit gelbolivfarbenen Hahnenhecheln (künstlich zu färben), sowohl für nasse wie für trockene Fliegen.

Steinfliege (Stone fly): Mit und ohne Schweifborsten (aus zwei roten Fibern von der Stoßfeder des Fasans). Leib beim hellen Muster von mittelgrauer Wolle, eng mit gelber Seide gerippt. Beim dunklen Muster vom Maulwurfspelzhaar, ebenfalls gelb gerippt. Hechel: rotbraune Hahnenhechel, Flügel von der Schwungfeder der Waldschnepfe, auch helle Flügel von der Starschwungfeder.

Als Hechelfliege: helle Brustfeder von der Waldschnepfe; als Trockenfliege: mit rotbrauner Hahnenhechel als Unterhechel.

Goldfliege (Wickham's Fancy): Hakengröße 3—5. Mit und ohne Schweifborsten aus rotbraunen Hahnenhechelfibern. Leib von Goldlametta. Hechel: rotbraune Hahnenhechel, Flügel hellgraubraun aus Schwungfedern der Taube, auch hellgrau von Starschwungfedern.

Als Hechelfliege: hellrotbraune Hechel, auch für die Trockenfliege.

Eine sehr fängige Modifikation: Schweif von scharlachroten Fibern (künstlich gefärbt) mit und ohne hellrotbraune, kurz gestutzte Körperhechel. Rotbraune Hechel. In diese Kategorie sind auch einzureihen die „Dragoon"-(Libellen-)Fliegen von Pennell, die sehr wirkungsvoll sind.

Silberlibelle: Schweif krapprote Federfaserbüschel, Leib Silberlametta, Hechel schwarze Hahnenhechel. Meist in größeren Hakennummern (6—4) gebräuchlich, ebenso wie die

Goldlibelle: Schweif wie obige, Leib Goldlametta, Hechel: schwarze oder krapprot gefärbte Hahnenhechel. Vorzüglich als

„gezogene“ Fliegen. Die Hakengrößen für die „Libellen“ sind 5—7.

Hoflands Fliege (Hofland's Fancy): Hakengröße 2 bis 3. Zwei braune oder braunrote Hechelfibern als Schweiffäden. Leib: rostbraune Wolle, nicht zu dunkel, mit oder ohne Rippung aus Silberdraht. Hechel braun oder rotbraun, Flügel hellrotbraun von Taubenschwungfedern oder auch von der Schwungfeder der Waldschnepfe, auch der vom Moorhuhn (Grouse).

Als Hechelfliege: naß und trocken braune oder rotbraune Hahnenhechel.

Sandfliege (Sand fly): Hakengröße 3—4. Leib von hellgelbbrauner Wolle, ohne Rippung, oder von dunkelingwergelber Wolle, braun gerippt. Hechel braun, Flügel hellbraun von der Taubenschwungfeder oder rotbraun von der Schweiffeder des Rebhuhnes.

Als Hechelfliege: Rückenfeder des Rebhuhnes als Hechel. Als Trockenfliege mit hellbraunen Hahnenhecheln als Unterhechel.

Erlenfliege (Alder fly): Hakengröße 4—6. Leib: dick aus bronzefarbiger Fiber der Pfauenfeder. Hechel: schwarze oder rotbraune Hahnenhechel, Flügel von der Schwungfeder der Waldschnepfe.

Als Hechelfliege, naß oder trocken: Schwarze oder rotbraune Hahnenhechel mit Oberhechel von der dunklen Brustfeder der Waldschnepfe.

Kleine blaue Nymphe (Little pale blue dun): Hakengröße 1—2. Zwei graubraune oder hellgelbbraune Schweiffäden von Hahnenhechelfibern, Leib aus fahlgelblichgrauer Wolle, fein mit Silberdraht gerippt. Hechel fahlgelbbraun oder fahlgelb, Flügel von der Starenschwungfeder, auch von Federn des Wasserhuhnes.

Als Hechelfliege: fahlgelbbraune oder fahlgelbe Hahnenhechel (naß und trocken).

Kuhmistfliege (Cow dung fly): Hakengröße 4. Leib von zitronengelber oder von nilgrüner Floßseide, welche vor dem Anwinden mit einer Lösung von Kolophonium in Chloroform leicht getränkt wird; sie dunkelt dadurch etwas nach, wird transparent und nimmt kein Wasser an. Beide Muster auch mit orange Schweifknoten. Hechel: hellrotbraune Hahnenhechel. Flügel: von der Schwungfeder der Waldschnepfe.

Als Hechelfliege, naß: Hechel von der lichten oder dunklen Brustfeder der Schnepfe oder des Moorhuhnes; trocken mit Unterhechel von hellrotbrauner Hahnenhechel. Es ist vorteilhaft, beide Muster zu führen[1]).

---

[1]) Die Kolophoniumlösung darf nicht dickflüssig sein. Es genügt, in ca. 10 g Chloroform ein erbsengroßes Stückchen Kolophonium aufzulösen. Sonst wird die getränkte Seide zu dunkel, ebenso, wenn die Tränkung zu reichlich war.

Der Rotschwanz (Red tag) wird beim Roten Bär (Red palmer) mitbeschrieben.

Spinnenfliegen (Spider fly) werden in verschiedenen Mustern gebunden. Da sie fast ausschließlich als Hechelfliegen fängig sind, gebe ich nur die Bindeweise dieser an.

Schwarze Spinne (Black spider): Mit und ohne schwarze Schweifborsten von Hechelfibern. Leib: schwarze Floßseide, oder von schwarzem Federkiel sehr mager geformt. Rippung: feiner Silberdraht, ev. auch ohne Rippen. Hechel: schwarze Hahnenhechel. Hakengröße 1—3.

Orange Spinne (Orange spider): Leib von orange Wolle, sehr mager, mit oder ohne Rippung mit Silberdraht. Hechel: schwarze Hahnenhechel. Hakengröße 2, 3, 4.

Rebhuhnspinne (Patridge): orange, yellow, red, (dark and light): Hakengröße 3,2. Körper von orange, hellgelber oder rötlicher Wolle. Hechel: bei den „dunklen" Mustern (dark) von der braunen Rückenfeder, bei den „hellen" (light) von der blaugrauen Halsfeder des Rebhuhnes.

Ich kann alle diese Spinnenfliegen als enorm wirksam und an jedem Wasser während des ganzen Jahres verwendbar wärmstens empfehlen, ebenso eine von mir viel geführte Modifikation, die besonders gegen den Herbst zu von Äschen gern genommen wird. Leib: scharlachrote Wolle. Rippung: Fiber von der Schwertfeder oder auch bronzefarbene Fiber vom Pfauenschweif. Hechel: blaugraue Halsfeder vom Rebhuhn.

Alle genannten Muster sind typische „nasse" Fliegen. Wer sie als Trockenfliegen binden will, muß sie mit Ausnahme der schwarzen mit einer dunklen oder lichten Unterhechel von Hahnenhechelfedern versehen.

Gelbe Nymphe (Yellow dun): Hakengröße 2. Zwei silbergraue oder blaßgelbe Schwanzfedern von Hechelfibern. Leib: sehr mager von primelgelber Wolle. Rippung: keine oder solche von feinem Silberdraht. Hechel: silbergraue Hahnenhechel oder blaugraue Halsfeder vom Rebhuhn. Flügel aus der Schwungfeder vom Star oder Federn vom Wasserhuhn.

Als Hechelfliege: silbergraue Hahnenhechel; als Trockenfliege: mit Oberhechel von der graublauen Rebhuhnhalsfeder.

Greenwells Fliege (Greenwell's Glory): Ich gebe die englische Originalbindevorschrift: Leib von zitronengelber Floßseide, mit Kolophonium-Chloroformlösung gewachst. Rippung: Goldlametta, am Schwanz einige Windungen Lametta. Hechel: rote Hahnenhechel; Flügel von der Schwungfeder des Stars oder Büschel von Fibern aus der Halsfeder der weiblichen Wildente. Hakengröße 3—4.

Als Hechelfliege: naß Wildentenhalsfeder, trocken Unterhechel von roter Hahnenhechel.

Brachkäfer (Cock y bondhu): Leib am Schwanz drei Windungen Goldlametta; Leib bronzefarbige und Schwertfederfibern vom Pfauenschweif gemischt, dick. Hechel: „Ofenfeder" mit rotem oder rotgelbem Rande. Hakengröße 4—5.

Der Brachkäfer ist meist nur als Hechelfliege gebräuchlich. Man kann aber auch noch rotbraune Flügel anwinden, aus der Schwungfeder einer Taube oder vom Wachtelkönig oder auch von der Schwanzfeder des Rebhuhns. Wer will, kann auch noch eine Körperhechel von rotbrauner Hahnenhechel anlegen, welche kurz zu stutzen ist.

Ein anderer, sehr wirkungsvoller Käfer ist das sog. „Derbyshire Beetle": Hakengröße 3. Leib dick, walzenförmig, aus bronzefarbigen und Schweiffederfibern gemischt. Die Flügeldecken werden aus einem breiten Ausschnitt der rotbraunen Schweiffeder des Rebhuhns gemacht. Nach Abschluß des Körpers wird das Flügelmaterial im ganzen über diesen heraufgeschlagen, so daß beiläufig der halbe Körper davon bedeckt ist, und dann am oberen Körperende festgemacht. Hierauf windet man drei Touren einer schwarzen Hahnenhechel mit kurzen Fibern als Beine an und schließt mit verborgenem Knoten.

Gouverneur (Governor): Hakengröße 4—5. Am Leibende 3—4 Windungen Goldlametta, welche ich besser finde als den Schwanzknoten aus roter oder gelber Seide. Körper von bronzefarbenen Pfauenschweiffibern, dick, walzenförmig. Hechel: rostbraune Hahnenhechel. Flügel: hellbraun von der Taubenschwungfeder oder Waldschnepfe, auch von der Starschwungfeder.

Als Hechelfliege: Dunkle Brustfeder vom Rebhuhn. Als Trockenfliege: Unterhechel von rostbrauner Hahnenhechel.

Kutscher (Coachman): Leib mitteldick aus Schwertfederfibern. Hechel: rote Hahnenhechel. Flügel: weiße Taubenschwungfeder. Hakengröße 2—3 bei Tage, 4—6 am Abend.

Als Hechelfliege, naß und trocken: weiße Hahnenhechel.

Augustfliege (August dun) Hakengröße 3. Zwei Schweiffedern von der roten Fiber der Fasanstoßfeder. Leib: hellbraune oder orange Wolle, Rippung Goldlametta. Hechel: braune Hahnenhechel. Flügel: braun von der Taubenschwungfeder oder von der Rebhuhnschwanzfeder.

Als Hechelfliege: rotbraune Hahnenhechel, naß und trocken.

Zimmtfliege (Cinnamon fly Sedge): Hell und dunkel. Hakengröße 3, 4, 5. Leib der hellen aus zimmtbrauner, der dunklen aus schokoladebrauner Wolle. Rippung mit feinem Silberdraht und kurzgeschorene Körperhechel aus hellbrauner bzw. rotbrauner Hahnenhechel. Ebensolche Hechel als Füße. Flügel hellbraun aus der Schwungfeder der Taube bzw. dunkelbraun.

Als Hechelfliege: dunkle Brustfeder des Rebhuhns für die helle, dunkle Brustfeder der Schnepfe oder des Moorhuhnes für die dunkle Fliege. Als Trockenfliege, licht: hellbraune Hahnenhechel als Unter-, hellbraune Erpelbrust- oder -schulterfeder als Oberhechel. Dunkel: rotbraune Hahnenhechel als Unter-, dunkelbraun gefärbte Erpelfeder als Oberhechel.

Silber-Sedge: Leib aus ingwergelber Wolle, gerippt mit Silberdraht, braune Körperhechel, dunkelbraune Hahnhechel, Flügel dunkelbraun bis schwarzbraun von der Taubenschwungfeder.

Als Hechelfliege, naß: dunkelbraun (gefärbte) Schulterfeder vom Wilderpel; trocken: dunkel- oder rotbraune Hahnenhechel als Unterhechel.

Orange-Sedge: Leib von orange Wolle. Alles andere wie bei der vorigen.

Zu den „Sedges" gehört auch der „Welshmans button", eigentlich nur eine mitteldunkle Sedge mit einem orange Schweifknoten, gebunden wie die letzteren, aber ohne Körperhechel.

Ziegenfliege: Hakengröße 2. Leib: hellgelblich-braunoliv. Hechel: braunrote Hahnenhechel, Flügel von der Schwungfeder des Stars oder der Schnepfe.

Als Hechelfliege naß oder trocken: braunoliv gefärbte Hahnenhechel.

Wirbelfliege (Whirling blue dun): Hakengröße 2—3. Zwei Schwanzfäden von rotbrauner Hechelfiber. Leib von gelbgrauer Wolle oder fein gezupftes gelbes Mohair, gemischt mit Maulwurfspelz. Rippung: feiner Golddraht. Hechel: rote, auch rotbraune Hahnenhechel. Flügel aus der Schwungfeder des Stars.

Als Hechelfliege: Rote bzw. rotbraune Unterhechel, blaugraue Halsfeder des Rebhuhns als Oberhechel.

Rotspinner (Red spinner): Hakengröße 2—3. Drei Schwanzfäden von roter Hechelfiber, Leib scharlachrote Wolle, mager, Rippung aus Golddraht. Hechel: rote Hahnenhechel. Flügel von der Schwungfeder des Stars oder vom Wasserhuhn.

Als Hechelfliege, naß und trocken: rote Hahnenhechel. Mitunter auch Muster mit schwarzer Hechel oder rotrandiger Ofenfeder (Pennells Rotspinner), sehr wirksam.

Hasenohrfliege (Golden ribbed hares ear): Hakengröße 2. Leib von der schwarzbraunen Wolle am Grunde des Hasenohres. Rippung Goldfaden, angezeigt auch 2—3 Windungen davon am Schwanz. Hechel werden mit der Rauhnadel aus dem Körper gezupft. Flügel von der Schwungfeder des Stars oder von der Amsel, tunlichst klein.

Da ich diese Fliege nicht für eine Phantasiefliege halte, sondern sie für die Nachbildung einer Nymphe (Larve) anspreche, da ihre Bindeweise identisch ist mit jener der typischen „Nymphenfliegen", so schließe ich die Bindeweise dieser äußerst wirksamen, bei uns fast unbekannten Fliege an: Hakengröße 1—2. Drei kurze (½ cm lange) Schweifborsten aus roter Fiber der Fasanstoßfeder. Leib: dunkle Gesichtswolle vom Hasen, ev. mit Ohrwolle gemischt, recht rauh (allenfalls mit der Nadel auszupfen). Rippung mit Silberdraht, dunkelbraune oder rotbraune spärliche Hahnenhechel, auf ½ cm gestutzt, Flügel ebenso lang aus Fiberbüscheln der braunen Seite der Fasanstoßfeder zugestutzt auf halbe Körperlänge.

Feuerroter Bär = Soldatenpalmer (Soldier palmer): Leib von krapproter oder zinnoberroter Wolle, nicht zu dick, Rippung Goldlametta oder dicker Goldfaden, ev. noch Körperhechel, etwas zugestutzt, von roter Hahnenhechel, von der auch die Füße gemacht werden. Hakengröße 5—9. Auch ein Schweif von roten Federfasern wird hier und da eingebunden. Für Döbel, Rapfen usw. empfiehlt sich die Hakengröße 4—1/0 alter Skala.

Rotbrauner und schwarzer Bär (Red palmer, Black palmer): Leib bei beiden dick von bronzefarbener Fiber aus der Pfauenschweiffeder. Hechel: beim ersteren von rotbrauner, bei letzterem von schwarzer Hahnenhechel.

Eine Modifikation des Rotpalmers ist der Rotschwanz (Red tag), der am Schwanz ein Büschel schreiend roter Wolle oder Federn eingebunden hat.

Zwei gewöhnliche Rotpalmer, hintereinander angeordnet, sind als „Wurmfliege" bekannt und mitunter sehr wirksam.

Eine Abart des schwarzen Palmers sind die „Zulufliegen", deren bekannteste der „schwarze Zulu" ist: Schweif aus einem Büschel schreiend roter Federfasern oder Wolle, Leib aus schwarzer Wolle oder Floßseide, mit Silberlametta gerippt. Hechel: schwarze Hahnenhechel. Der „orange Zulu" hat einen Leib aus orange Wolle, der „rote" und „violette" einen solchen aus roter bzw. violetter, besser gesagt purpurfarbener Wolle, ansonsten ist die Bindungsweise die gleiche wie beim „schwarzen". Die Hakengrößen laufen sowohl bei den Palmern, wie bei den Zulus von 4—9 bzw. von 10—1/0 alter Skala, je nach dem Verwendungszweck.

Ein bei uns nicht häufig geführter, aber an manchem Wasser geradezu unübertrefflicher Palmer ist der „graue" Palmer (Grey palmer): oft mit rotem Federbüschel am Schweif, ist sein Leib aus bronzefarbiger Pfaufiber gebildet und seine Hechel graue Hahnenhechel. Besonders geeignet sind die Hechel der Plymouth-Rocks-Hähne. Man kann aber auch die Halsfeder vom Perlhuhn verwenden. In den Hakengrößen gleichen sie den vorigen.

In die Gruppe der Palmer gehören auch die Hummeln. Ihre Körper werden dick aus grober Wolle (Schafwolle) geformt, der Schwanzteil gelb oder orange, der obere Teil schwarz. Hechel: schwarze Hahnenhechel, mehr oder minder rauh, je nachdem man die Fliege naß oder trocken fischen will. Entsprechend der Größe der kopierten Insekten ist die Hakengröße von 5—9.

Außer den vorstehend beschriebenen Fliegen gibt es aber noch, abgesehen von den Maifliegen, einige Arten, welche sich für unsere Gewässer so hervorragend bewährt haben, daß ich auch ihre Bindeweise angeben will.

Ich nenne vorerst die Kielmücken, rot, schwarz und grau (red, black, grey quill), hervorragende Forellen- und Äschenfliegen in den Hakengrößen 0—2.

Sie besitzen zwei bis drei Schweiffäden in der diesbezüglichen Körperfarbe und ebensolche Hechel aus Hahnenhechel, sowohl für nasse wie für trockene Fliege. Der Körper wird aber aus Federkielen gemacht, wie ich es an einer früheren Stelle beschrieben habe. Naturgemäß bindet man den Kiel an der dünnen Seite ein und nicht umgekehrt, so daß der Körper gegen den Kopf zu an Stärke zunimmt.

Ferner die Ameisenfliegen: Rote und schwarze (red, black ant): Hakengröße 2—3. Der Schweifknoten besteht bei der ersteren aus rostfarbiger oder orange (gefärbter), bei letzterer aus schwarzer Straußfederfiber, der Körper aus orange bzw. schwarzer Wolle, ziemlich schlank. Von ganz besonderer Anziehungskraft ist gerade bei den Ameisen eine Wicklung von drei bis vier Touren Silberlametta hinter dem Schwanzknoten, welche vor ihm anzulegen ist. Ich bevorzuge die Ameisen als Hechelfliegen, die rote mit silbergrauen, die schwarze mit dunkelrotbraunen Hecheln, da man die glasartigen Flügel nicht kopieren kann. In Gegenden, wo die großen Ameisen häufig sind, kann man oft mit ihrer Nachbildung herrliche Fische fangen, wenn jene gerade schwärmen. Bekannt und beliebt sind die Pennell-Fliegen. Außer den schon beschriebenen Libellen sind die nachstehenden, die für jedes Angeln in Bach, Fluß und See jeden Bedarf decken: Blue upright (eine Nachbildung einer blaugeflügelten Olive). Drei Schweifborsten aus grauer Hahnenhechelfiber — zur Not geht auch die von einer „Dachsfeder" — Körper von grauem oder mattschwarzem Kiel. Hechel: graue Hahnenhechel, noch besser eine bläulich nachgefärbte Hechel von Plymouth rocks-Hahn. Die Originalvorschrift lautet auf: Schweif und Hechel vom Andalusierhahn, welche im Kern leuchtend blaugrau, an den Spitzen kupferig glänzend ist. Diese Federn sind aber schwer zu beschaffen und das Surrogat ist ebenso fängig.

Rotspinner: so gebunden, wie auf Seite 123 angegeben, nur mit roter Ofenfeder als Hechel.

Furnace brown, Ofenfeder-Fliege: Drei Schweiffäden von roter Ofenhechel, Körper rostrote Wolle, Rippung feiner Gold- oder Silberdraht, Hechel rote oder rotbraune Ofenfeder.

Die genannten drei Fliegen sind vorzugsweise „naß" zu gebrauchen in kleinen Hakennummern. In England sind sie nur in Nr. 00—1 gebräuchlich, für unsere Gewässer darf man sie getrost in Nr. 2—3 binden.

Rote und gelbe Hechelfliege (Hackle red, Hackle yellow): Hakengröße 4—7. Schwanzfibern von knapper Hakenlänge, entweder ein Büschel Fibern von der Halsfeder des Goldfasans (Originalbindung), aber auch ein solches von roter Hahnenhechel oder auch von krapproten Federfasern. Leib von scharlachroter bzw. leuchtend gelber Wolle, Rippung Goldlametta. Hechel bei der roten hellrote Ofenfeder, bei der gelben gelbe oder gelblichrote Ofenfeder.

Schwarze und weinrote Hechelfliege (Hackle black und Hackle claret): Hakengröße 4—7. Schweif wie bei den vorigen, Leib der schwarzen von schwarzer Wolle, schlank, Rippung Goldlametta, Hechel schwarze Hahnenhechel. Leib der roten weinrote Wolle, Rippung Goldlametta, nach dem Rippen recht rauh ausgezupft, Hechel ebenfalls schwarze Hahnenhechel.

Obzwar die beiden letzteren spezielle Meerforellenfliegen sein sollen, so habe ich doch mit ihnen in den großen Hakennummern die besten Fänge von großen Forellen in unseren heimischen Flüssen und Seen erzielt.

Ich glaube nicht, daß man in Verlegenheit kommt, wenn man an einem fremden Wasser nur diese sieben Fliegen und eine Libelle in der Vorratsbüchse mit hat.

Von den vielen Spezialfliegen will ich nur eine beschränkte Zahl bringen; von den unzähligen Fliegen, welche in englischen Katalogen zum Fangen der Forellen in den Seen angeführt werden, nicht zu reden. Wer die bisher angeführten Muster zu binden gelernt hat, dem wird es ein Leichtes sein, sich an der Hand der farbigen Abbildungen eines Kataloges jede gewünschte Fliege zu verfertigen, wenn er glaubt, daß er dafür Bedarf hat.

Die berühmte und bewährte „Schneidersche Aitelfliege". Meist an Doppelhaken in der Größe 9—7 (alter Skala) gebunden. Schweif von Körperlänge drei bis vier rote Fibern von der Fasanenstoßfeder. Leib sehr dick, daher wird zuerst ein Stückchen entsprechend zugeschnittener Kork auf den Hakenschenkel gebunden, welches dann erst mit dem Körpermaterial überlegt wird. Als dieses dient rostgelbe Wolle (Original). Ich habe aber auch gute Erfahrungen mit einem hellgelben Muster gemacht. Rippung von brauner oder schwarzer Seide, ziemlich eng. Hechel: rote oder rotbraune Hahnenhechel; Flügel von der Schwungfeder des Fasans.

Ich binde die Aitelfliege am liebsten als Hechelfliege — naß oder trocken — mit einer roten Ofenfeder als Hechel und habe sie stets ebenso wirkungsvoll gefunden wie die mit Flügeln.

Die Alexandra: Schweif von Schwertfederfibern, gemischt mit schreiendroten Federfasern; manchmal, besonders bei den kleinen Mustern an Haken Nr. 3—5, nur von letzteren. Leib von Silberlametta: bei den kleinen direkt angewunden, bei den größeren Mustern formt man erst einen Leib aus Floßseide von beliebiger Farbe, firnißt ihn und legt erst nach dem Trocknen des Lackes die Lametta über. Als Kehle bindet man ein Büschel rote Federfibern ein, als Flügel ein solches von Schwertfederfibern mit zwei bis drei roten Federfasern, mitunter auch noch ein bis zwei weiße dazu. Über die Flügel bindet man als „Wange" rechts und links je eine Halsfeder vom Sonneratshahn ein. Es ist aber durchaus nicht nötig, bei den kleinen schon gar nicht. Als Nachbildung einer Pfrille ist die Alexandra der Typus der „gezogenen Fliege" (siehe dort). Nicht unerwähnt darf eine Bindungsweise bleiben, welche direkt den Pfrillenleib kopiert und als „Minnow-Alexandra" im Handel ist. Sie wird ohne Schweif gemacht, dafür an Hakengrößen 4—1/0 alter Skala. Der Leib wird so geformt, wie oben beschrieben, nur etwas dicker. Ein entsprechend großes Bündel von langen

Schwertfederfibern wird mit den Spitzen am Schweifende eingebunden, ehe man den Leib formt. Nachdem man nach Fertigstellung des Leibes die Kehle aus den roten Federfasern eingebunden hat, werden die Schwertfederfibern zusammengedreht, wie wir es bei dem Binden der Palmer gelernt haben, und über den Leib hinaufgeschlagen, um am Kopfende in üblicher Weise eingebunden zu werden. Die „gezogenen“ Fliegen, ohne die man an manchen Gewässern gar nicht auskommt, werden entweder nach Art der „Demons“ usw. hergestellt, indem man zwei bis drei kleinere Fliegen an einem starken Gutfaden hintereinanderbindet, deren oberste zweckmäßig eine Ohrfliege ist und auch den einzigen Flügel trägt, welcher nur aus einer Hechelfeder besteht, oder aber nach Art der besonders in Tirol gebräuchlichen Fliegen an großen Einhaken Nr. 3—1/0 alter Skala. Der Schwanz besteht aus einem Bündel schwarzen oder roten Eichkätzchenhaares vom Schweif — daher auch die Fliegen „Eichkatzelschwänze“ heißen —, der Körper wird dick von Chenille gewunden, schwarz oder rot — auch zweifärbig —, die Hechel massig und buschig von schwarzer oder roter Hahnenhechel, ev. noch ober dieser ein Kopf von Chenille.

In diese Kategorie gehört auch die von mir an anderer Stelle angegebene Barsch- und Makrelenfliege: Hakengröße 2—1/0 alter Skala, Körper von weißer Wolle oder weißer Chenille. Rippung: Silberlametta; Hechel: weiße Hahnenhechel ev. auch krapprote; Flügel — wenn gewünscht — weiße Rückenfeder von der Gans oder Hausente.

Ein Kapitel für sich bildet die Maifliege bzw. die Steinfliege.

Da die Maifliegen mit Korkleib einerseits schwer zu binden sind, anderseits sich sehr rasch verbrauchen, beschränke ich mich darauf, nur die heute in England gang und gäbe Bindeweise zu beschreiben. Entsprechend der Größe der Insekten werden diese an und für sich an größere Hakennummern gebunden, und es empfiehlt sich, die für sie speziell gemachten Maifliegenhaken, welche längere Schenkel und breitere Hakenbögen aufweisen, zu verwenden. Ich kann hierzu besonders die von Hardy Bros unter dem Namen „Hardy Emery“ may fly hooks in den Nummern 4—7 erzeugten empfehlen. Die Menge der von dieser Firma allein katalogisierten Maifliegenmuster ist schier verwirrend, und doch genügen auch für den kritischsten Angler zwei oder drei derselben.

Ich will zunächst die geflügelten Muster beschreiben, damit sich die Verehrer dieser nicht verkürzt fühlen. Hakengröße 4—7. Drei Schweifborsten von der roten Seite der Fasanhahnstoßfeder. Leib von weißer oder primelgelber Wolle, Rippung: eng mit rotem oder schwarzem Seidenfaden. Leib schlank, aber nicht zu mager zu formen. Hechel: rötlichbraune Hahnenhechel; Flügel von der Hals- bzw. Rücken- oder Schulterfeder des Wilderpels oder der Krickente. Entweder naturfarbig grau- bzw. schwarz- oder braungesprenkelt oder zart gelbgrün oder aber braunoliv (nicht zu dunkel) gefärbt. Für die nasse Fliege legt man zwei gleichgroße

Federn mit der konkaven Seite aneinander, indem man vorher die Kiele in der der Krümmung entgegengesetzten Richtung zwischen den Nägeln des Daumens und Zeigefingers hindurchzieht, um ein Aneinanderliegen der Federn zu erzielen. Diese Fliegen gehen unter dem Namen Grauer, Grüner bzw. Brauner Drachen (Grey, Green, Brown drake). Will man diese Drachen als Trockenfliegen binden, dann muß man die Hechel reichlicher und in der Weise einbinden, wie ich es dort beschrieben habe, und die Federn mit den konvexen Seiten, ohne sie auszustreifen, gegeneinandersehend als Flügel einbinden.

Die mir viel sympathischere und nach meiner Ansicht wirkungsvollere Form der Maifliege ist die Hechelfliege (Hackle may). Schwanz, Rippung und Leib wie bei den vorigen. Unterhechel: rotbraune oder braunolive Hahnenhechel, Oberhechel eine der oben genannten Erpelfedern, ev. auch zart blau gefärbt. Auch die Halsfeder des Perlhuhnes gibt brauchbare Oberhechel.

Für eine schwimmende Fliege muß natürlich die Unterhechel entsprechend reich und lang sein. Unter besonderen Verhältnissen bewährt sich hervorragend die Kopie des abgestorbenen Insekts (Spent may oder Spent gnat): Schweif, Körper und Rippung wie bei den vorigen, ev. Körper von zart rauchblauer Wolle. Als Flügel bindet man zwei Hechelfedern vom Plymouth-Rocks-Hahn wagrecht ein, so daß sie mit dem Fliegenkörper ein Kreuz bilden. Sie sollen nicht länger sein als der Körper der Fliege bzw. der Haken! Als Hechel verwendet man die Halsfeder vom Perlhuhn, von deren Fibern man manchmal auch die Schweifborsten macht. Für diese Fliege nimmt man am besten Hakengröße 5 und bindet sie immer als schwimmende Fliege. Infolgedessen wird es manchmal nötig sein, Hechelfedern einzuwinden.

Die Steinfliege (Stone fly): Als Nachbildung der Perla bicaudata existiert eigentlich in keiner befriedigenden Nachbildung am Markte, wenn man von den aus Kork und Zelluloid gemachten Mustern absieht. Ich habe mir deshalb folgende eigene Bindeweise zurechtgelegt: Hardys Maifliegenhaken Nr. 6 oder 7. Zwei Schweiffäden aus roter Fiber des Fasanhahnstoßes. Drei Schwanzwindungen von Goldlametta, Schwanzknoten von bronzefarbener Pfauenschweiffiber. Körper: mäßig dick aus orange Wolle; Rippung: Goldlametta. Unterhechel: braunolive oder rötlichgelbe Hahnenhechel oder Halsfeder des Perlhuhnes, naturfarbig oder gelb gefärbt. Oberhechel: grau oder braun, gesprenkelte Schulter- bzw. Brustfeder vom Wilderpel. Kopf: bronzefarbene Pfauenschweiffiber.

Von den Glanz- oder Lachsfliegen kommen für unsere Verhältnisse hauptsächlich — außer der schon beschriebenen Alexandra — zwei in Betracht, welche in Fluß und See vollständig ausreichen, wie mich eine jahrelange Erfahrung belehrte: es sind das der Silber-Doktor (Silver Doctor) und der Jock Scott.

Silber-Doktor: Hakengröße 8—1/0 alter Skala. Man beginnt bei Lachsfliegen genau so wie bei anderen mit dem Anwinden des

Seidenfadens, nur führt man ihn bis an den Anfangsteil des Bogens herunter. Hier legt man die Schweifwindungen, „Pinne" genannt, an, die meist aus Lametta und Seide, oft zweifarbig, gebildet wird. Entsprechend den größeren zu bedeckenden Flächen verwendet man breitere Lametta als für die kleinen Forellenfliegen. Beim Silber-Doktor besteht die Pinne zuerst aus drei Windungen Silberlametta. Sodann wird leuchtendgelbe Floßseide in drei Windungen angeschlossen und eine Windung und eine Halbschleife als Abschluß gemacht. Hierauf bindet man als Schweif eine kleine Tollfeder vom Goldfasan ein (zwei Windungen und eine Halbschleife) und formt aus zwei bis drei Windungen eines krapproten Wollfadens den unteren Leibesknoten (wieder zwei Windungen und eine Halbschleife). Will man auf besondere Haltbarkeit Gewicht legen, so firnißt man den Abschluß der einzelnen Bindungen, muß aber dann warten, bis der Lack erhärtet ist. Den Leib formt man aus Flockseide in Walzen oder Spindelform und überzieht ihn mit einer Lackschicht, nach deren Trocknen man die gleichzeitig eingebundene Lametta überwindet; die Windungen sollen sich an ihren Kanten eng schließen. Mitunter wird auch eine Rippung mit Silberfaden angelegt. Als Hechel nimmt man eine leuchtend blau gefärbte Hahnenhechel (die englischen Binder verwenden die blauen Federn von exotischen Vögeln), manchmal noch dazu eine Halsfeder vom Perlhuhn. Die Flügel formt man aus einer Mischung von Fasern aus dem Goldfasanenschwanz, Trappenschwungfeder, Enterichfedern verschiedener Entenarten und blau und gelb gefärbten Federfasern des Goldfasans. Über diese wird eine Tollfeder vom Goldfasanen eingebunden und als „Hörner" blaue Ararasfederfasern. Als Abschluß wird wieder ein Knopf aus krapproter Wolle angelegt und die Fliege wie gewöhnlich mit dem verborgenen Knoten beendigt. Soweit die Originalvorschrift. Nun habe ich diese Fliege in der Zeit der Not und des Materialmangels ohne Goldfasantolle und ohne exotische Federn binden müssen, und sie war ebenso wirksam. Ich nahm als Schweif gelb gefärbte Erpelfedern und in die Flügel ganz gewöhnliche Fasanenstoßfedern, gefärbt und ungefärbt, Truthahn- und Erpelfedern — und empfehle diese billige und leicht beschaffbare Bindeweise wärmstens, ganz besonders für die kleinen Fliegen in Größe 8—4.

Die Jock Scott. Ich beschränke mich darauf, die einfachere Bindungsweise wiederzugeben, welche allen Ansprüchen an Wirkung genügt, wie ich mich durch jahrelange Vergleiche mit der Originalfliege überzeugt habe.

Pinne: Silberdraht oder Silberlametta und leuchtend gelbe Flockseide. Schwanz: Goldfasantollfeder und einige rote Federfasern ev. auch nur diese allein. Schwanzknoten: schwarze Straußenfederfasern. Körper zweiteilig: untere Hälfte aus leuchtendgelber Floßseide, durch einen Knopf aus schwarzer Straußenfederfaser gegen den oberen aus schwarzer Floßseide abgesetzt, beide Hälften mit Silberlametta gerippt. Schulterhechel: Halsfeder des Perlhuhns. Flügel gemischt aus Fasern von Truthahnfedern (schwarz mit weißer Spitze), Trappe, Wilderpel, Schwertfederfasern, blau und gelb gefärbten Fasern von Schwanen (Gans-)Schwungfedern. Kopfknoten von bronzefarbener Pfauenschweiffiber oder schwarzer Wolle.

Das Einbinden der Federfaserbüschel wird vielleicht dem Ungeübten anfangs schwierig vorkommen. Um es zu erleichtern, beachte man folgenden Rat: Man ordnet die Fasern zwischen der Fingerkuppe von Daumen und Zeigefinger flach an, so daß sie dazwischenliegen wie ein Federfahnenausschnitt. Nun setzt man das Ganze genau so auf den Haken auf, wie ich es beim Einbinden der Flügel der Forellenfliege beschrieben habe, und legt genau so wie dort die Fadentouren an, nur empfiehlt es sich, einige Windungen mehr zu machen.

Ich kann dieses Kapitel nicht schließen, ohne dem Anfänger den Rat zu geben, sich zuerst mit der Bindeweise der allereinfachsten Hechelfliegen vertraut zu machen und sich an diesen die nötigen Handgriffe und die Fingerfertigkeit anzueignen, welche ihn dann befähigen, sich an das Verfertigen der komplizierten Fliegen zu wagen.

Und wenn er erst die Freude erlebt hat zu sehen, daß die Fische seine eigenen Fliegen so gerne und gut nehmen wie das teuerste Erzeugnis des Handels, dann wächst sowohl die Befriedigung wie auch das Vertrauen zum eigenen Werk und der Weg zu weiteren Versuchen und schwierigeren Problemen erscheint leichter. Es wird dies oder jenes Muster, das ihm bislang unbekannt war, in Gebrauch nehmen und auf seine Verwendbarkeit an seinem Wasser prüfen, was er bisher nicht tat, vielleicht um Kosten und ev. Enttäuschungen zu vermeiden, vielleicht, weil ihm die Anregung dazu fehlte. Auf alle Fälle aber wird er einen Weg finden: den zur Einfachheit und zur Beschränkung in der Zahl, und sich freimachen von starren Ansichten und Dogmen sowie von kleinlicher Tüftelei. Und das Gefühl, sich ein neues Können angeeignet zu haben und seine individuelle Selbständigkeit und Unabhängigkeit zur Geltung bringen zu können, ist ein weiterer Gewinn, der nicht zu verachten ist und einen echten Mann und Angler mit Stolz, Freude und Genugtuung erfüllen muß.

Vom Turnierwerfen.

„Werfen" ist nicht Angeln — aber gutes Werfen ist die oberste Grundbedingung für erfolgreiches Angeln.

Diese Worte eines modernen Sportmanns charakterisieren das Wesen des Turnierwerfens so vollständig, daß ich keine bessere Einleitung für dieses Kapitel zu geben wüßte. Lange Jahre hindurch war das Turnierwesen dem deutschen Angler ein fremder Begriff und die Idee konnte keinen rechten Boden fassen, wenn auch hier und da einzelne Turniere abgehalten wurden, welche aber allerdings den Charakter interner Vereinsveranstaltungen hatten. Viel trug vielleicht dazu bei, daß die leitenden Personen in der Anglerwelt sich dem Turniergedanken gegenüber ablehnend verhielten bzw. dort, wo sie ihn richtig als verbesserungs- und ausbaubedürftig erkannten, den angezeigten Weg nicht gingen. Möglicherweise war es der Tiefstand der sportlichen Leistungen und Fähigkeiten einer vergangenen Epoche, welche die alten Führer an der Lebensfähigkeit der Wettbewerbe zweifeln ließ, obzwar man dazu sagen muß, daß sie hierbei die unabweisliche Wechselbeziehung zwischen technischer Fertigkeit und praktischer Ausnützung derselben übersahen oder unbewertet liegen ließen, trotzdem sie selbst in Wort und Schrift für die Aneignung der besterreichbaren Technik eintraten und sie für den Erfolg als grundlegend bezeichneten.

Erst der allerjüngsten Zeit blieb es vorbehalten, auch bei uns das Turnier einzuführen, obzwar es nicht an Widersprüchen und Gegenargumentationen fehlte und alle möglichen Schlagworte und Einwände ins Treffen geführt wurden, trotzdem sich diese Institution in anderen Ländern längst bewährt und eingebürgert hat und sich dort segensreich auf die Verfeinerung des Sportes auswirkt.

Ich kann also heute mit Stolz und Genugtuung feststellen: „Wir haben nicht nur einen sich siegreich durchringenden Turniergedanken als Gemeingut aller, sondern auch ein sich auf gesunder Basis entwickelndes Turnierwesen."

Daß jede Sache im Anfange an verschiedenen Kinderkrankheiten leidet, welche erst durch Erfahrung behoben werden können, und uns diese letztere noch nicht im allzureichen Maße zur Verfügung steht, ist wohl nicht zu leugnen. Aber unverdrossene Wechselarbeit zwischen Veranstaltern und Teilnehmern einerseits und unbefangene offene Kritik andererseits werden uns rasch über anfängliche Mißstände hinüberkommen lassen.

Allerdings darf die Kritik nicht persönlich werden, ebensowenig alles in Grund und Boden schimpfen — noch weniger aber Turnierwerfen und Angeln in einen Topf werfen —, dann ist ein gedeihliches Weiterarbeiten ausgeschlossen. Man muß sich wundern, mit welcher Verkennung des Wesens und des Zweckes von Wurfturnieren kritisiert wird.

„Werfen ist nicht Angeln" — an diesem Leitsatze muß auch die Kritik festhalten und fußen. „Werfen" ist ebensowenig „Angeln", wie Scheiben- oder Tontaubenschießen „Jagd" ist. Keinem vernünftigen Jäger fällt es ein, das zu bestreiten oder zu verkennen oder von einem sog. „jagdmäßigen Schießen" der einen oder anderen Kategorie absolut jagdmäßige Verhältnisse zu fordern — schon aus dem einen Grunde, weil es nicht möglich ist; dafür begrüßt er dankbar die Gelegenheit, seine Fertigkeit im Gebrauche der Waffe zu erhöhen oder zu zeigen. Genau so — und nicht anders — ist das Turnier aufzufassen und zu bewerten. Und ebenso wie man es dem Schützen am Scheiben- oder Tontaubenstande nicht verübelt, daß er hierfür Spezialwaffen handhabt, welche in der grünen Praxis keine oder nur beschränkte Verwendung finden, ebensowenig darf man gegen den Turnierwerfer den ebenso kindischen wie kleinlichen Vorwurf erheben, daß er am Turnierboden ein anderes Gerät führe wie am Wasser.

Damit wird der Sache nicht gedient — im Gegenteil — Fernstehende werden falsch berichtet und bekommen von der Sache, ihrem Wert und Wesen ganz unrichtige Ansichten.

Immerhin aber muß man der berechtigten Hoffnung Ausdruck geben, daß auch diese Art Kritik zu den Kinderkrankheiten der neuen Sache zu rechnen sei, und wie jene spurlos vorübergehen werde.

Ich kann einem jeden meiner Leser nur den wohlgemeinten Rat geben, sich vorurteilslos im Rahmen der ihm gebotenen Möglichkeiten an Wurfturnieren zu betätigen; er wird bald am eigenen Können den Nutzen des Gesehenen und Gelernten bemessen können, denn nur Vergleiche mit dem Können und den Leistungen anderer lassen uns einen sicheren Schluß auf das Maß unserer eigenen ziehen.

Es wäre ein Fehler, sich von Beteiligungen fernzuhalten mit der Begründung, daß man keine Aussicht auf einen Preis habe, weil sich diese oder jene Größe mit beteilige. Das ist falsch, denn keine Größe wurde als solche geboren, sondern jeder hat sich durch Übung und Mühe sein Können erringen müssen — höchstens daß der eine oder andere mehr Veranlagung hatte und infolgedessen leichter und schneller lernte —, aber das ist überall auf der Welt und auch in anderen Belangen ebenso der Fall.

Wie im ganzen Leben nur das freie Spiel der Kräfte und der Wettbewerb Fortschritt und Aufschwung zeitigen, so auch im Angelsport, dessen technische Seite eben das Turnierwesen ist. Allerdings — es gehört auch ein bißchen Begeisterung und Opferwilligkeit dazu — zwei Dinge, welche auch das vollendetste Lehrbuch nicht vermitteln kann, weil sie eben ein jeder aus sich selbst herausbringen muß, und wer sie nicht aufbringt, den werden wir auch nie auf der Seite unserer Kämpen und in ihren Reihen finden.

Und noch etwas: Kritiken lese man, um ohne vorgefaßte Meinung hinzugehen, zu sehen, zu hören, mitzusehen und zu einem eigenen Urteile zu kommen. Wie der Mann am Wasser mit sich und seinem Gott allein ist und hier seine Erfahrungen sammelt, so soll er auch im Turnier seinen Mann stellen und Gut und Schlecht aus eigener Erkenntnis scheiden lernen. Ich für meine Person messe aber dem Turnierwesen noch eine weitere Bedeutung bei: ich halte es geradezu für eine nationale Angelegenheit und für die Pflicht deutscher Angler, auch auf dem Boden des Wurffeldes das Können und die Leistungsfähigkeit unseres Volkes aller Welt zu zeigen. Lange genug sind wir ferngestanden und doch haben wir Männer genug, um mit den anderen in erfolgreichen Wettbewerb treten zu können, wie die Resultate der bisherigen Veranstaltungen zeigen. Ich bin mir dessen voll bewußt, daß meine Ansicht auf den Widerspruch jener stoßen wird, welche deutsches Angeln — also unsere Fischweid — von dem rein technisch sportlichen Werfen nicht trennen können oder wollen. Denen kann ich nur die Einleitungsworte dieses Kapitels zurufen. Dafür hoffe ich, daß der Großteil meiner Leser deren Wahrheit erfassen und in ihrer Befolgung, sich meiner Auffassung anschließend, dazu beitragen wird, daß unsere Turniere und unsere Wettkämpfer sich in der nahen Zukunft schon die Beachtung der Welt erobern.

II. Spezieller Teil.

Fischkunde.

Die Forelle.

(Trutta fario, Truite de la rivière, Yellow oder Brown Trout, auch Bach- oder Steinforelle.)

Wer kennt sie nicht, die pfeilgeschwinde, scheue, farbenprächtige Königin unserer Bäche, Flüsse und Seen — die Sehnsucht des Anglers —, deren Fang mit dem Begriff der Flugangel so eng verbunden ist, daß der Flugangler gemeinhin mit dem Forellenangler identisch angesehen wird.

Ihr Verbreitungsgebiet ist ein sehr großes: Vom Alpensee, der in der Grenze des ewigen Eises liegt und vom höchstgelegenen Quellbach angefangen bis tief hinunter in die Ebene, oft sogar in Wasserregionen, von denen man annehmen möchte, sie seien schon zu warm und zu sauerstoffarm für sie, ist sie zu finden, groß und klein, je nach den Nahrungs- und Aufwuchsbedingungen. Wer Forellen mit Erfolg angeln will, muß sich in erster Linie darüber klar sein, wie und wo er das tun will. Es ist ein großer Unterschied, ob man einen Bach von höchstens einigen Metern Breite beangelt, ob dieser als rechter Bergbach über Steine und Geröll, Fällholz und Schotterbänke herunterbraust, hier und da tiefere Ausstände, Tümpel, Rückläufe und wieder kleine Wasserfälle aufweist — in seinem Laufe durch kein Wehr, keine Schleuse oder Holzrechen aufgestaut ist oder aber in einem des Vorlandes oder gar der Ebene, welcher sich mehr geruhsam mit geringem Gefälle in reichlichen Windungen durch das Land zieht, mit tief eingegrabenen bewachsenen Ufern, die breit unterspült, günstigen Unterstand bieten, dessen Lauf von Mühlen und anderen Kraftanlagen unterbrochen, häufige Stauflächen aufweist, die tief und fast strömungslos sind.

Wieder anders ist es, ob man ein mittelgroßes Gewässer des Vorlandes oder der Ebene befischt — oder aber einen der großen wilden Alpenflüsse.

So leicht das Angeln in den einen, so schwer ist es in den anderen Wässern, besonders in den letztgenannten. Das konnte man so typisch kennenlernen, wenn man in den Zeiten vor dem Kriege Gelegenheit hatte, im Isonzo und in der in ihn mündenden Idria zu fischen. In dieser wimmelte es von Fischen, sie waren allerdings nicht groß, aber selbst ein Mindergeübter konnte hier gute Beute machen — anders in Isonzo, da mußte einer schon etwas können, um eine von den großen Exemplaren der marmorfleckigen und Adriaforellen an den Haken zu bekommen, ja auch nur zum Steigen zu verleiten. Im allgemeinen ist ja die Forelle ein Standfisch, welcher seinen Platz nur unter dem Einflusse höherer Gewalten oder von einem stärkeren Artgenossen verdrängt, verläßt. Wo große Steine am Grunde im Strom oder am Ufer liegen, Faschinenwerk, Piloten, Brückenpfeiler stehen, hinter denen sich der Wasserschwall brechend eine ruhige Stelle zeigt, einen Tümpel oder einen Rücklauf bildet — da werden wir einen guten Fisch zu erwarten haben. Aber auch unter dem Balkenwerk von Mühlschüssen und Wehren, an Schleusen und Holzrechen, dort, wo Bäume und Astwerk im Wasser liegen oder wo der Strom die Ufer tief unterwaschen hat sowie unter dem Wurzelwerk von Bäumen und Sträuchern beim Ufer, da muß sie der Angler suchen. Ganz besonders aber liebt sie schattige Stellen unter überhängenden Sträuchern und Bäumen sowie die Kraut- und Grasbetten am Grunde. Recht belehrend ist es, an einem schönen Tage die Ufer entlang zu pirschen und zu beobachten. In jedem größeren Wasser gibt es Plätze, die ich förmlich „Fischställe" nennen möchte, an denen man eine größere Zahl von Fischen gemeinsam beobachten kann, gewöhnlich sind das Plätze, wo hinter einem größeren Hindernis — Steine oder altem Mauerwerke oder einem Brückenpfeiler — sich eine tiefe, ruhige Wasserfläche mit oder ohne Rücklauf gebildet hat, ferner die größeren oder kleineren Rückläufe unter Wehren und Schleusen. Da sieht man die dunklen Rücken der großen Forellen in der Tiefe der ruhigen Stellen. Das sind die Großen, die Fetten, die Satten, die nur ab und zu ihre behagliche Beschaulichkeit unterbrechen, um einen besonders leckeren Bissen zu genehmigen, welchen sie vorher mit kritischen Blicken auf Genießbarkeit und Unverdächtigkeit untersuchen. An der Peripherie dieses geruhsamen Platzes rauscht und brodelt der Strom — dort tummelt sich das Kleinzeug, das Jungvolk, die „misera plebs" im Kampfe ums Dasein, rauft sich um den Bissen, springt und schlägt gierig nach ihm — Ring um Ring entsteht, verrinnt —, unbesehen und beutefroh wird nach allem geschnappt, was irgendwie genießbar erscheint oder wert des Mitgenommenwerdens — und wenn's gut geht, endet dieser Kampf ums Dasein im Magen einer der Großen, Scheuen, wenn der Appetit auf einen fetten, ausgiebigen Bissen in ihm rege wird; Fliegen sind meist eine nicht ausreichende Speise für ihren Magen — höchstens so etwas wie Hors d'oeuvre. Denn „Kannibalen" sind nahezu alle großen Forellen und in gewissen, besonders in großen, Wässern wird es nur äußerst selten gelingen, eine von ihnen an der landläufigen Fliege zu erbeuten, außer zur Zeit des Schwärmens der Mai- oder Steinfliegen, zu welcher Zeit sie ein größeres Interesse an Insektennahrung haben.

Ich habe gesagt: Die Forelle ist im allgemeinen Standfisch, wenigstens was fließendes Wasser anbelangt.

In Seen werden wir die Forelle vor allem dort suchen, wo Bäche und Flußläufe einmünden. Im freien See aber, wo es keine Strömung gibt, müssen wir die Forelle auf ihrem Zuge nach Nahrung suchen — vor allem einmal in der Höhe der Ufer — teils dort, wo diese baumbestanden sind, teils dort, wo Grasbetten das Gedeihen von Schnecken und anderen Wassertieren begünstigen — hauptsächlich aber an Landzungen und Einbuchtungen. Hier müssen wir besonders auf den treibenden und ziehenden Schaum achten. Wind ist beim Angeln in Seen, das meist vom Boot aus betrieben wird, von großem Vorteil. Er erleichtert nicht nur den Wurf, sondern bewirkt auch eine Art von Strömung in den Einschnitten des Ufers, wo sich dann die Fische sammeln. Sehr dankbar ist das Angeln mit der geblasenen Leine und natürlichen Insekten, während man die Kunstfliegen vielfach mitschleppt bzw. als gezogene Fliege führt. Immer aber wird man die größeren Forellen dort zu suchen haben, wo das kältere Wasser ist, was besonders bei jenen Seen wichtig zu wissen ist, deren eine Zone flacher und wärmer, meist bewachsener und vergraster ist, als die andere, mehr steinige oder felsige. In England führt man zum Fange der Forellen in den Seen (welcher der Engländer Lake trout nennt zum Unterschiede von denen der fließenden Gewässer — ich vermeide deshalb das Wort „Seeforellen", um Mißverständnissen vorzubeugen) eigene Fliegen, deren es eine Unmenge und außerdem für jeden See Spezialmuster gibt. Ich bin aber bisher mit den Pennellschen Mustern und meiner Steinfliege überall ausgekommen.

Für das Angeln im See empfiehlt es sich, bei hellem, ruhigem Wetter die Mündungen der Zuflüsse zu befischen, für das freie Wasser aber eine gute Brise zu wählen oder bei Windstille erst in den Spätabendstunden auszufahren. Wenn anders man nicht direkt bei Nacht angeln will, wie ich es später beschreiben werde.

In kleineren Wässern von geringer oder mäßiger Ausdehnung und Tiefe hat die Forelle allerdings nicht zuviel Auswahl hinsichtlich ihrer Standplätze — anders aber in den größeren und tieferen Flüssen und Strömen, besonders jener der Alpen. Da wird ein Kenner des Wassers zu sagen wissen: hier ist eine hervorragende Angelstelle, aber nur bei Hochwasser, und zwar muß der Wasserstand diese oder jene Höhe erreichen, dann wimmelt es hier von Fischen, welche nach Ablauf der Flut diesen Platz wieder verlassen und ihre altgewohnten Unterstände am anderen Ufer beziehen. Wieder andere Stellen sind nur bei ausgesprochenem Mittel- oder Niederwasser gut, wieder andere nur zur Zeit der Aufwärtswanderung, etwa im August.

Ich habe in meinem Wasser, einem großen Alpenfluß, eine solche Stelle, in welcher man nur zu jener Zeit eine Beute machen kann, dann aber unter günstigen Verhältnissen eine außerordentlich reiche.

In jenen Wässern, wo Holztrift getrieben wird — das ist fast in allen unseren Alpenflüssen mehr oder weniger der Fall — wirkt sich das verschieden auf das Verhalten der Fische aus. Ich habe da interessante Beobachtungen gemacht. Durch das Ausstoßen der Hölzer und Balken an die Ufer werden die Fische, welche ja gegen Erschütterungen sehr empfindlich sind, aus ihren gewohnten Standorten vertrieben und stehen im freien Strom am Grunde bzw. im Mittelwasser. Ab und zu geht ein Fisch nach Nahrung auf, aber sobald ein Holz direkt gegen ihn heranschwimmt, geht der Fisch blitzartig schnell auf den Grund, wenn auch das Holz noch zwanzig und mehr Meter weit von ihm rinnt — anderseits ignorieren die Fische seitlich von ihnen treibende Stämme, selbst wenn diese ganz nahe an ihnen vorbeigehen, vollständig.

Dort aber, wo sich Triftholz an den Steinen verfängt und gleichsam Bühnen ins Wasser baut, kann man auf einen prächtigen Fang rechnen.

Verschiedentlich wirkt sich die Schneeschmelze und der Einfluß von Gletscherwasser auf die Beißlust der Forelle aus. Die erstere tritt je nach der geographischen Lage des Wassers und nach den Witterungsverhältnissen der Frühlingsmonate verschieden zeitig oder spät ein. So kann man sagen, daß sie bei den Gewässern der Ebene und der Mittelgebirge durchschnittlich schon im zeitlichen Frühjahre eintritt und bestimmt im April beendet ist, dagegen bei jenen der Hochgebirge selten vor dem Mai, dagegen häufig erst im Juni oder Juli stattfindet. Gletscherwasser, besser gesagt das Schmelzwasser derselben, macht sich in Wässern, welche solchen Zufluß oder Ursprung haben, je nach der Tageszeit durch Trübung bemerkbar — meist gegen den Mittag zu — oder nach der Witterung; an heißen Sonnentagen reichlich, an trüben oder regnerischen und kühlen fast gar nicht. In solchen Gewässern ist das Angeln meist auf die frühen Tagesstunden beschränkt.

Schnee- und Gletscherwasser verderben den Fischen den Appetit auf Fliegen meist gründlich — mag daran die bis zur Undurchsichtigkeit gehende Trübung oder die damit verbundene Abkühlung des Wassers schuld tragen —, ich will das nicht entscheiden. Selbst nach erfolgter Klärung des Wassers dauert es mitunter nach der Schneeschmelze oft einige Tage, bis die Fische wieder nach Fliegen steigen — allerdings ist dieses Verhalten nicht jedes Jahr und allerorten gleich.

Ich glaube das mit der Entwicklung der Bodenfauna und der Wasserinsekten in Verbindung bringen zu dürfen, welche wahrscheinlich durch die Abkühlung irgendwie gehemmt oder unterbrochen wird.

In solchen Wässern kann man aber zu dieser Zeit oft hervorragende Fänge mit der gezogenen Fliege machen.

Ganz merkwürdig ist das Verhalten der Forellen gegenüber bevorstehenden Wetterstürzen oder sonstigem Umschwung und atmosphärischen Störungen. In der Ebene und im Vorlande, auch im Mittelgebirge treten diese selten oder nie so unvermittelt auf wie im Gebirge, besonders in höheren Lagen. Oft geht man hinaus im klarsten Wetter und scheinbar günstigsten Bedingungen — am Wasser aber ist alles tot — kein Ring geht auf — kein Aufschlag ist vernehmbar — ja kein Fisch ist zu sehen. Nasse Fliege, trockene Fliege, versunkene Fliege — alles versagt — höchstens ein vorwitziger Jährling hakt sich aus Dummheit. Auf einmal geht ein Springen und Schlagen los — die Fische schnellen sich hoch aus dem Wasser — an manchen Stellen brodelt es förmlich — und keiner beißt — mag man Fliegen wechseln wie man will. Das ist das Signal für ein rasch heraufziehendes Gewitter. Ebenso plötzlich wie das Aufgehen und Schlagen begann, hört es mit einem Male auf und dann ist es Zeit, sich nach einem sicheren Unterschlupf umzusehen und einzupacken. Im Gebirge verziehen sich die Gewitter nicht so rasch wie in der Ebene, meist toben sie sich in einem Tal oft stundenlang aus und sind regelmäßig mit einem schweren Regen verbunden, der fast ebenso regelmäßig in einen Landregen mit gleichzeitiger anhaltender Wassertrübung übergeht.

Aber selbst die schweren Regen der Berggewitter bewirken oft in kürzester Zeit eine vollständige Trübung des Wassers auch in solchen Abschnitten, wo gar kein Wetter niedergegangen war: diese Erscheinung ist in der Ebene oder in Wässern mit mäßigem Gefälle fast nie zu beobachten, außer nach einem direkten Wolkenbruch.

Da in den ebenen und Mittelgebirgslandschaften nahezu regelmäßig nach einem Gewitter wieder heiteres Wetter herrscht, kann man hier nach einem solchen die herrlichsten Fänge machen, außer es hätte wolkenbruchartig geregnet, daß das Wasser bis zur Undurchsichtigkeit trüb geworden ist.

Eigentümlich ist das Verhalten der Forellen gegenüber dem Leuchten des Blitzes. Ich angelte einmal in sehr später Abendstunde an einer Schotterbank watend. Der Abend war schwül und die Fische stiegen prächtig, besonders große Exemplare, allenthalben hörte man das Aufgehen, bis auf einmal ganz in der Ferne ein Wetterleuchten einsetzte. Nach dem ersten Blitz war alles wie ausgestorben, die Fische mußten auf den Grund gegangen sein und trotzdem ich noch eine halbe Stunde meine Fliegen warf, sie sinken ließ, kurz alles versuchte, was man tun kann — nichts rührte sich mehr. Ich konnte das noch zu wiederholten Malen beobachten, auch wenn das Wetterleuchten wie im ersten Falle nicht von einem Gewitter gefolgt wurde, und finde diese Wahrnehmung bestätigt durch die Mitteilung eines Engländers in Neuseeland, der dasselbe Verhalten der Fische in den dortigen Flüssen beschrieb, ja sogar berichtet, daß das Signalisieren mit den Reflektoren eines weit entfernt verankerten Kriegsschiffes dieselbe Wirkung auslöste.

Angeln während des Gewitters selbst ist ein mäßiges Vergnügen: wenn man schon von der Blitzgefahr absieht, so ist der Fang so wenig lohnend, daß er das Naßwerden nicht rentiert.

Aber noch weniger lohnend ist es, sich in einen meist kalten Landregen hinzustellen, desto mehr aber kurz nach einem solchen, wenn das Wasser im Sinken ist und sich zu klären beginnt.

Auch der Nebel ist kein Freund des Flugfischers, ebensowenig wie die allzu strahlende Sonne und die Glut des Hochsommers. Dafür habe ich zu wiederholten Malen bei Angelausflügen oder besser gesagt Probefahrten mit der Fluggerte im April, an Tagen, wo Sonnenschein mit Schneegestöber abwechselten, die Wahrnehmung gemacht, daß die Fische während eines solchen gierig nach der Fliege stiegen, oft besser als in der sonnigen Zwischenzeit.

Daß im Sommer jene Tage, an welchen leichte Strichregen mit sonnigen Stunden abwechselten, für den Fliegenfischer geradezu als Erntetage zu bezeichnen sind, wird wohl den meisten Lesern nichts Neues sein.

Der Wind genießt bei den Fluganglern verschiedene Wertung. Gemeinhin gelten mäßige, laue bzw. warme Winde aus Süden, Südwesten und Westen für günstig, die aus Nord, Nordwest oder Nordost und Osten für ungünstig, ganz besonders dann, wenn sie noch entsprechend kalt herblasen. Ist die Windstärke eine derartige, daß sie die Wurftätigkeit ausschließt, hört sich überhaupt jedes Angeln auf. Und doch kann man selbst bei einer der als ungünstig bekannten Windrichtungen Beute machen, wenn man sich nicht auf absolut buchmäßige Methoden versteift. Ich will bei dieser Gelegenheit ein interessantes Erlebnis mitteilen. Vor einigen Jahren ging ich nur mit der Fliegenrute bewaffnet zum Fluß — es war gegen Ende April —, das Wetter zwar sonnig, aber es wehte ein ziemlich starker Nord-Nord-Ost — auf meinem Wasser Gegenwind — und ziemlich kalt. Das Wasser war niedrig und glasklar. Nach zwei Stunden Angelns hatte ich noch keinen Anbiß gehabt, so daß ich schon einpacken wollte. Schließlich machte ich noch einen Wurf und ließ die Fliegen — orange Spinnen, die ich immer einbinde, wenn ich nicht weiß, was für eine Fliege besonders zu wählen wäre — vom Strom unter Hecken treiben, welche vom Schnee weit hinaus bis an den Wasserspiegel gedrückt worden waren. Da ich die Schnur nicht aus dem Wasser heben konnte, ohne mich zu verhängen, rollte ich sie unter den Ästen her so schnell ein, wie man gemeinhin einen Spinnköder einrollt. Auf einmal spüre ich einen Riß, den ich mit einem Anhieb erwidere, spüre den Widerstand des Fisches und gehe in den Drill, nach dessen Ende eine gut 1½pfündige Forelle im Landungsnetz liegt. Ich wiederhole nun dieses Spinnen mit der Fliege, das mich ein ungewollter Zufall gelehrt, an einigen anderen Stellen von gleicher Beschaffenheit — und gleichem Glück — ich erbeutete sogar eine prächtige Doublette und ging mit reicher Beute heim, befriedigt von dem Gefühl, um eine neue Erfahrung reicher zu sein. Nur die eine Frage kann ich mir bis heute nicht beantworten: Als was haben die Forellen die rasch gegen die Strömung ziehenden Fliegen angesehen und genommen? Für Insekten bestimmt nicht, am wenigsten die orangefarbenen Gebilde mit schwarzen Hecheln an Haken Größe 5.

Aflalo nennt den Wind den Feind des Uferfischers und den besten Freund des Bootsanglers — nicht ganz mit Unrecht. Wer ein stark bewachsenes Ufergelände zu begehen hat, wird einen ungünstigen Wind, welcher die Fliegen in Äste und Büsche verschlägt, verwünschen, ebenso der stromauf Angelnde den Gegenwind.

Im allgemeinen bin ich nicht gerade des Windes unbedingter Widersacher, am wenigsten, wenn ich bei hellem Wetter und Sonnenschein ein Wasser oder einen Teil desselben befische, das wenig Strömung hat und dazu glasklar ist. Bekanntlich ist es eine goldene Regel, derlei Wasserstrecken bei Windstille und Sonnenschein ganz in Ruhe zu lassen, es sei denn, man kann sich stromauf unter Ausnützung jeder Deckung anschleichen und einem gerade steigenden Fisch die Fliege vor die Nase setzen. Andernfalls vergrämt man sich nur unnötig die meist guten Bewohner dieser Plätze und beraubt sich einer Chance für die nächste Zeit. Aber selbst bei ganz günstigen Bedingungen ist es immer vorteilhaft, wenn die Oberfläche von einem Windhauch gekräuselt wird. Auch die Fische wissen, daß ihnen der Wind manchen leckeren Bissen ins Wasser weht.

Überhaupt spielt die Tageszeit eine große Rolle. Im Frühjahr und im Herbst, wenn dieser nicht abnorm warm ist, kann man den ganzen Tag auf Erfolg rechnen. Allerdings im Beginn der Saison und mit fortschreitender Jahreszeit werden es die Stunden um Mittag herum sein, in welchen die Fische nach Fliegen steigen, wenn es auch hierin ganz unmotivierte Ausnahmen gibt.

In den Sommermonaten verschieben sich die erfolgversprechenden Tageszeiten gegen Beginn und Ende des Tages. Die Mittagstunden sind im allgemeinen nicht vielverheißend und werden besser der Rast und Labung gewidmet. Ich habe es zwar auch schon erlebt, daß in der glühenden Mittagsonne eines Hochsommertages die Fische aufgingen, weil gerade irgendein aufgehender Schwarm von Insekten ihre Freßlust anregte, und habe dann buchstäblich im Schweiße meines Angesichts meinen Korb vollgeangelt; aber diese Sonderfälle bestätigen eben nur die Regel. Wenn am zeitlichen Morgen dicker Nebel über dem Wasser braut und schwerer Tau liegt, wird man mit der Fliege nicht viel Beute machen. Wenn man sich nicht dazu verstehen will oder kann, den Forellen einen Spinner oder Koppen anzubieten, muß man geduldig warten, bis der Nebel sich verflüchtigt hat und der Tau verschwunden ist. Auch des Abends einfallender Nebel bedeutet den Anbruch des Feierabends für den Flugangler. Diese abendliche Nebelbildung ist besonders in engen und tiefeingeschnittenen Flußtälern der Gebirge störend und tritt um so häufiger auf, je kälter das Wasser ist und je heißer und wolkenloser der Tag war.

Im Sommer sind mir die kühlen, trüben Tage, womöglich solche mit leichtem Süd-Südwest- oder Westwind die liebsten. Wenn auch an ihnen die Fische gemeinhin nicht so häufig oder oft auch gar nicht aufgehen, kann man an solchen Tagen oft bessere Fänge machen wie am schönsten Sonnentage, allerdings muß man da mit der „versunkenen“ oder an besonders geeigneten Stellen mit der „gezogenen“ Fliege ev. mit einem der kleinen Spinner, einem Phantom oder einem Oreno angeln. Nahezu regelmäßig habe ich an solchen Tagen durchwegs große Fische erbeutet, welche sonst nicht an die Fliege gingen. Der ausschließlich Trockenfliegen führende Angler wird dagegen an solchen Tagen meist sehr schlecht abschneiden.

Nicht unbeschrieben darf ich das Angeln bei Nacht lassen, dessen in allen Büchern nahezu keine Erwähnung getan wird, trotzdem es nicht nur äußerst reizvoll, sondern auch lohnend ist, da gerade die größten Fische bei Nacht die Fliege nehmen, welche man bei Tag selten oder nie daran fängt. Vom Ufer aus ist es nicht an allen Gewässern ratsam wegen der Hänger oder der Schwierigkeiten beim Landen. Am besten ist es zu waten, allerdings muß man die Bodenverhältnisse der Angelstelle kennen und es ist immer vorteilhaft, sich seinen Standpunkt schon bei Tage anzumerken, besonders dann, wenn man ein fremdes Wasser befischt, um unangenehmen Zufällen auszuweichen. Denn zum Angeln eignet sich nicht, wie man glauben möchte, eine Vollmondnacht, sondern nur eine jener halbdunklen warmen Nächte des Sommers — eine andere Jahreszeit kommt nicht in Frage — welche aber nebelfrei sein muß.

Der vorteilhafteste Platz ist eine Schotterbank, welche langsam zur Tiefe abfällt und neben dem Hauptstrom mäßig scharf rinnendes Wasser hat, oder ein Tümpel, von der seicht auslaufenden Seite her. In der Nacht kommen die großen Forellen aus der Tiefe oder ihren unzugänglichen Unterständen und machen an den seichten Stellen Jagd auf Pfrillen, Koppen oder auch die eigene Jungbrut. Man sei an seinem Platze vor Einbruch der Dämmerung, bereite sich sorgsam alles vor — lasse überflüssiges Gepäck am Ufer — nur Fischkorb und Taschenlaterne und das Landungsnetz nehme man mit. Mit dem Gebrauche der Laterne sei man sehr sparsam, da die Forellen gegen blitzartige Lichteffekte empfindlich sind. Als Vorfach nehme man ein paralleles von $\frac{1}{2}$ x bis 1 x und am besten nur eine Fliege — einen dicken Palmer an Haken Nr. 6—8. Wenn man auch vielleicht mehr Chancen hat, Doubletten zu erbeuten als bei Tage, so ist einmal das Landen derselben umständlicher, und anderseits riskiert man die Möglichkeit, daß sich die zweite Fliege in den Maschen des Netzes verhängt, und man einen guten Fisch verliert. Man watet bei Beginn der Dunkelheit an die gewählte Stelle und wartet dort einige Minuten bis jene vollständig ist, ehe man mit dem Werfen beginnt.

Da die Forellen an derlei Stellen, wie wir sie gewählt, herumziehen, bleibt man stehen und wirft nur in verschiedenen Richtungen mit längerer oder wieder kürzerer Leine, die Fliegen einmal tief, einmal oberflächlich führend.

Ein Anhieb erübrigt sich, denn meist erfolgt der Anbiß mit Gier und Wucht. Der Drill ist selbst bei schweren Fischen leichter als bei Tag, denn der Fisch sieht ja den Angler nicht; nur möchte ich vor einem Forcieren warnen, da es leicht geschehen kann, daß der Fisch ans Netz anstreift und nun erst wild wird. Darum soll das Netz nicht klein sein. Den erbeuteten Fisch tötet man im Netz durch einen Schlag mit dem Totschläger oder Griff des schweren Knickers, dann erst löst man den Haken aus und legt ihn in den Korb. Während dieser Manipulation steckt man die Gerte in die Röhre des Watstrumpfes, um die Hände frei zu haben, ebenso verfährt man, wenn ein neues Vorfach einzubinden oder sonst etwas zu richten ist.

Das Fischen bei Nacht ist besonders lohnend an heißen Sommertagen, wenn die Forellen bei Tage nicht gut bissen, und zur Zeit des beginnenden Aufstieges, etwa um Mitte August. Im Gegensatze zur Tagesfischerei ist bei Nacht Windstille viel vorteilhafter als selbst ganz leichte Luftbewegung.

Dem Angler, welcher seine Wässer von den großen Stand- und Raubforellen befreien will, der aber die Fliege dem Spinner oder der Koppenangel vorzieht, kann ich diese Art des nächtlichen Angelns nicht genug empfehlen. Allerdings hat sie eine Voraussetzung, nämlich die eines halbwegs größeren Wassers, denn in einem kleinen wird man meist nicht waten können und viel zu viel Hänger riskieren, wenn die Ufer halbwegs bestanden sind. Auch die Möglichkeit, daß der gehakte Fisch unter Wurzelwerk, Ufereinbauten u. dgl. flüchten kann und dort verloren geht, ist in kleinen Wassern oder an zu beschränkten Stellen eine viel größere. Es ist selbstverständlich, daß diese Art zu angeln, auch in Seen anzuwenden ist, speziell dort, wo Zuflüsse in diese einmünden, welche an und für sich schon die Standorte der Forellen sind. Allerdings wird es sich empfehlen, diesen Stellen im Boote beizukommen, was auch mehr Bewegungsfreiheit erlaubt.

Da die Technik des Wurfes mit der nassen und trockenen Fliege in den betreffenden Abschnitten eingehend besprochen wurde, haben wir uns am Wasser lediglich die Frage vorzulegen: für welche der beiden Arten des Angelns wollen wir uns entscheiden. Jemand, welcher nur der einen oder anderen Richtung unbedingt huldigt, ist der Antwort leicht enthoben. Wer aber gerne die Vorzüge beider Richtungen genießen will, muß sich nach den gegebenen Umständen einstellen und entscheiden. Selig werden kann man nach einer jeden und Fische fangen ebenfalls, so daß es für unsere landläufigen Verhältnisse eigentlich überflüssig erscheint, sich für und gegen diese oder jene Methode zu erhitzen. Trotzdem muß ich dem Anfänger den Rat geben, sich in der oder jener — aber doch nur erst mit einer gründlich vertraut zu machen.

Eine weitere Frage ist die, wie und wohin hat man zu werfen. An kleinen Gewässern ist diese Frage leicht und rasch beantwortet: Wir wissen, wo wir den Fisch zu suchen haben, daher muß unsere Fliege diesen Platz genau absuchen. Ist eine solche Stelle an unserem eigenen Ufer, dann werden wir naturgemäß diese zuerst mit einem

Wurfe bedecken und die nächste Stelle weiter unten oder oben auch nicht übergehen, ehe wir dem anderen Ufer unsere Aufmerksamkeit schenken. In einem Rinnsal von 2—3 m Breite wird man allerdings kaum zu derlei Reflexionen gezwungen sein, wohl aber, wenn das Wasser 8, 10 und mehr m breit ist. Ferner ist zu bedenken, daß man die Fische im ganzen Wasser zerstreut findet, daß man also trachten muß, jedem Fische darin die Fliege zu zeigen. Wie das geschieht, ob nach der altehrwürdigen Methode der nassen Fliege oder nach der amerikanischen Manier die Trockenfliege zu handhaben, bleibt sich gleich, wenn nur der Angler nie die nötige Vorsicht unterläßt, am Ufer nie fest aufzutreten, nicht mehr Bewegungen auszuführen als der momentane Zweck erfordert und es versteht, sich dem Fische so unsichtbar wie möglich zu machen.

Das Letztere erzielt man auf zweierlei Weise: entweder man benützt jede sich bietende Deckung, oder aber man watet bzw. sucht sich durch Niederknien, ev. sogar Vorkriechen auf dem Bauch so so klein wie möglich zu machen.

Die Deckung mag ein Stein, ein Busch oder sonst etwas dem Fisch Vertrautes sein.

Mir ist es von der Jagd her geläufig geworden, mich, wenn irgend möglich, vor die Deckung, aber so nahe wie möglich an sie zu postieren, weil man sich in dieser Art kaum von ihr abhebt, nicht einmal, wenn man keine Mimikrykleidung trägt, wenn diese nur nicht allzu auffällig mit dem Hintergrunde kontrastiert.

Nun kommt ein strittiges Kapitel zur Diskussion: die Wahl der Fliege. In den Lehrbüchern wird allgemein das Universalrezept gegeben: im Frühjahr, am Abend und bei trübem Wetter und Wasser größere und dunklere, im Sommer und Herbst bei Klarwasser und Sonnenschein kleinere und hellere bis glänzende Muster zu verwenden.

Nun gehen die Ansichten über „groß" und „klein", „hell" und „dunkel" recht weit auseinander. Was die Farbenschattierung anbelangt, ist meiner Absicht nach der Fisch der Kompetentere, denn die Erfahrung lehrt, daß er ein scheinbar richtig in Form, Farbe und Größe kopiertes, eben schwärmendes Insekt glatt refüsiert und gleich darauf eine unmöglich lichte, aber vielleicht viel größere und nicht einmal die Form annähernd wiedergebende Nachbildung mit Gier nimmt.

Wenn man nicht gerade zur Zunft jener eingefleischten Trockenfliegenmänner gehört, welche man in England „Puristen" nennt, dann wird man mit seinem Entschluß schneller fertig sein. Schwärmt nicht gerade ein Insekt spezieller Art, wie z. B. die Maifliege, dann werden wir uns für eine Fliege entscheiden, welche dem an und über dem Wasser befindlichen ähnelt, und sie als Strecker oder Springer einbinden. Wird sie genommen — gut, wenn nicht, dann versuchen wir am Strecker ein anderes Muster. Ich habe nach jahrelangen Versuchen es am sichersten gefunden, wenn man nicht weiß, welche Fliege man wählen soll, eine schwarze und eine orange Spinnenfliege

(Spider) anzuknüpfen. Wenn man ein Wasser durch lange Jahre oft und regelmäßig befischt, wird man früher oder später zu der Erkenntnis kommen, daß man vom März bis Ende September mit drei bis vier Mustern in verschiedenen Hakengrößen sein Auskommen findet.

Aus diesem Grunde sehe ich davon ab, eine Zusammenstellung von Fliegenmustern nach Jahreszeiten oder Monaten zu geben, welche höchstens für ein bestimmtes Wassergebiet eine Geltung haben könnte. Schon die geographische Situation eines Wasserlaufes macht eine solche Formulierung illusorisch. Die Verhältnisse in und am Wasser, die Entwicklung des Insektenlebens und der übrigen Wasserbewohner ändern sich von Wasser zu Wasser, ja sogar bei manchen auf ein paar Kilometer. Nehmen wir als Beispiel je einen Wasserlauf von je 40 km Länge — der eine entspringt in 200—300 m, der andere um 1000 m oder mehr Seehöhe — der erstere durchströmt nach Verlassen des nächsten Quellgebietes mit mäßigem Gefälle ebenes Terrain, fette Wiesen und Ackerland — der andere stürzt in seinem rauhen Felsenbett zu Tal bis zur Mündung. Wenn es an den Ufern des ersteren längst Frühling ist, liegt zumindestens ein großer Teil des letzteren noch in Schnee und Eis. Hat es daher einen Sinn, eine Monatstafel für Fliegen zu verfassen, die bei einer großen Zahl von Wasserläufen vielleicht nicht einmal an einem einzigen Geltung hat?

Warum schleppen wir noch immer die Einordnung der Fliegen nach Monaten mit uns herum, welche wir von den Engländern übernommen haben, bei denen sie notabene auch nur für süd- und mittelenglische Verhältnisse berechnet ist, aber nicht für die Bergwässer von Wales und Schottland, deren Gebirge doch nicht einmal die Höhen unseres Erz- oder Riesengebirges erreichen — von den Alpen rede ich gar nicht.

Wenn eine solche Einteilung für unsere Verhältnisse von Wert sein sollte, müßte sie für nahezu jedes Wassergebiet einzeln ausgearbeitet werden.

Deshalb ist mir die Ansicht von Francis sympathisch: an ein fremdes Wasser nur die bewährtesten Fliegenmuster mitzunehmen und sich bei einheimischen Anglern nach dem dort besten Muster zu erkundigen.

Ich beschränke mich heute bei einer Fahrt auf ein ganz fremdes Wasser auf das Mitnehmen der „Pennell“-Fliegenserie, einen Satz Spider und Zulu sowie die Palmer — und meine Steinflige[1]) — alle in verschiedenen Hakengrößen. Brauche ich dann an Ort und Stelle irgendein spezielles Muster, das von meinem Vorrat nicht gedeckt oder ersetzt wird, so ist es mir eine Leichtigkeit, es nach Bedarf zu binden.

Was die zu wählende Hakengröße anbelangt, so wird man im Durchschnitte mit den Größen, welche ich bei der Beschreibung der Fliegen nannte, sein Auskommen finden — in unseren Wässern bestimmt. Wenn ich es offen sagen soll, ich bin kein Freund kleiner

[1]) Im Handel unter dem Namen „Gustls Orange“.

Fliegen, und zwar aus dem Grunde, weil ich die Beobachtung gemacht habe, daß die großen und größten Fische — und diese interessieren mich in erster Linie — einen großen Brocken vorziehen, besonders in jenen Gewässern, wo solche ohnedies nicht allzugierig nach Fliegen steigen. Untersuchungen des Mageninhaltes solcher Fische belehrten mich, daß dieser außer Fischen oder deren Resten immer auch die Reste oder noch unverdaute Körper großer Käfer, Schnecken u. dgl. aufwies, aber nie kleine Fliegen oder Mücken, welche ich auch nie in den Kiemen oder im Rachen fand. Bekannt ist ja doch die Tatsache, daß man mit der Maifliege, d. h. dort, wo sie in der entsprechenden Zahl schwärmt, die größten Fische erbeutet; aber weniger bekannt ist es, daß man zu jener Zeit noch viel sicherer und eher mit einem großen Palmer zum Anbiß verleitet, selbst wenn das Wasser von Maifliegen wimmelt.

Es ist schwer, apodiktisch zu sagen, daß diese oder jene Hakengröße zu nehmen sei — es richtet sich das nach dem Wasser und muß die günstigste Größe durch Versuche gefunden werden. In dem einen Wasser ist sie nicht unter 5—6 und darüber, im anderen bloß 3—5 höchstens.

Ich bin schon wiederholt ungläubigem Kopfschütteln begegnet, wenn ich einem Gaste eine von meinen Fliegen anbot, oder dieser sie an meinem Vorfache baumeln sah. Einen Fall will ich aber doch zur Bekräftigung des Gesagten erzählen. Ich wurde einmal ersucht, mit einem Amerikaner an einem unserer bekanntesten Wasser zu angeln. Der Fremde stand scheinbar ganz unter der Impression der Halfordschen Schule, denn seine Fliegenbüchsen waren gefüllt mit künstlichen Winzigkeiten. Für meine Fliegen hatte er nur die Anmerkung: „Zu bunt, zu groß — wir angeln doch auf Bach- und nicht auf Meerforellen.“ Nun gut, ich ließ ihn also ruhig seine erst peinlich zu den eben schwärmenden Insekten abgestimmten Fliegen in der Strom werfen — Resultat: Äschen, nochmals Äschen — und dazwischen einige kleine Forellen. Der Mann wurde sichtlich nervös, denn Äschen standen bei ihm nicht in Ansehen, und die großen Forellen, von denen man ihm erzählt hatte, wollten nicht beißen. Schließlich drückte ich ihm meine Gerte in die Hand — ich selbst hatte bislang noch nicht geangelt — und wies ihn an, die Fliege dorthin zu werfen, wo sich das Wasser knapp am Ufer an den großen Steinen brach, und sie dann ins ruhige Hinterwasser schwimmen zu lassen, selbst wenn sie untergehen sollte, und den Wurf nicht zu rasch zu wiederholen, falls auf den ersten kein Biß erfolgte. Ich habe das immer für gut befunden, den Wurf auch mit der Trockenfliege zu wiederholen, wenn es auch der starren Regel eigentlich widerspricht. Die großen Fische lassen sich gerne Zeit, einen Köder zu nehmen, wenn sie nicht gerade hungrig sind. Die an oder über ihnen vorbeitreibende Fliege erweckt meist zuerst nur ihre Aufmerksamkeit — überwiegt die Freßgier, dann fahren sie ihr nach und fassen zu, andernfalls legen sie sich auf die Lauer, um sie beim zweiten Wurfe zu nehmen.

Es ist daher ratsam, die Fliege nach dem ersten Wurfe nicht allzubald vom Wasser zu nehmen, um einen nachfahrenden Fisch nicht zu vergrämen.

Mit sichtlichem Unglauben und Mißtrauen befolgte der Gastfreund meine Anweisung, aber siehe da, schon beim zweiten Wurfe war er in einen scharfen Drill mit seinem Fische verwickelt, welcher sich bei der Landung als guter Zweipfünder zu erkennen gab und dem bald noch einige andere gute Fische Gesellschaft leisteten.

Des Experimentes halber machten wir zur Abwechslung die Gegenprobe. Ich bewarf zuerst eine Angelstelle mit den kleinen Fliegen, mit dem Erfolg, daß die großen Fische für diese nicht zu sprechen waren, und im besten Falle am Ende des Hinterwassers ein kleiner Außenseiter den Bissen raubte. Nach einer Pause wurden meine großen Fliegen — es waren meine bewährten Steinfliegen — in Anwendung gebracht, und jedesmal war der Anbiß eines guten Fisches zu verzeichnen.

Eine vielumstrittene Frage ist die, ob man besser stromauf oder stromabwärts angeln soll. Der Trockenfliegenfischer des klassischen Stils hat keine andere Wahl, als stromauf zu fischen, wozu es für den Rechtshändigen im allgemeinen von großem Vorteil ist, das rechte Ufer zu wählen, weil er dadurch mehr Gelegenheit hat, hinter ihm stehenden Bäumen, Hecken usw. auszuweichen, indem er den Wurf über dem freien Wasser machen kann und auch sonst leichter wirft als vom linken Ufer, welches aus den gleichen Gründen für den stromab werfenden Angler mit der nassen Fliege bzw. für den Linkshänder das Angenehmere ist. Da man aber, wie ich im betreffenden Kapitel beschrieben habe, nach der Methode von P. Kerr auch die Trockenfliege stromab fischen kann, erweitert sich das Betätigungsgebiet des Mannes mit der Trockenfliege um ein bedeutendes. Aber auch die nasse Fliege ist mit Vorteil stromauf zu fischen, ganz besonders an hellen Tagen bei glasklarem Wasser und ungünstigem Stande der Sonne.

Mühlgerinne und Ausläufe sowie die Tümpel und Rückläufe unter Wehren sind mit besonderem Vorteile stromauf zu befischen. Man fischt zuerst die nächste Umgebung ab, um durch den Drill oder das Abkommen gehakter Fische den Platz nicht zu beunruhigen, und geht erst dann der Mitte bzw. den weiter liegenden Abschnitten zu. Besonders achte man auf die unter Wirbel treibenden oder an den Seiten entlang stehenden oder treibenden Schaumstreifen, denn unter ihnen stehen die Fische, auf Beute lauernd. Man wirft die Fliege — auch die trockene! — direkt auf einen solchen Schaumstreifen hinauf und läßt sie mit ihm kreisen oder treiben, Schnur nach Bedarf ausgebend oder einziehend; meist wird aber schon die auffallende Fliege genommen, kaum daß sie das Ziel berührt hat. Aber auch die meisten Doubletten sind an solchen Stellen zu machen, weil der sich wehrende Fisch den anderen die Seitenfliegen vorführt. Sehr empfehlenswert ist der Wurf direkt in das Überfallwasser; hinter diesem ist ruhiges Wasser, und hier stehen gewöhnlich die besten

Fische, welche in dem Gebälk des Wehrunterbaues ihren Stand haben und auf die Beute warten, die ihnen der Wasserfall zuwirbelt. Hat man bisher mit kleinen Fliegen geangelt, so empfiehlt es sich, diese an einem solchen Platz gegen ganz ansehnlich große umzuwechseln, je näher gegen die Dämmerung, desto größer nehme man sie. Das Angeln stromauf hat unleugbare Vorteile: erstens hat man hinter sich abgefischtes Wasser, in dem der Drill und noch weniger das Abkommen eines gehakten oder gedrillten Fisches keine Beunruhigung mehr schafft. Zweitens kommt man den Fischen, welche doch stets mit dem Kopfe gegen den Strom stehen, von rückwärts, also ungesehen näher, erst recht, wenn man watet, und drittens kann man eben von rückwärts her einen Fisch nach dem anderen fangen, ohne die vorne stehenden zu beunruhigen oder zu vergrämen. Es ist zwar richtig, daß meist der größte Fisch vorn am Einlauf einer Gumpe oder eines Tümpels steht und man sich mit seinem Fange begnügen kann; aber in einem Tümpel von entsprechender Ausdehnung stehen gewöhnlich einige gute Fische.

Ist eine solche Stelle auch noch dazu recht tief, 2, 3 oder mehr Meter, dann stehen die größten Fische nahezu immer am Boden, und man wird ihnen nur mit einer beschwerten Fliege nahekommen können.

Das ist besonders der Fall im Auslaufe von Turbinenanlagen, wo ich es gewöhnlich so mache, daß ich am Kopfe des Streckers ein großes Schrot anbringe und dann die Fliegen in den Wirbel, der sie in die Tiefe zieht, werfe und von ihm auf und nieder treiben lasse.

In extrem tiefen Stellen und in Turbinenausläufen habe ich mir noch ein Verfahren zurechtgelegt, welches mich immer große Fische erbeuten läßt. Ich montiere mir ein starkes Gutvorfach von 1½ Yard Länge mit 4—6 Springern an ganz kurzen Gutenden von nur 4—6 cm Länge; als Fliegen nehme ich eine Lachsfliege, Alexandra, Palmer, Zulu oder eine meiner Barschfliegen — alle in großen Hakennummern. Ins Ende des Zuges knüpfe ich statt des Streckers ein Paternosterblei oder eine Olive ein, und nun „hebe und senke" ich die ganze Stelle ab in derselben Manier, wie man auf Barsche oder Makrelen fischt; der Erfolg ist mitunter verblüffend. Auch in tiefen Seen und Stauanlagen bringt dieses Verfahren oft gute Beute, wenn die Fische alles andere verschmähen, wie ich mich oft überzeugen konnte.

Im freien Wasser muß man die Fliegen führen. Man läßt sie mit dem Strom treiben oder kann sie auch ruckweise quer herüberbringen; wenn die Schnur genügend Spannung hat, kann man den Springer an der Oberfläche tanzen lassen wie eine eierlegende Fliege — man kann auch die Fliegen ruckweise gegen sich stromauf ziehen, ja sogar, wie ich vorher erzählte, wie einen Spinner hereinrollen. Man muß eben alles versuchen, was hilft, um den Fisch zum Anbiß zu verleiten. Abgesehen von der schier unerklärlichen Tatsache, daß es Tage, besser gesagt Stunden an gewissen Tagen gibt, an denen nur kleine Fische beißen und man gelangweilt von dem fortwährenden Hakenlösen und Zurückversetzen besser tut, sich irgendwo in den Schatten niederzulassen und eine günstigere Stunde abzuwarten, gibt es Zeiten, in denen die Fische überhaupt nicht beißen oder von der Fliege gar keine Notiz nehmen, trotzdem sie aufgehen. Die natürlichste Erklärung dafür wäre die Annahme von Sättigung und Verdauungsträgheit; die Forellen stehen still und unbeweglich an ihren Ständen, ignorieren vorbeischwimmende Insekten, erst recht die Fliege und verlassen ihren Platz, wenn man den Versuch, sie mit der Fliege zu reizen, wiederholt.

Auch in diesem Falle ist mit der liebevollsten Ausdauer nichts zu erreichen, es heißt nur warten, bis die Fische wieder hungrig werden. Da diese Periode von Unlust zum Anbiß im Sommer meist mit der heißesten Tageszeit zusammenfällt, in welcher der Angler nach anstrengendem Tageswerk selbst das Bedürfnis hat, zu ruhen und sich zu erholen, versäumt man nicht viel und wird für diesen Ausfall in einem späteren Tagesabschnitt reichlich entschädigt.

Aber es gibt noch andere Äußerungsformen des Nichtsteigens: Man sieht die Fische im Mittelwasser oder am Grunde hin und her jagen, manchmal direkt auf dem Kopf stehen, so daß in seichtem Wasser die Schweifflosse darüber hinausreicht — die Engländer nennen letzteren Vorgang „tailing“, was am besten und sinngemäßesten durch „Schweifzeigen“ zu übersetzen wäre. Allgemein ist die Annahme verbreitet, daß die Forellen auf der Suche nach Bodennahrung seien oder aufsteigenden Zwischenstufen von Wasserinsekten nachgehen, und diese Annahme erscheint durchaus berechtigt und glaubwürdig. Ein englischer Autor rät, in diesem Falle mit speziellen „Nymphenfliegen“, deren Bindeweise ich auch angegeben habe, weil ich mich wiederholt von ihrer Brauchbarkeit überzeugen konnte, zu angeln — entweder in der Art, daß man das Vorfach bis zur untersten Gutlänge fettet, so daß diese mit der Fliege ins Wasser taucht, was ich besonders in seichtem Wasser bei Vorhandensein von Kraut und Grasbetten empfehle, oder aber in tieferem Wasser die Fliege durch ein Schrot beschwert direkt auf den Boden sinken läßt und wieder aufhebt. Ich hatte auf diese Weise wiederholt gute Erfolge, aber auch Versager, die ich ungescheut eingestehe, was aber durchaus nicht gegen die Brauchbarkeit der Methode spricht, weil hier und da auch andere, sogar „unfehlbare“ Methoden im Leben versagen.

Ein andermal wieder sieht man die Forellen lebhaft aufgehen, Ring neben Ring — oft sieht man sie knapp neben der Fliege etwas von der Oberfläche aufnehmen und der verzweifelte Angler wechselt Fliege um Fliege mit dem gleichbleibenden negativen Resultat. Heintz erwähnt dafür das Schwärmen winziger schwarzer Mücken, welche in Unzahl am Wasser treiben, als Ursache. Diese kann man aber wenigstens infolge ihrer kontrastierenden Färbung erkennen, aber oft und oft kann man selbst mit den schärfsten Augen nicht wahrnehmen, nach was die Fische aufgehen. Ein englischer

Autor gibt den Rat, zum Angeln eines der kleinen Triederbinokels mitzunehmen, das uns den nötigen Aufschluß gibt. Nach seinen Beobachtungen handelt es sich um kleinste, glashelle Insekten, die man nicht kopieren kann, manchmal auch um ebensolche „Spinner“, also geschlechtsreife Formen von Ephemeriden kleinster Gattung. Man wird vielleicht versucht sein, über den Vorschlag, mit einem Trieder bewaffnet zum Angeln auszurücken, zu lächeln. Ich muß aber gestehen, daß er etwas für sich hat. Abgesehen von der minimalen Belastung bietet so ein Glas die Möglichkeit, vieles zu sehen und unauffällig zu beobachten, was am Wasser vorgeht. Intime Szenen und Momente des Tierlebens und vieles andere — nicht zuletzt auch Leute, deren Anwesenheit am Wasser verdächtig ist. Denn ein richtiger Angler sieht nicht allein seine Beute oder sein Wild, sondern er sieht oder soll sehen auch alles, was um ihn herum lebt, fliegt, kriecht oder sonst sein Wesen treibt, und den Reiz der Beobachtung ebenso hoch einschätzen wie den des Angelns selbst, und darin Ersatz und Befriedigung finden, wenn Momente wie die vorgeschilderten seine Fangaussichten schmälern oder in Frage stellen. Eine noch immer strittige Frage ist die des „Kurzsteigens“.

Es gibt Stunden, in welchen die Forellen zwar nach der Fliege aufgehen, aber nicht gehakt werden können — ein Vorkommnis, welches man als „Kurzsteigen“ bezeichnet und geeignet ist, auch einen alten Flugangler nervös zu machen. Heintz gibt eine sehr sinnreiche physiologische Erklärung für das Fehlgehen des Anhiebes, ausgehend von dem Vergleiche des Kinderspieles, das man in meiner Heimat „Patschfangen“ nennt, bei dem die vorgehaltene Hand von der der Gegenpartei getroffen werden muß, ehe sie weggezogen wird. Heintz kommt zu dem Schluß, daß die lange Leitung vom Zentralnervensystem über Arm, Gerte, Leine zur Fliege schuld daran sei, daß der richtige Moment des Anhiebes verpaßt werde, bzw. dieser Moment zu kurz sei, als daß er von den ausgelösten Reflexen beantwortet werden könnte. Diese Erklärung ist vollständig plausibel und einleuchtend, aber erklärt nicht die Ursache des Kurzsteigens.

Einen psychologischen Grund werden wir dafür schwerlich angeben können, da wir die Vorgänge in der Tierwelt weder kennen, noch analysieren können, noch wissen, auf welche Reize die Tiere reagieren. Die Annahme, daß es uns unbekannte meteorologische Einflüsse sind, welche das Kurzsteigen verursachen, wäre nicht von der Hand zu weisen, denn oft kann man es vor einem Witterungswechsel und nahezu immer nur in der heißen Jahreszeit beobachten.

Ich habe mich aber bemüht, den Vorgang des Kurzsteigens zu studieren und zu beobachten und will das Resultat und die Methode im folgenden schildern. Bei verschiedenen Beobachtungsgängen ist es mir aufgefallen, daß die Fische lebhaft aufgingen, aber nicht in der üblichen Weise das Aufnehmen zeigten, d. h. durch Anstoßen des Maules gegen den Wasserspiegel den gewohnten

Ring entstehen zu lassen. Mit dem Glas konnte ich nun feststellen, daß die Forellen das treibende Insekt überhaupt nicht nehmen, sondern unter ihm wieder forttauchten. Selbstverständlich muß man für solche Beobachtungen eine möglichst langsam strömende Strecke, klares Wasser und Windstille haben. Es kam mir nun darauf an, festzustellen, ob meine Vermutung, daß dieser Vorgang mit dem Kurzsteigen identisch wäre, richtig sei. Allein kann man das natürlich nicht durchführen, denn man kann beim Angeln den Vorgang nicht kontrollieren, sondern muß sich mit der Beobachtung der Fliegen beschäftigen und das Werfen einem Gefährten überlassen, welcher auch verstehen muß, worauf es bei der Sache ankommt. Und tatsächlich gelang es mir nach vielen fruchtlosen Gängen wiederholt einwandfrei festzustellen, daß der beschriebene Vorgang jener des Kurzsteigens ist. Bei diesem nimmt also, entgegen der bisherigen Ansicht, daß die Forelle die Fliege nur mit den Lippen betaste bzw. sie ins Maul nehme, ohne sie einzuschlürfen, also wieder ausstoße — der Fisch die Fliege überhaupt nicht! Durch das Anschwimmen und Untenwegtauchen entsteht ein Lichtreflex oder aber eine Bewegung des Wassers, welche wir gewohnheits- und erfahrungsgemäß mit dem Anhieb erwidern, der in diesem Falle natürlich nie seinen Zweck erfüllen kann. Wohl aber wird schier jeder aufmerksame und nachdenkende Flugangler die Wahrnehmung gemacht haben, daß er wiederholt bei solchen Gelegenheiten des „Kurzsteigens" — vielleicht häufiger als sonst — einen Fisch irgendwo am Leibe oder an einer Flosse gehakt hat, welcher Vorgang nun auch erklärlich erscheint, indem ein Haken des Fliegenzuges faßte, wenn die Eindringungsrichtung günstig war.

Über die Geräte zum Forellenfange ist nicht viel Spezielles zu sagen: Eine gute Gerte, nicht schwerer als 200 g, wird allen kontinentalen, ja sogar auch den außereuropäischen Erfordernissen Genüge leisten. Wer sich für spezielle Zwecke noch eine Federgewichtsrute leisten will, der mag es tun, wenn er's kann — notwendig ist sie auf keinen Fall. Eine Gerte von Klasse 9½ bis höchstens 10 Fuß Länge ist für den Allgemeingebrauch das Richtige an Fluß und See. Höchstens zum Angeln mit der geblasenen Leine empfiehlt sich eine Spezialgerte, als welche ich die Seerohrgerte empfehle, welche auch verschiedene andere Verwendungsmöglichkeiten bietet, welche ich in den vorhergehenden Bänden fallweise besprochen habe. Vielleicht wäre etwas über das Vorfach zu sagen: Ich habe im allgemeinen Teile über das Thema ausführlich gesprochen — hier möchte ich nur erwähnen, daß man mit einem 2 Yard langen Vorfache von der Verjüngung ¼ x bis 2 x für alle Eventualfälle gerüstet ist, wenn man verjüngte Vorfächer bevorzugt. Aber auch Parallelvorfächer sind ganz gut, wenn man sie nicht zu fein nimmt. Es ist besser, die letzte Länge im Erfordernisfalle durch einen feineren Gutfaden zu ersetzen.

Es dürfte nicht unangebracht sein, auch noch über die Fangzeit — um nicht Saison sagen zu müssen — einige Worte zu verlieren.

Wir haben es noch nicht so weit gebracht wie England, wo eine generelle Schonzeit für die Forelle vom 1. Oktober bis 1. März in Kraft ist, was als unbedingt richtig bezeichnet werden muß, während bei uns die Schonzeiten bestenfalls am 1. Februar, vielfach aber schon früher enden. In den typischen Gebirgswässern ist vielfach die Forelle Ende März noch nicht vom Laichgeschäfte erholt und ihr Fleisch weich und saftlos. Ein richtiger Angler wird sich deshalb auch aus eigenem Empfinden heraus eine längere Frist stecken, ehe er seine Beutegänge antritt.

Für den Flugangler gibt es eine gute Regel für den Beginn des Fischens mit der Fliege, welche sogar den Vorzug hat, für die verschiedensten Höhenlagen zu stimmen: „Wenn der Hagedorn beginnt Blätter zu treiben."

Da in verschiedenen Lagen dieser Vorgang früher oder später eintritt, kann man ihn wie gesagt als Signal für den Beginn der Fliegenfischerei betrachten. Ich will damit nicht gesagt haben, daß man nicht an warmen Februartagen oder Märztagen einen Fisch auf die Fliege steigen machen kann, schon gar, wo diese ausgehungert und vom Laichen erschöpft, ein größeres Nahrungsbedürfnis haben als zu anderen Zeiten, aber jeder wird die innere Überzeugung haben, daß es trotzdem noch nicht das Richtige sei.

Dieses Treiben des Hagedorns fällt durchschnittlich in Lagen bis zu 400 m in die Mitte des April, also eine Zeit, in welcher sich im allgemeinen auch schon eine reichliches Insektenleben bemerkbar macht.

In fast allen Lehrbüchern steht der Satz: „Die Fliegenfischerei erreicht ihren Höhepunkt mit dem Schwärmen der Maifliege, also etwa im Juni, und mit dem fortschreitenden Jahr nehmen die Forellen die Fliege immer weniger gerne an, erst gegen Ende August bzw. im September steigen sie wiederum besser danach."

Ich möchte das nicht so allgemein sagen — abgesehen davon, daß dieser Lehrsatz von England übernommen wurde, wo er auch nur Geltung für die südenglischen Kreideflüsse mit ihrem Nahrungsüberfluß hat — wird er für unsere Verhältnisse höchstens für eine sehr beschränkte Zahl von Gewässern der Ebene und der niedrigsten Bergzüge anwendbar sein. An und für sich gibt es schon eine Menge von Wässern, ich möchte fast behaupten, die größte Mehrzahl, an denen die Maifliege gar nicht vorkommt und wenn schon, ist ihr Erscheinen für das Angeln ohne Bedeutung und Einfluß. In reinen Berggewässern und erst recht in den Alpen und anderen hohen Gebirgen sind aber gerade die Hochsommermonate diejenigen, welche den besten Sport mit der Fliege bieten, wie ich schon früher erwähnte, gerade mit jenen Mustern, welche in Gewässern niedriger Lagen schon längst nicht mehr gängig sind.

Ich möchte daher diesen Satz dahin richtig stellen, daß er nur eine sehr beschränkte Geltung hat, dafür aber die Forderung erheben, daß in unserer Anglerpresse jeweils eine Aufstellung von Forellengründen erscheinen möge, in welcher Saisonbeginn und

-ende nebst Schwarmzeiten besonders charakteristischer Insekten-formen notiert sind. Nicht minder auch eine Anzahl der jeweils fängigsten Fliegen. Das würde nicht allein zur besseren Kenntnis unserer Wässer beitragen, sondern auch dem reisenden Angler ein willkommener Fingerzeig und Anhaltspunkt sein.

Aus dem Vorhergesagten ist leicht der Schluß zu ziehen, daß auch das Ende der Fangzeit mit der Fliege keinen bestimmten Regeln unterliegt, und man ganz allgemein höchstens sagen kann: in Gewässern der Ebene hört der Sport mit der Fliege früher auf als in jenen der Berglagen. Hierzu kommt wohl hauptsächlich als bestimmender Faktor die Witterung der letzten Wochen vor Eintritt der Schonzeit — gerade in Gebirgsgegenden und insbesondere in den Alpen ist nur zu häufig der September ein ausgesprochener Regenmonat; die damit verbundene allgemeine Abkühlung und die dann fast regelmäßig folgenden Hochwässer führen die Fliegensaison einem vorzeitigen Ende zu — wenigstens für die Forellen.

Man sieht also, daß für Anfang und Ende der Fliegenzeit eine ganz große Spannung besteht und Verallgemeinerungen nicht am Platze sind, weil eine zu große Anzahl von Faktoren mitbestimmend wirken, welche aber jeder einzelne für sich sich unserer Voraussicht und Berechnung entziehen. Da ich glaube, alles was den Fang unseres Lieblingsfisches anbelangt, ausführlich und erschöpfend behandelt zu haben, erübrigt es mir noch, auch über die Behandlung und Pflege eines Forellenwassers zu sprechen.

Wenn man alte Angler über den heutigen Stand unserer Wässer urteilen hört, so klingt immer wieder die Klage durch, daß es zu ihrer Zeit besser, die Gewässer reicher und die Fische größer waren. Ganz unrecht kann man ihnen nicht geben, denn auch wir Jüngeren sind nicht ganz zufrieden. Zwar gibt es heute noch ganz hervorragende Wasserstrecken, aber welch eine Mühe und Aufwand kostet es, ihren Stand zu erhalten. Daneben gibt es aber ungezählte Kilometer herrlicher Wasserläufe, die total verödet sind. Ich kenne selbst genug davon, in denen ich in meiner Jugend reiche Beute gemacht habe, die von heute auf morgen fischleer waren und nie wieder besetzt werden können. Wieder andere sind durch Unverstand, Habsucht und Raubwirtschaft entvölkert worden und liegen heute brach, weil niemand sich dazu verstehen wird, für die ausbeuterischen Besitzer diese Wässer zu hegen und zu schonen.

In jedem Fischereiblatt, von der „Fishing Gazette" angefangen, wird geklagt über die zunehmende Verödung unserer Wässer durch die giftigen Abwässer der Städte und der Industrie, wozu neuzeitlich noch ein anderes Gefahrmoment hinzugekommen ist: Die Straßenteerung, welche durch den zunehmenden Verkehr und die Erschließung der entlegensten Täler Gebiete bedroht, welche man bisher vor Vergiftung sicher glaubte. Es ist klar, daß hier der einzelne machtlos ist und nur eine energische Gesetzgebung Wandel schaffen kann, weshalb ich immer wieder den Zusammenschluß aller Interessenten in eine große Organisation, die Unterstützung der Fachpresse und vor allem die Belehrung der Öffentlichkeit durch die Tagespresse predige, welche einmal begreifen lernen muß, daß es sich erst in letzter Linie um die Befriedigung der Sportpassion eines Teiles der Bevölkerung, dagegen in erster Linie um die Erhaltung eines bedeutenden Stückes vom Nationalvermögen handelt.

Kleine Ansätze sind zwar schon vorhanden, aber das genügt nicht.

Eine große Bedrohung für den Fischbestand bilden die neuzeitlichen Meliorations- und Korrektionsbestrebungen. Zwar ist es hinsichtlich letzterer ein wenig besser geworden, seit man zur Einsicht gekommen ist, daß die vorher üblichen geradlinigen Anlagen unrationell sind. Aber durch die Uferverbauung werden die dem Fische so notwendigen Unterstände vernichtet, schattenspendende Bäume und Stauden verschwinden und die Laichplätze werden auch immer weniger. Kein vernünftiger Mensch wird sich dagegen auflehnen, daß Hab und Gut, Grund und Ernte anderer durch Sicherheitsbauten u. dgl. geschützt werden, aber bei einigem guten Willen und weniger einseitiger Behandlung und Auffassung der Frage vom grünen Tisch aus durch „Sachverständige“ können auch die Rechte der Fischwasserbesitzer und Angler gewahrt bleiben.

Neben den Korrektionen der Flußläufe sind es die modernen Wasserbauten, Talsperren, Stauwerke, Industrieanlagen usw., welche unseren Fischbestand schädigen. Die guten alten Wehre aus Pilotenwerk verschwinden und machen hohen, glatten Betonmauern Platz, über die der Fisch nicht aufsteigen kann, die ihm aber auch keinen Unterstand und Ruheplatz gewähren, wie es bei den alten Holzbauten der Fall war. Wenn schon überhaupt Fischpässe und Aufstiegleitern eingebaut werden, dann sind diese vielfach fehlerhaft angelegt und daher wertlos. So werden ganz große Flußstrecken auseinandergerissen, gewiß nicht zum Wohle der Wasserbewohner und nicht zur Freude der Fischfreunde.

Solange ein Wasser nicht so radikal verunreinigt ist, daß überhaupt kein organisches Wesen außer einigen Bakterienarten mehr darin gedeihen kann, muß man versuchen, es künstlich durch Besatz zu bevölkern. Ein ausgeraubtes Wasser kann in kurzer Zeit wieder einen leidlichen Fischbestand bekommen, wenn es halbwegs nahrungsreich ist und rationell bewirtschaftet wird. Kein Fisch, etwa den Karpfen ausgenommen, ist so ein dankbares Objekt für künstliche Aufzucht wie unsere Bachforellen, wenn man zwei Punkte im Auge behält: erstens schnellwüchsige Rassen aus gesunden Elterntieren zu züchten, zweitens ein Wasser nicht zu übervölkern. Ein freies Wasser ist kein Stall — und selbst in einem solchen läßt sich nicht mehr unterbringen als Platz und vor allem genug zu fressen hat — andernfalls geht der Bestand zurück. Wer Fische zu Verkaufszwecken züchten will, der muß eben dafür die entsprechende Anlage schaffen und seine Fische füttern. Wer sich aber ein Fischwasser zu Angelzwecken schaffen will, der muß zunächst einmal wissen, wieviel Besatz seine Strecke verträgt — besser gesagt, ob die Boden- und Wasserfauna so reich ist und derart zusammengesetzt, daß sie seine Fische und den Nachwuchs auch ernähren kann.

Wer das nicht verstehen will oder übersieht, gewärtigt zweierlei Mißgeschick. Entweder seine Fische wandern ab — das wäre die natürliche Regulierung des Zuviel — oder aber sie degenerieren zu einer Krüppelrasse, wenn auf den Nachbarstrecken die gleichen Mißstände herrschen — oder drittens unter seinem Besatz entwickeln sich einzelne Exemplare auf Kosten der anderen rascher und werden dann zu räuberischen Kannibalen, so daß das Wasser zum Schluß nur noch einige wenige solche beherbergt, welche den späteren Einsatz nicht mehr aufkommen lassen, weil sie ihn einfach verzehren.

Ein Flugangler, welcher sein Wasser rationell sportlich bewirtschaftet, den die kommerzielle Verwertung seiner Fische erst in zweiter Linie oder auch gar nicht interessiert, wird also von Haus aus trachten, Fische zu halten, welche vor allem an die Fliege gehen, also Kannibalen ausschalten. Das geschieht durch periodische Abfischung mit dem Netze, um auch fremde zugewanderte Räuber unschädlich zu machen, sodann aber durch Auswahl im Besatz.

Die wenigsten sind in der glücklichen Lage, Aufwachsgelegenheiten selbst zu besitzen. Viele werden sich mit einer mehr oder minder einfachen Brutanlage begnügen müssen, die Mehrzahl aber den Einsatz direkt von einer Züchterei erwerben. Und hierin liegt die Fehlerquelle. Die Züchterei liefert, wohl unter Garantie der Gesundheit — vielleicht auch der Schnellwüchsigkeit — die verlangte Anzahl Brut oder Jungfische. Diese werden an den entsprechenden Stellen ins Wasser gebracht, und damit ist die Besetzungsfrage erledigt. Mit der Zeit wundert sich der Wasserbesitzer, daß die großen Fische nicht mehr nach Fliegen steigen und nur noch im Netz oder an Wurm und Koppen zu erbeuten sind. Wenn ihm aber jemand sagen würde: „Mann, du hast ja selbst diese Raubtiere eingesetzt und hochgezüchtet", dann wird er es bestimmt nicht glauben. Und doch ist dem so.

Ich habe in unserer Literatur dieses Thema nirgends behandelt gefunden, darum will ich es hier eingehend besprechen. In England, wo man den größten Wert darauf legt, nur Fische zu haben, die vor allem Sport mit der Fliege geben, verlangt man direkt, daß schon von der Brutanstalt aus keine Kannibalen oder hierzu veranlagte Tiere geliefert werden. Es mußte daher in den Züchtereien ein intensives Studium einsetzen, um den Kannibalismus bzw. die Veranlagung zum Kannibalen schon beim Jungfisch zu erkennen, um ihn rechtzeitig ausmerzen zu können. Durch jahrelange Beobachtung kam man darauf, daß es unter jeder Brut enorm schnellwüchsige Exemplare gebe, welche naturgemäß ein gesteigertes Nahrungsbedürfnis haben und zwangsläufig dazu kommen, ihre Artgenossen zu vertilgen bzw. zu verzehren. Infolgedessen verfahren die großen Züchtereien so, daß sie je 1000 Jährlinge in einem Aufwachsbassin aufziehen, welche fortwährend genau auf ihr Längenwachstum kontrolliert werden. Sobald ein Exemplar auffallend rasch wächst und den Durchschnitt an Länge und Gewicht überschreitet, wird es entfernt.

Es muß zugegeben werden, daß es eine immense Summe von Kenntnis und Vertrautheit mit der Materie erfordert, um in dem Gewimmel von 1000 Fischen den einen bestimmten herauszufinden, aber wie die Erfahrung gelehrt hat, ist man auf dem richtigen Wege.

Ob ihn auch unsere einheimischen Zuchtanstalten gehen werden, ist eine Frage, die wir Angler nur dann einer Bejahung zuführen können, wenn wir von ihnen auch die Garantie gesichteter Ware verlangen.

Um ein Wasser neu zu besetzen oder nachzubesetzen, gibt es drei Wege: Einsatz von Brut, von Jährlingen und von Zweijährigen. Brut ist wohl von allen dreien das billigste Verfahren, aber nicht das rentabelste und schon gar nicht das sicherste, wenn man außer großen Bachforellen noch Döbel in nennenswerter Zahl im Wasser hat. Am ehesten noch eignet sich der Brutbesatz für Neubesetzungen, wenn man willens ist, das Heranwachsen des Einsatzes abzuwarten.

Etwas mehr versprechender ist der Einsatz von Jährlingen — wenn auch schon kostspieliger.

Wenn es sich aber darum handelt, ein Wasser rasch in die Höhe zu bringen und vor allem den Ersatz für die herausgefangenen Fische zu stellen, dann bleibt eben nur der Einsatz von Zweijährigen die Methode der Wahl; die wachsen bei guten Nahrungsverhältnissen, besonders wenn es sich um raschwüchsige Rassen handelt, binnen zwei Jahren zu fangreifen Fischen aus. Allerdings billig ist das Verfahren nicht, aber sicher und schnell und am besten kontrollierbar.

Die englischen Heger und Sportvereine sind in letzter Zeit vollständig zu diesem Prinzip übergegangen und mit dem Resultate in jeder Hinsicht vollständig zufrieden.

Ich möchte aber noch eine Forderung an den Fischbesatz stellen: In Anbetracht der Einschränkung in den Lebensbedingungen vieler Wässer, der dadurch erfolgenden Vorschubleistung zur Degeneration und verminderten Widerstandsfähigkeit gegen Krankheiten und andere Schädigungen ist es ein unabweisliches Gebot der Zeit, für die Blutauffrischung in gemessenen Abständen zu sorgen. Ganz besonders dann, wenn es sich darum handelt, ein durch eine Epidemie dezimiertes Wasser wieder auf den Stand zu bringen, oder wenn man die ersten Anzeichen von Inzucht oder Degeneration wahrnimmt.

Unsere züchterisch-hegerischen Bestrebungen müssen aber auch durch ein gerechtes Gesetz geschützt werden, welches erstens die Zusammenlegung von Zwergfischereigerechtigkeiten, wie man sie noch vielfach findet, zu großen Wirtschaftsgebieten befiehlt, und zweitens durch eine mindestens zehn- bis zwölfjährige Pachtfrist eine Bewirtschaftung ermöglicht und sichert.

Aber auch der Eigentümer eines Fischwassers müßte von Gesetzes wegen gehalten werden, für die Erhaltung des Fischbestandes Sorge zu tragen und zum regelmäßigen Einsatz verpflichtet werden.

Des weiteren ist eine Verlängerung der Schonzeit anzustreben bis zum 1. März. In vielen Ländern ist die Forelle schon ab 1., längstens 15. Januar freigegeben, was entschieden verderblich ist.

Daß ein Angler von echtem Schrott und Korn aus eigenem Antrieb die Schonzeiten für sich weitersteckt und erst recht ein Verein, halte ich für eine Selbstverständlichkeit, über die nicht mehr Worte zu verlieren sind. Ebenso daß man sich selbst die Brittelmaße weitersteckt, als das Gesetz sie normierte. Ein wichtiger Punkt ist auch der Handelsverkehr mit Fischen, der schärfer überwacht werden sollte. Ich stehe aber nicht auf dem engherzigen Standpunkte, daß ein Angler seine Fische gegebenenfalls nicht verkaufen dürfe — es kommt nur auf die Modalitäten an, unter denen es geschieht.

Wenn jemand als Gast eines Wassers oder als Mitglied eines Vereines fischt, bis sein Rucksack platzt, womöglich alles nimmt, wenn's auch nur ganz knapp das Brittelmaß hat — oft sogar dieses nicht — und dann hingeht und die Fische verkauft, so ist das eine Handlungsweise, die von schäbigster Gesinnung zeigt und nicht scharf genug verurteilt werden kann. Leider gibt es genug solcher Sportkollegen, sogar aus Gesellschaftsschichten, die sonst im allgemeinen auf „Standesehre" u. ä. Begriffe halten. Gerade als Gast oder Vereinsmitglied sollte man größte Delikatesse und Takt als Ehrensache betrachten. In England ist es nahezu allgemein, besonders auf Vereins- und öffentlichen Wässern, üblich, die Tagesstrecke auf eine bestimmte Zahl zu beschränken, und ich finde das sehr weise. Wenn jemand sagen wir acht gute Forellen heimbringt, dann hat er auch für eine größere Tischrunde genügend — wenn er von dem Fang jemand beschenken will, wird er kaum in die Verlegenheit kommen, daß ihm Fische bleiben, mit denen er nichts anfangen kann.

Etwas anderes ist es, wenn der Besitzer des Wassers trachtet, etwas von seiner Ernte zu verwerten und an feste Abnehmer Fische verkauft oder einen Freund mit dem Fang und Verkaufe betraut — das ist eine Selbstverständlichkeit, die nicht gegen anglerische gute Sitten verstößt, denn auch der Jagdherr verkauft sein Wild.

Aber der Verkehr mit Fischen während der Fangzeit und noch mehr während der Schonzeit soll strenger überwacht werden. Damit liegt es bei uns noch sehr im argen. Kommt es doch vielfach vor, daß Fische, welche zum Zwecke der Laichgewinnung gefangen, nicht mehr nach dem Ausstreifen zurückversetzt werden, sondern zu Verkaufszwecken behalten werden, wozu die viel zu kurzen Schonzeiten geradezu einladen.

Viel trägt ja die Indolenz unseres Publikums dazu bei, welches in fischereilichen Dingen total unwissend, gedankenlos im Karneval ausgehungerte und ausgemergelte Forellen konsumiert, welche es vielleicht verschmähen würde, wenn es entsprechend aufgeklärt würde.

Hier ist ein großes Arbeitsfeld für unsere Schutzverbände — und die von mir oft geforderte Betätigung und Heranziehung der Tagespresse für unsere Interessen und Verbreitung fischereilichen Wissens und Verständnisses unter den breiten Massen der Bevölkerung hätte hier einzusetzen, denn wir vergessen immer, daß diese kein Fischereifachblatt, wohl aber ihre Tageszeitung lesen und wir nur allein durch diese zu ihnen reden können.

Ich sehe so lange keine Besserung in allen unseren fischereilichen Nöten und Mängeln, als wir uns nicht zum Wege in die Tagespresse entschließen und von dieser dasselbe Interesse verlangen, welches sie Sachen von viel geringerer Bedeutung und volkswirtschaftlicher Wichtigkeit oft in überreichem Maße entgegenbringt.

Das ist unser gutes Recht — und das müssen wir verlangen —, dann werden wir es auch bekommen.

Die Asche.

(Grayling Ombre.)

Wer in Anglerzeitungen die verschiedenen Schilderungen vom Aschenfangen liest, könnte sich zu der Annahme verleitet fühlen, die sommerliche Jahreszeit als Hauptfangzeit mit der Fliege anzusehen, weil in jenen Beschreibungen fast immer von glitzernder Sonne, grünem Laub und kühlem Schatten die Rede ist; in Wirklichkeit aber ist die Asche der Fisch, welcher am besten in der kühlen Zeit des Frühherbstes, wenn das Laub schon welkt oder gar zum Wasserspiegel niederfällt, die Fliege nimmt. Man spricht so gerne und so viel von der launischen Asche, und doch ist sie es nicht, nur fett und träge ist sie, übersättigt und deshalb nicht beißlustig — im Sommer nämlich — und da ganz besonders übertags.

Die Laichperiode tut der Asche an ihrer körperlichen Verfassung nicht so viel Abbruch wie der Forelle, denn sie fällt in die Monate März—April, in hohen Lagen dauert sie mitunter bis in den Mai, aber immer fällt sie, und erst recht ihr Ende, in eine Zeit, wo reiches Leben in und auf dem Wasser soviel Nahrung bietet, daß der Körperverlust der Laichzeit rasch ausgeglichen wird.

Ferner lebt die Asche in jenen unteren Flußabschnitten, welche gemeinhin bedeutend nahrungsreicher sind als die oberen, von der Forelle bevorzugteren. Wenn auch beide Fische nebeneinander auf langen Strecken vorkommen, so zieht doch die Asche Grund mit Sand und sogar stellenweise Lehmgrund dem grobschotterigen oder felsigen der eigentlichen Forellenregion vor, ja in vielen Gewässern der Vorlande und der Ebene lebt sie in Wasser mit weichem Boden, darin Kies- und Sandstellen abwechseln, und geht bis tief hinunter in die Barbenregion, sofern dort das Wasser noch sauerstoffreich genug ist und im Sommer nicht allzuwarm wird. Genaue Grenzen lassen sich für ihr Verbreitungsgebiet nicht ziehen.

In manchen Wässern erreicht sie stattliche Größen, in manchen wieder wird sie trotz scheinbar günstiger Verhältnisse im Durchschnitt kaum über ein Pfund schwer. Und ebenso verschieden wie ihr Gedeihen und ihr Wachstum in diesem oder jenem Wasser ist auch ihr Verhalten gegenüber dem Flugangler und ihre dementsprechende Einschätzung als Beuteobjekt.

Der Engländer bringt der Äsche bei weitem nicht jene Wertschätzung entgegen, deren sie sich bei uns erfreut, wenigstens insoweit es sich um den Fang mit der Fliege handelt. Allerdings spielen da lokale Verhältnisse eine große Rolle: erstens ist das Vorkommen der Äsche im Inselreiche ein verhältnismäßig sehr beschränktes, zweitens erreichen die Fische dort weder die Größe noch das Gewicht der unseren; wie man aus den recht spärlichen Publikationen über dieses Thema in der englischen Fachpresse entnehmen kann, wird dort eine pfundige Äsche schon als sehr guter Fisch bezeichnet und schließlich: ist auch die Kampfeskraft und -freude der englischen Äschen nach Angabe der Autoren so unbedeutend im Vergleich zur Forelle, daß der Engländer, dem der Kampf mit dem Fisch die Hauptsache ist, am Fang der Äsche keine Freude hat, wenn er sie auch als Tafelfisch schätzt.

Eigentümlicherweise überträgt aber der Engländer seine Geringschätzung des sportlichen Wertes auch auf die Fische unserer Bergwässer, wovon ich mich zu überzeugen oft genug Gelegenheit habe und hatte, trotzdem man diesen Äschen gewiß nicht Kampfesfreude und Angriffsgeist absprechen kann.

In vielen kontinentalen Wässern, allerdings besonders jenen der Ebene, die verhältnismäßig langsam strömen und einen Überfluß an Nahrung produzieren, zeigt die Äsche dasselbe Verhalten wie in England, hauptsächlich in den Hochsommermonaten. Sie steht faul an einer Stelle, nimmt die Fliege nur äußerst bedächtig, sozusagen phlegmatisch, und kämpft nahezu gar nicht. Fälle wie den von Heintz zitierten, daß Francis einer Äsche so und sovielmal die Fliege anbot, ohne sie zu vergrämen, bis sie dieselbe endlich annahm, habe ich in solchen Wassern wiederholt erlebt.

In derlei Regionen tritt auch das „Moseln" des Fischfleisches ein, jener unangenehme Schlammgeschmack, welcher sich erst in der kälteren Jahreszeit wieder verliert.

In den Flüssen der Berge und Alpen, und ihres Vorlandes, mit fast rein steinigem und kiesigem Grunde ist die Äsche ein ganz anderer Fisch. Ihr Kleid leuchtet in hellem Silberglanze, die Regenbogenfärbung der Rückenflosse ist viel feuriger und der ganze Fisch erfüllt von Leben, was wohl die härteren Daseinsbedingungen zur Ursache haben mag. Hier steht sie hart neben der scharfen Hauptströmung, in Wirbeln und Rückläufen, an und neben Wehrschüssen oder hinter großen Steinen und im Überfall; blitzschnell steigt sie aus der Tiefe nach oben und der Anhieb kommt zu spät, wenn er nicht beim ersten Aufleuchten in der Tiefe gesetzt wurde, und erst der nun folgende Drill ist etwas, woran ein Anglerherz sich ergötzen kann. Während die große Forelle unserer Alpenflüsse nahezu stets mächtig in die Tiefe bohrt, immer versuchend, das sie haltende Vorfach an den Steinen des Grundes entzweizuscheuern, oder aber sich spreizt und wälzt, zieht die Äsche, meist stromab flüchtend, die Schnur von der Rolle, um sich dann in wiederholten Sprüngen hoch aus dem Wasser zu schnellen und wiederum die Flucht aufzunehmen, wobei sie auch in die wildeste Strömung geht.

Wenn sie schwerer als ein Pfund ist — und das ist sie in den größeren Gebirgsflüssen meistens —, dann ist der Kampf immer von längerer Dauer als jener mit einer gleichschweren oder noch schwereren Forelle. Und noch unsicherer ist nach einem solchen die endliche Landung. Im Maule der Forelle haftet der einmal eingedrungene Haken fest, in dem weichen Maule der Äsche schlitzt nur zu gerne der Haken aus, was besonders durch das Springen gefördert wird, und namentlich wenn der Haken vorne in den Lippen sitzt. Man kann es fast als Regel annehmen, daß eine Äsche nach zu langem Drill im letzten Augenblicke noch abkommt, wogegen der vielfach empfohlene Doppelhaken auch nicht schützt, weil gewöhnlich nicht beide Spitzen, sondern meist nur eine faßt und eindringt, in welchem Falle dann der Hakenbogen oder auch die zweite Spitze noch als Hebelarm (Hypomochlion) dient und das Ausschlitzen des Hakens begünstigt. Ich bin deshalb vom Doppelhaken wieder abgekommen und verwende nur noch den einfachen, vielfach nur den widerhakenlosen „Jamison"-Haken; aber dafür habe ich es mir zum Prinzip gemacht, die Äschen nicht allzulange zu drillen und vor allem sie nicht springen zu lassen. Wenn es halbwegs geht, trachte ich, den Fisch so schnell wie möglich herauszuführen, indem ich allen Druck, den das Zeug erlaubt, wirken lasse.

Ganz besonders wichtig ist das, wenn man eine lange Leine draußen hat. Wenn man den Fisch dabei nicht unnötig und vor der Zeit an die Oberfläche forciert, springt er auch nicht so leicht, darum drille ich gewöhnlich mit der Gertenspitze über dem Wasserspiegel, erst recht, wenn viel von der schweren Flugleine draußen ist, welche dann durch ihr Gewicht wirkt, indem sie den Fisch in die Tiefe zieht und so dem Springen entgegenwirkt, wozu der noch auf sie drückende Wasserdruck als verstärkender Faktor hinzutritt.

Seitdem ich mir diese Art des Drills zu eigen gemacht habe, verliere ich nur wenige Fische mehr während oder infolge desselben; allerdings muß man dabei auf das „Tot"-Drillen verzichten, anderseits aber das Maß des anzuwendenden Druckes mit Verstand handhaben und bemessen, sowie rohes Forcieren ebenso sorgfältig vermeiden.

Wichtiger noch wie beim Forellenfang ist hier ein entsprechend geräumiges Landungsnetz, schon für den Fall, daß der Fisch im letzten Moment noch zu springen beginnt, denn dann wird man ihn in eines der neuzeitlich so angepriesenen, kleindimensionalen Netze wahrscheinlich nicht hineinbekommen, viel eher aber mit dem Netz an ihn anstreifen und ihn verlieren.

Ebensowenig wie ich für diese kleinen Netze schwärme, kann ich mich für eine weiche Äschengerte begeistern, die so häufig in den Preislisten angeboten werden. An und für sich halte ich es für einen Unsinn, sich eine spezielle Äschengerte zu kaufen, selbst wenn man nur ein reines Äschenwasser zu befischen hätte. Ich angle jahraus, jahrein mit meiner herzlich steifen Trockenfliegengerte, ganz gleich, ob ich speziell auf Forellen- oder Äschenfang ausgehe, aber mit der kann ich auf einen Fisch auch einen Druck ausüben, was man mit „weichen“ Gerten gemeinhin nicht kann. Ich weiß, daß das Argument für die Empfehlung der weichen Gerte der zarte Anhieb ist, der wegen des zarten Maules der Äsche erforderlich sei, aber dieses Argument verfängt bei mir nicht. Erstens wird von einem zünftigen Angler überhaupt nicht ange„hauen“ und zweitens wer das so tut, der wird auch mit der allerweichsten Gerte dem Fisch den Haken aus dem Maule reißen oder ihn brechen. Und wer sich das „Anhauen“ nicht abgewöhnen kann, der soll das Angeln aufgeben, denn er wird auch mit der unmöglich weichsten Gerte nur Unglück haben.

Viel diskutiert wird das Thema der zum Äschenfang zu verwendenden Fliegen. In England gebraucht man hierzu spezielle Sorten, von denen die „Apple green“ und „Derbyshire Bumble“ in manchen Wässern zu Zeiten sehr wirksam sind, wie sie wiederum an anderen vollständig versagen, was aber auch bei jeder anderen Fliegengattung zutrifft. Für unsere Wässer genügen die landläufigen Forellenfliegen in jeder Beziehung zum Fange der Äsche. Es kann zwar vorkommen, daß diese an einem Tage nur eine bestimmte Fliege bevorzugen, welche zur gleichen Zeit von der Forelle nicht genommen wird, wofür man eben keine Erklärung findet, was aber auch nicht für den Gebrauch spezieller Äschenfliegen spricht.

Die mit Gold und Silber gerippten Fliegen und solche, deren Leib aus ebensolchem Lametta hergestellt ist, auch sonst bunte Fliegen scheinen auf die Äsche eine stärkere Anziehungskraft zu besitzen. Wenigstens habe ich die Beobachtung gemacht, daß z. B. die Alexandra in kleinen Nummern im Beginne des Herbstes fast in allen Wässern, die ich befischte, hervorragend geht und zur Zeit des Laubfalles oder auch etwas später eine Phantasiefliege aus roten, weißen und gelben Federn, ähnlich der amerikanischen Parmachenee, mitunter Rekordstrecken an großen Fischen liefert.

Ich möchte aber nach meinen Erfahrungen die Wahl kleiner und kleinster Hakengrößen nur beschränkt befürworten. Im Sommer, bei sehr klarem und niederem Wasser sind sie wohl angezeigt, wenn man in dieser Zeit die Äsche überhaupt zum Steigen bringt, denn soweit meine Erfahrung reicht, ist heller Sonnenschein, Hitze und Niederwasser sogar bei günstigem Wind dem Äschenfang abträglich; unter solchen Verhältnissen hat man am ehesten Aussicht auf einen Fang am späten Tag, bei beginnender Dämmerung oder sehr zeitig am Morgen.

Dafür ist im Sommer ein kühler trüber Tag mit leichtem Süd- oder Westwind, eventuell sogar milder Strichregen oder auch ohne diesen, fast regelmäßig ein hervorragender Fangtag, selbst wenn weit und breit kein Fisch aufgeht. An diesen Tagen ist es die versunkene Fliege, welche den Korb füllt. Landregen ist ebenso ungünstig wie beim Forellenfangen, ebenso abnorm hoher oder rapid zunehmender Wasserstand, aber nach einem Landregen kann man dafür bei beginnender Aufheiterung und zurückgehendem Wasserstande die herrlichsten Strecken machen, selbst wenn das Wasser noch ziemlich trüb ist, nur darf man dann nicht zu kleine Fliegen nehmen! Überhaupt ist erhöhter Wasserstand das Günstigste und Meistversprechendste zum Äschenfangen sowohl im Sommer wie im Herbste, und gerade die großen Äschen bevorzugen bei solcher Gelegenheit ausschließlich recht große Fliegen, ganz entgegen den landläufigen Lehrsätzen. Ich habe zur Maifliegenzeit an den größten Hakennummern wiederholt die kapitalsten Äschen erbeutet und einmal mit einer Meerforellenfliege „Grün und Wilderpel" (Mallard and Green) zur Heuschreckenzeit einen Rekordsfang gemacht; beide Male war das Wasser fast einen Meter über dem Normalen. Die beste Äschensaison ist aber meiner Ansicht nach im Oktober und November, vorausgesetzt, daß diese Monate keinen abnormalen Witterungscharakter aufweisen, d. h. weder außergewöhnlich warm sind, noch vorzeitig starken und anhaltenden Frost bringen, welche das Insektenleben zum Stillstand bringen und die Äschen in die tieferen Wasserstrecken treiben. Schlechtwetter ist durchaus keine Gegenanzeige, wie ich wiederholt beobachtete; allerdings muß man danach angezogen sein und eine Portion Ausharrungsvermögen besitzen. Dann wird man die Wahrnehmung machen, daß die Äschen einmal wie toll aufgehen und gierig die Fliege nehmen, trotzdem die Luft und der Regen empfindlich kühl sind. Ich gebe zu, daß es nicht jedermanns Sache ist, zu dieser Zeit eine weite, zeitraubende und vielleicht auch kostspielige Anglerfahrt zu machen, schon in Anbetracht der kurzen Fangzeit und des Risikos, trotz aller Aufopferung und Warten doch mit leerem Korbe heimzukehren. Aber wer nicht allzuweit von seinem Wasser entfernt wohnt und bequem Gelegenheit hat, es zu erreichen, dem gebe ich den Rat, die Fliegengerte nicht vorzeitig aus der Hand zu legen. Er wird durch manchen reichen und überraschenden Fang für seine Mühe und Ausdauer belohnt und entschädigt werden.

Ich darf es keineswegs unterlassen, der Führung der Fliege Erwähnung zu tun. Hinsichtlich der Trockenfliege bedarf es keiner weiteren Erläuterungen, nur möchte ich gerade bei dieser Art zu angeln, wenigstens in ruhig strömenden Wasserabschnitten und schon gar in gestauten Teilen den Rat geben, sich an die orthodoxe Methode zu halten, d. h. die Fliege nur über dem aufgehenden oder ausgemachten Fisch zu werfen, erst recht dann, wenn die Fische launig, d. h. faul sind und dann sich mit dem Vomwassernehmen der Fliege nicht zu beeilen, denn oft läßt die Äsche die Fliege weit heruntertreiben, um ihr dann plötzlich nachzufahren und sie zu nehmen, was man übrigens auch oft beobachten kann, wenn sie nach wirklichen Insekten jagt.

Außer dem Döbel gibt es kaum noch einen Fisch, der sich die Fliege mit so viel Vorsicht und Zurückhaltung betrachtet wie die Äsche. Diese Tatsache wird von vielen nicht genügend beachtet.

Beim Fischen mit der nassen Fliege hüte man sich vor allem davor, die Fliege gegen das Wasser zu führen. Wenn es auch, wie ich beschrieben, die Forelle zum Anbiß reizt, die Äsche wird es bestimmt vergrämen, unbedingt in hellem Wasser bei scharfem Licht. Ich rate ernstlich, die Fliegen vor jedem neuen Wurf bis ans Ufer treiben zu lassen. Mit besonderer Sorgfalt fische man den Rand der Strömungen ab und werfe erst dann über diesen hinaus, wenn man hier keinen Anbiß hatte. Rückläufe und Überfälle fische man gründlich ab, beißen die Fische nicht an der Oberfläche, dann lasse man die Fliegen sinken, so tief sie können, aber stets mit lockerer Schnur ohne den geringsten Zug. An solchen Stellen nehmen die alten, großen Exemplare die Fliege ziemlich vertraut, wenn sie ihnen nur unverdächtig vorgeführt wird, d. h. auf dem Wege, auf dem ihnen das Wasser die Nahrung zutreibt.

Es ist bedauerlich, daß sich die Äsche lebend nur mit den größten Schwierigkeiten transportieren läßt, was die Besetzung von Gewässern mit diesem schönen Fisch sehr erschwert.

Ebensowenig widerstandsfähig wie gegen die Einflüsse des Transportes ist die Äsche gegen Verunreinigungen des Wassers und erst recht gegen Krankheiten; namentlich die Furunkulose ist imstande, ein Äschenwasser radikal zu vernichten. Diese Beobachtung kann man vielerorts machen, wo Äschen und Forellen gemeinsam vorkommen. Tritt in einem solchen Wasser Furunkulose auf, dann werden wohl die meisten Forellen daran zugrunde gehen, bestimmt aber alle Äschen.

Mit dem Wiederbesatz hat es dann seine Schwierigkeiten, wenn nicht die Möglichkeit gegeben ist, daß Fische aus einem anderen Wasser zuwandern. Auch die künstliche Erbrütung des Äschenlaiches ist nicht ganz einfach und immer riskant, wenn man nicht eine gut geleitete Brutanstalt in nächster Nähe oder am eigenen Wasser zur Verfügung hat.

In manchen Wässern geht der Äschenbestand von Jahr zu Jahr zurück, ohne daß man dafür eine ausreichende Erklärung findet. So kenne ich einen Fluß in Steiermark, der vor Jahren die prächtigsten Äschen beherbergte. Heute ist der Äschenbestand kaum noch nennenswert. Die dortigen Fischer behaupten, daß er durch das Aussetzen von Regenbogenforellen gelitten habe, welche sich allerdings in diesem Wasser sehr wohl fühlen und respektable Größen und Gewichte erreichen und auch den Bestand an Bachforellen scheinbar überflügeln. Anderseits ist in diesem Wasser bislang nie das Auftreten einer Fischkrankheit oder ein anderweitiges Fischsterben beobachtet worden, welches auf eine besonders schwere Verunreinigung durch Abfallprodukte der Industrie zurückzuführen wäre. Ich bin aber trotzdem der Ansicht, daß infolge der auffallend großen Empfindlichkeit und geringen Widerstandsfähigkeit gegen Schädlichkeiten doch die Verunreinigung des Wassers durch die dort ansässige Eisenindustrie die Hauptschuld am Zurückgehen des Äschenstandes trägt, denn ich kenne anderseits Flüsse, welche einen prächtigen Bestand an großen Äschen und einen ebensolchen von Regenbogenforellen besitzen, ohne daß man eine Verdrängung oder auch nur Verminderung der ersteren wahrnehmen könnte. Allerdings sind an diesen Wässern durchwegs keine metallurgischen Montan- oder sonstige chemische Industrien etabliert. Jedenfalls ist das Problem der Äsche und ihrer biologischen Bedingungen eines eingehenden Studiums wert und wir Angler sollen eifrig dabei sein, an seiner Lösung mitzuarbeiten.

Die Regenbogenforelle.

(Trutta iridea. Rainbow-Trout.)

Das züchterische Kapitel ist heute eine der brennendsten Fragen unseres Fischereiwesens: Viele, vielleicht die meisten, sind entschiedene Gegner der Fremdlinge und bezeichnen ihre Einführung als den größten Mißgriff, der je in fischereilicher Beziehung gemacht worden sei, wenigstens soweit es den Kontinent anbelangt. Andere stehen nicht auf diesem extremen Standpunkt und ich glaube, gerade die begeistertsten Flugangler am wenigsten.

Soweit das Angeln als solches auf einen großwüchsigen, wehrhaften und kampffreudigen Fisch in Frage kommt, wird wohl kaum jemand etwas gegen die Iridea einzuwenden haben, denn es gibt wohl nur wenige Fische, welche so gerne und so gierig die Fliege nehmen und so zäh und ausdauernd kämpfen wie eben sie, besonders in jenen Wässern, in denen sie ansehnliche Größen erreicht.

Eine andere Frage ist aber die, ob ihre Einbürgerung für unsere Gewässer ein Vorteil war. Leider muß das für die überwiegende Mehrzahl derselben verneint werden, wenn es auch anderseits Gewässer genug gibt, in denen sie der einzige Salmonide ist, der in ihnen gedeiht, denn sie ist weniger empfindlich gegen Schädlichkeiten und insbesondere Mängel in der Beschaffenheit des Wassers, wie geringer Sauerstoffgehalt und Wärme, als die Bachforelle, denn sie geht ja bis ins Brackwasser.

Der gewichtigste Einwand gegen ihre Einsetzung in unsere Gewässer ist der, daß sie einerseits infolge ihres enorm raschen Wachstums unsere einheimische Forelle verdrängt; weiters der, daß sie bei Erreichung einer gewissen Größe abwandere.

Beide Einwände sind nicht unberechtigt, denn tatsächlich ist vielerorts dort ein Rückgang des Bestandes an Bachforellen zu verzeichnen, wo man die Iridea kritiklos einsetzte. An und für sich ein Sommerlaicher, den das Fortpflanzungsgeschäft nicht besonders schwächt, ist sie ungemein gefräßig und bedeutend schnellwüchsiger als unsere Forelle. Daß sie nebenbei Laich und Brut derselben rauben soll, ist nicht unglaubwürdig. Aber schon allein die Tatsache, daß sie mehr Futter braucht als unsere einheimischen Forellen, genügt, um diese in ihrem Gedeihen zu beeinträchtigen, wobei jene noch den Vorteil der sommerlichen Laichzeit voraus hat.

Das Abwandern ist vom wirtschaftlichen Standpunkt aus noch schwerwiegender, denn an und für sich wird ihr Fleisch bei uns nicht so hoch geschätzt und bezahlt wie das der Bachforelle; wenn sie sich aber noch durch Abwanderung der Nutzung des Züchters entzieht, dann ist der Schaden doppelt.

Allerdings mehren sich heute die Stimmen, daß der Fehler bei der Einführung der Iridea infolge Unkenntnis ihrer Lebensweise in der Heimat gemacht worden sei, dadurch, daß man die Iridea Kaliforniens einführte; diese sei infolge der Kürze der Wasserläufe zwangsweise zum Wanderfisch geworden, während die Iridea des amerikanischen Ostens und des Mittellandes kein Wanderer sei.

Mag dem sein wie es wolle, unsere Gewässer, welche noch voll und ganz die unverkürzten Lebensbedingungen für die einheimische Bachforelle bieten, sind zu gut und zu wertvoll für weitere Experimente. Abgesehen von gewissen Seen und Stauanlagen kommen für eine Neubesetzung oder Einbürgerung von Regenbogenforellen nur jene Gewässer in Betracht, welche entweder nicht oder nicht mehr die Lebensbedingungen für die Bachforelle besitzen, oder vielleicht Küstenflüsse, welche den heimatlichen Lebensformen der Iridea angeglichen sind. In England ist man bereits auf diesen Standpunkt festgelegt und forciert dafür die Wiederbesiedelung mit einheimischen Forellen, wenn anders auch die fabelhaften Erfolge mit der Einführung der Iridea z. B. in den Strömen und Flüssen verschiedener Kolonien nicht in Abrede gestellt werden dürfen.

In neuerer Zeit scheint man auch bei uns die englische Auffassung anzunehmen, wenigstens kann ich die Beobachtung machen, daß viele Pachtverträge den Besatz mit Regenbogenforellen direkt ausschließen.

Als Beuteobjekt ist die Regenbogenforelle ein Sportfisch ersten Ranges. Wild steigt sie nach der Fliege, welche sie oft mit einem Sprung aus dem Wasser raubt, ebenso wild und ausdauernd kämpft sie um ihr Leben in rasenden Fluchten, wildem Springen und Wälzen. Und wenn sie ein entsprechendes Gewicht erreicht hat, dann ist der Kampf schon aufregend, besonders in schwierigem Terrain an feinem Zeug.

Zum Fange der Iridea benötigt man kein besonderes Gerät, außer vielleicht eine etwas kräftigere Gerte für die ganz besonders schweren Fische der ausländischen Gewässer. Doch da selbst dort nur ganz ausnahmsweise ein Fisch über vier Pfund auf die Fliege steigt, wird man auch hier mit einer erstklassigen Gesplißten normaler Stärke sein Auskommen finden.

Auch die zu ihrem Fange zu verwendenden Fliegen sind dieselben wie für die Bachforelle, sowohl bei uns, wie auch im Auslande.

Der Huchen.

Von hundert Anglern kennen fünfundneunzig den Huchen nur als den vornehmsten Repräsentanten der mit der Spinnangel zu erbeutenden Fische und nur die restlichen 5 haben sich zu der ketzerischen Überzeugung durchgerungen, daß man wohl auch zu einer anderen

Jahreszeit als gerade im Winter und bei Frost und Schnee und auch mit anderen Fangmethoden den wehrhaften Recken erbeuten könne.

Ob aber unter diesen 5 einer ist, der für den Huchenfang sich mit der Flugangel spezialisieren möchte oder aber überhaupt an diese Möglichkeit denkt, möchte ich wirklich nicht glattweg behaupten.

Wenn ich die Bücher unserer älteren Autoren lese, befällt mich als Flugangler jedesmal ein Gefühl stiller Wehmut ob der vielen versäumten Gelegenheiten zu kapitalem Sport, welche ihnen und vielen anderen Anglern jener Epoche auch geboten war in jenen guten, alten Zeiten, als es noch Huchen im Überfluß gab.

Daß der Huchen ein Beuteobjekt hoher Klasse für den Flugangler ist, darf nicht in Abrede gestellt werden. Es mag sein, daß er nicht in jedem Flusse gleich gut auf die Fliege steigt, ebenso wie es auch der Lachs, weniger in englischen, dagegen in vielen norwegischen Strömen nicht tut. Aber durch das konservative Festkleben an dem Axiom: „Der Huchen sei der gegebene Fisch für die Spinnangel und speziell für die Winterszeit" hat man sich den schönsten Sport, den Fang mit der Fliege, entgehen lassen.

Wohl gibt Bischoff spezielle Huchenfliegen an, wohl erwähnt Heintz die Möglichkeit, den Huchen an der Fliege zu fangen und empfiehlt dazu die Lachsfliege, auch beschreibt er vereinzelte Fänge von Huchen an der Flugangel, aber weder er noch seine Vorgänger haben je mit einem Worte darauf hingewiesen, daß es möglich und lohnend sei, diesen königlichen Sport als Selbstzweck auszuüben und stets hat man den Eindruck, diese Fänge seien mehr oder minder unbeabsichtigte Zufallserfolge.

Heutzutage ist wohl die Mehrzahl der Huchenwässer wenn schon nicht ganz verödet und huchenleer, so doch recht bedenklich arm an diesen geworden und unleugbar werden die Huchen immer weniger, wenn es anderseits trotzdem auch noch einige gute Huchenwässer gibt, welche Gelegenheit zum speziellen Flugangeln bieten würden.

Ich will hier nicht das Thema weiter ausspinnen, warum der Huchenstand von Jahr zu Jahr zurückgeht und was dagegen zu tun wäre, sondern gleich den sportlichen Anteil des Fluganglers besprechen.

Vorweg will ich gleich sagen, daß man auf Massenstrecken nicht rechnen darf, daß aber die Anwendung der Flugangel entschieden für ein Wasser weniger verderblich ist als die Spinnangel mit ihrer schweren Bewehrung, jeder wird unbefangen zugeben, daß ich einen Fisch, der am einfachen Haken, meist nur vorne in den Lippen gehakt ist, nahezu unbeschädigt dem Wasser zurückgeben kann, wenn ich ihn aus diesem oder jenem Grunde nicht behalten will, was oft geradezu ausgeschlossen ist, wenn der Fisch an einem Drilling oder gar an einer schwer bewehrten Huchenflucht gefangen wurde.

Gerade an den kleinen oder mittleren Wassern fängt man nur zu oft an der Spinnflucht Fische, welche man viel lieber nicht gefangen hätte, die man aber behalten muß, weil sie so schwer verletzt sind, daß sie bestimmt trotz der schonendsten Abköderung eingehen würden. Ich meine damit nicht nur die mittelmäßigen oder gar untermäßigen Exemplare, sondern jene, welche den hoffnungsvollen Nachwuchs darstellen. Drei- und Vierpfünder, die erst richtig reif zur Fortpflanzung werden sollen, sogar wenn sie das Mindestmaß von 60 cm erreicht oder überschritten haben. Man knallt sich doch auch nicht die hoffnungsvollen Jungböcke aus dem Revier weg, selbst wenn sie schon sechs Enden geschoben haben, und so muß es auch der weidgerechte Angler halten.

Soweit es sich um Fische zwischen 6 und 10 Pfund handelt, wird jedermann widerspruchslos zugeben, daß es keiner besonderen Kunstfertigkeit bedarf, derlei Fische mit der schweren Spinnangel zu besiegen, auch dann nicht, wenn es sich um etwas größere handelt, daß aber in diesem Falle die Flugangel sportlich unbedingt das Höherstehende ist. Und hat man erst das Glück, einen guten oder gar kapitalen Fisch zu haken, dann genießt man sicher die höchsten Freuden, welche der Angelsport bieten kann. Schließlich ist es doch etwas anderes, wenn ich den schweren Fisch an der immerhin weichen und feinen Fluggerte — und sei es auch eine Lachsrute — und an einem einfachen Gutfaden in einem wilden Wasser voll Hindernisse durch und über alle Fährlichkeiten drille und in schwerem Kampfe der Landung zuführe, wobei der Fisch hundert Chancen hat, als wenn ich denselben Fisch an einer doppelt so starken steifen Spinngerte, Drahtvorfach und von einem oder gar mehreren Drillingen gehalten, an den Gaff führe. Soweit meine Erfahrungen darin reichen, habe ich gefunden, daß der Huchen an der Flugangel viel energischer kämpft als an der Spinnangel und deshalb schätze ich seinen Fang mit ersterer viel höher ein.

Und aus diesem Grunde empfehle ich jedem Flugangler, wenn er halbwegs Gelegenheit dazu hat, seinen Huchen mit der Flugangel anzugehen, um sich von der Wahrheit meiner Worte überzeugen zu können.

Als bestes Gerät hierfür ist eine leichte Lachsgerte anzusehen, 4, höchstens 4½ m lang, welche auch zur Befischung eines großen Wassers ausreicht, namentlich wenn man noch watet, zu welch letzterem Zwecke ich aber unbedingt Wathosen, welche bis zur Brust reichen, anrate, statt der sonst gebräuchlichen Stiefel oder Watstrümpfe. Ob man eine gespließte Gerte oder eine solche von Greenhart führt, bleibt sich ziemlich gleich, letztere sind etwas billiger, aber etwas schwerer.

Als Schnur kommt eine zu dieser Gerte abgestimmte Lachsflugschnur in Verwendung und als Rolle eine gewöhnliche Spinnrolle; nur muß diese eine tadellose und trotzdem nicht zu harte Hemmung besitzen und wird vorteilhafter mit einem Schnurführer ausgestattet, falls sie offen ist, um das Herausfallen von Schnurwindungen zu verhindern. Man kann die Flugschnur ganz gut mit der sonst gebrauchten Spinnschnur als Verlängerung verbinden.

Wenn man auch nicht gerade wie für den Lachsfang unbedingt 100 bis 120 m Verlängerungsschnur braucht, so ist es doch kein Schaden, wenn man davon nicht zu wenig hinter der Wurfschnur hat, denn daß mir ein Fisch, noch dazu nicht einmal ein besonders großer und schwerer, die ganze 40 Yard lange Flugschnur und noch 30 bis 40 m Verlängerung in einem Fahrer von der Rolle nahm, habe ich zu wiederholten Malen erlebt, wie denn überhaupt die Fische zwischen 8 und 15 Pfund am wildesten kämpfen. Ein Vorfach von 3 Yard Länge aus mittelstarkem Lachsgut genügt für alle Fälle, für besonders klares und niederes Wasser muß man eines aus feinerem Gut nehmen oder wenigstens die untersten zwei Längen davon an ein stärkeres anknüpfen, wie es sich überhaupt empfiehlt, Reservegutfäden verschiedener Stärke mitzuführen, um schadhaft gewordene Längen zu ersetzen oder feinere Endlängen einbinden zu können. An und für sich verbraucht sich die unterste Länge sehr schnell durch das oftmalige Einbinden der Fliegen und muß deshalb öfters erneuert werden.

Als Fliegen eignen sich außer den von Bischoff angegebenen roten und violetten Hechelfliegen und den verschiedenen Palmern, Rotschwanz und Zulus, besonders die glänzenden Lachsfliegen. Silver Doctor, Alexandra, Butcher und Jock Scott in verschiedenen Hakengrößen; je nach der Größe und Mächtigkeit des Fischwassers und nach der Höhe des Wasserstandes und der Klarheit des Wassers kommen Hakengrößen von 4 bis 1,0 ev. 2,0 (alter Skala) in Betracht. Man fischt alle Stellen ab, an denen man einen Huchen vermuten kann, vor allem Wirbel hinter Steinen, Wehrüberfälle, scharfe Rollen, hinter denen der Grund rasch zur Tiefe fällt, Einbauten, Rückläufe u. dgl. Am Morgen und Abend besonders die seichteren Stellen und besonders jene, wo das Wasser im Schwall gegen das Ufer drückt und dieses unterwaschen ist. Man läßt die Fliege sinken, ev. beschwert man sie mit Schrotkörnern am Kopfe, zieht sie ruckweise in die Höhe, läßt sie im Wirbel treiben, trachtet aber immer, ihr Leben zu geben und sie ihr Farbenspiel zeigen zu lassen.

Der Anbiß erfolgt immer ziemlich vehement und man hüte sich vor einem zu scharfen Anhieb. Das Verhalten des Fisches nach demselben ist sehr verschieden. Meistens steht er einen Moment still, ehe er die erste Flucht macht, manchmal aber zieht er gleich im scharfen Zuge ab, regelmäßig erst zur Tiefe. Selten springt er aus dem Wasser, viel öfters wälzt er sich oder bohrt nach dem Grunde.

Auf jeden Fall ist aber der Kampf aufregend und sein Ausgang nie vorauszusagen, besonders in schwer gangbarem Terrain, wenn man allein ist und das Wasser durch Felsen und versunkenes Holz verunreinigt ist.

In größeren Flüssen ist ein Boot eine große Hilfe, aber in den mittelgroßen und erst recht in den kleinen ist man nahezu immer ans Ufer gebunden und hat auch infolge der Beschränkung des Kampfterrains viel weniger Spielraum und Handlungsfreiheit, was dem

Fische sehr zustatten kommt, aber durch die Ungewißheit des Ausganges den Reiz des Kampfes mit ihm verdoppelt.

Aber eben die Ungewißheit des Ausganges und das erschwerte Drillen machen das Spiel doppelt reizvoll, wozu noch die Beruhigung kommt, daß der Fisch, selbst wenn er sich loskämpft oder das Zeug reißt, nicht ernstlich beschädigt ist. Darum empfehle ich auch nicht den Doppelhaken für den Gebrauch des Fluganglers, weil die Möglichkeit eines Verangelns bei ihm eine viel größere ist, als beim Einhaken.

Außer der beschriebenen Art, auf den Huchen mit der Lachsgerte zu angeln, gibt es aber eine noch viel reizendere: nämlich das Fischen mit der Trockenfliege. Ich weiß nicht, ob diese Art zu fischen in breiteren Kreisen bekannt ist, ich selbst bin eigentlich durch einen Zufall darauf verfallen.

Ich hatte eine Zeit vorher die Abhandlungen des Majors Fraser gelesen, welcher als erster das Fischen auf Lachse mit der Trockenfliege praktizierte und propagierte und auch verschiedene Fliegen hierfür angab. Seine Idee wurde von einem anderen Lachsangler ausgebaut, welcher als besonders wirkungsvoll einen braunen schwimmenden Palmer angibt. Nun wußte ich einen guten Huchen in einem kleinen Flusse in meiner Nachbarschaft, welchen ich den ganzen Sommer hindurch jedesmal unter einem unterwaschenen Ufer, gegen welches das Wasser über eine Schotterbank heranbrückte, stehen sah. Wenn man sich dieser Stelle näherte, flüchtete er aus dem kaum 20 cm tiefen Wasser ein Stück stromauf ans andere Ufer, wo er sich unter die Wurzeln eines Baumes stellte und ihm nicht beizukommen war.

Ich beschloß also, den Versuch zu machen, ihm einen von den eben erwähnten Palmern trocken anzubieten, indem ich mich an der Schotterbank weit von untenher flußaufwärts kriechend, unbemerkt seinem Standplatze auf Wurfdistanz näherte und die Fliege nach den Angaben des Engländers knapp vor, aber seitlich von seinem Kopfe aufs Wasser setzte. Mich interessierte nun das Verhalten des Fisches. Der englische Autor sagt, daß der Lachs fast immer die Fliege passieren lasse, um sie dann, ihr nachfahrend, zu nehmen. Mein Huchen tat das gleiche, auch die anderen, welche ich nachher noch auf diese Weise erbeutete, und der Kampf und die glückliche Landung des Achtpfünders an einer 170 g schweren Forellengerte ist mir heute noch eine liebe Erinnerung an den ersten Versuch.

Seither habe ich noch eine Anzahl von Huchen mit der Trockenfliege erbeutet, welche ich mir allerdings immer vorher bestätigt hatte, und kann das Verfahren als sicher und sportlich hochbefriedigend wärmstens empfehlen, selbstredend mit dem Vorbehalt, daß die Verhältnisse dafür geeignet sind. Daß man aber zu diesem Zwecke nicht mit einer Federgewichtsgerte und 4 × Gutvorfach bewaffnet ans Werk gehen kann, glaube ich nicht besonders betonen zu müssen, wenn ich auch anderseits die Anschaffung einer speziellen Lachstrockenfliegengerte nicht als unbedingtes Muß ansehe.

Man kann über das Trockenfischen auf Huchen urteilen wie man wolle, aber eines steht fest: es ist eine reichfließende Quelle für den beobachtenden und naturliebenden Angler. Dieses Ansitzen und Pürschen ist unvergleichlich schöner und reizvoller als das stundenlange Gehen und Bewerfen der Wasserfläche, höchstens vergleichbar mit der Blattjagd auf einen alten, scheuen Bock oder der Jagd auf einen alten Feisthirsch, denn fast ebenso heimlich wie diese sind die größeren Huchen.

Und ebenso wie nach den ersteren wird man nach diesen manchen vergeblichen Pürschgang machen müssen, wenn man eben sein Trachten auf einen bestimmten Fisch eingestellt hat, was der Sache eine reizvollere Note mehr verleiht.

An und für sich erleidet diese herrliche Ausübung des Flugangelns schon eine einschneidende Beschränkung durch den rapid abnehmenden Stand an Huchen, ist aber meiner Ansicht nach besonders an den kleinen Huchenflüssen viel lohnender als das Spinnangeln. Als Winterfischerei kommt dieses an solchen Wässern ohnedies fast gar nicht in Frage, weil zu dieser Zeit nahezu regelmäßig der Wasserstand enorm niedrig ist, sehr niederschlagreiche Winter und Spätherbste ausgenommen. Bei Niederwasser beschränkt sich dann die Tätigkeit des Spinnanglers auf das Befischen einiger weniger guter Plätze und das Resultat ist gewöhnlich sehr bescheiden.

Der Flugangler dagegen hat eine vielfache Chance, gute Fische zu erbeuten und hohen Sport zu genießen, denn das muß doch der erbittertste Verfechter des ausschließlichen Spinnens auf Huchen zugeben, daß es keine so große Kunst ist, selbst einen Dreißigpfünder mit dem immerhin massiveren Spinnangelzeug zur Strecke zu bringen, daß hingegen aber der Fang eines solchen Fisches an der leichten Fluggerte, und sei es selbst eine doppelhändige, am einfachen Haken und einfachen Gutfaden als anglerische Leistung unendlich viel höher zu schätzen und zu bewerten ist.

Da man als Uferfischer sehr häufig in der Wahl des Landungsplatzes für den Fisch durch örtliche Verhältnisse beschränkt ist, so daß ein Stranden und nachheriges Herausheben mit der Hand vielfach direkt eine Unmöglichkeit ist, wird man sich zum Bergen des Fisches zur Benützung des Gaffs entschließen müssen. Wer es nicht vorzieht, zu diesem Behufe den kompendiösen Teleskopgaff mitzuführen, dem bleibt nichts übrig, als einen Gaffhaken zu benützen, welcher im Bedarfsfalle an Stelle des Landungsnetzes in dessen Stiel eingeschraubt werden muß. Das von Heintz angegebene zusammenklappbare Modell kann ich bestens empfehlen, nur möchte ich eine Modifikation seiner Anbringungsweise am Stiel vorschlagen, nämlich statt des gebräuchlichen Gewindes einen Bajonettverschluß, den man im Notfalle mit einer Hand bedienen kann. Allerdings muß das Netz auch damit versehen sein. Denn wenn man, ohne Träger oder Gefährten, allein im Gelände, erst das Netz vom Stiel abschrauben und dann den Gaff wieder einschrauben soll, weiß ich nicht, wie man das mit einer Hand gut machen kann, wenn man mit der anderen die Gerte führen und den Fisch halten muß. Überhaupt, da ich schon bei diesem Thema bin, wäre es meiner Ansicht nach viel besser, einfacher und solider, die Verbindung von Netz oder Gaffhaken mit dem Stil überhaupt durch einfaches Einschieben und Bajonettverschluß herzustellen, statt des veralteten Verschraubens. Jeder hat schon die Beobachtung gemacht, daß im Laufe der Zeit die Verschraubung locker wird. Ich habe mir vor einigen Jahren einen so konstruierten Gaff machen lassen und er funktioniert klaglos bei jeder Witterung, so daß ich diese Konstruktion wärmstens empfehlen kann.

Zum Schlusse dieses Kapitels darf ich es nicht unerwähnt lassen, daß sich die kleinen hölzernen Wobbelköder, besonders das Fly- und Trout-Oreno, für den Fang des Huchens an der Flugangel hervorragend bewährt haben und mir wiederholt Beute lieferten, wenn die Fliege nicht genommen wurde. Da in der warmen Jahreszeit die Huchen gerne an die seichteren Rollen und Schnellen gehen, wird man an solchen Stellen oft durch den Fang eines guten Fisches erfreut werden.

Die Seeforelle.

Infolge der verschiedenen klimatischen Auswirkungen einerseits und des nicht allzureichlichen Bestandes dieses herrlichen Fisches anderseits sowie der Tatsache, daß der Fang mit der Fliege weitaus nicht die Möglichkeiten eines Fanges bietet, wie die anderen Methoden, lassen es erklärlich erscheinen, daß die Mehrzahl der Flugangler sich dankbareren Beuteobjekten zuwendet, und daß man in der Fachpresse so gut wie gar nichts über einen Seeforellenfang an der Fliege verlauten hört.

Heintz stellt sie — und das mit Recht — als mit dem Lachse ebenbürtig hin, allerdings auch mit der Einschränkung, daß es eben zu den Seltenheiten gehört, eine Seeforelle an die Fliege zu bekommen, da sie, ein ausgesprochener Bewohner der Tiefe, nur zu Zeiten an der Oberfläche erscheint. Am meisten Aussicht hat man zu solchen Zeiten an der Einmündung von Bächen und Flüssen. Als Uferfischer hat man wenig Chancen, eine Seeforelle zu fangen. Aber auch der bootfahrende Angler hat vor ihm nur den einen Vorteil voraus, daß er sich einem jagenden und über Wasser schlagenden Fisch auf Wurfdistanz nähern kann.

Ansonst bleibt auch ihm nichts übrig, als die Seefläche mit der Fliege in näheren oder weiteren Würfen abzusuchen. Ob dieses Beginnen auch den Lohn für die immerhin strapaziöse Wurftätigkeit bringt, sei dahingestellt, jedenfalls ist der Erfolg fraglich.

Am ehesten hat man die Wahrscheinlichkeit, eine Seeforelle an der Oberfläche zum Steigen zu bringen, im Frühjahr nach der Schneeschmelze, dann unter dem Jahr nach einem Gewitter oder länger dauerndem Regen, ev. auch bei anhaltend auffrischendem Winde.

Heintz ist der Ansicht, daß man am Hallstättersee zur Maifliegenzeit Aussicht hätte, Seeforellen mit der „Blow line“ an natürlichen Maifliegen zu erbeuten. Ich hatte bis jetzt leider noch keine Gelegenheit, diese Ansicht in die Praxis umsetzen zu können, zweifle aber nicht, daß die Blowleine zu dieser Zeit Erfolg bringen kann. Allerdings hätte es zur Voraussetzung, daß man eine ganze Maifliegenschwarmzeit dort angelnd zubringen könnte, denn von dem Erfolg oder Mißerfolg eines kurzen Angelausfluges darf man keinen verallgemeinernden Schluß ziehen.

Zum Fange der Seeforelle werden Lachsfliegen mittlerer und kleinerer Nummern sowie Palmer und Zulus empfohlen. In Anbetracht dessen, daß die Seeforelle äußerst wehrhaft und kampfesfreudig ist, wird sich entweder die Führung einer leichten Lachsgerte oder eine kräftigen Forellengerte empfehlen, etwa von jener Ausführung, wie sie in England speziell von Hardy für die schweren Forellen in Neuseeland gebaut wird. Naturgemäß sind diese Gerten beträchtlich schwer, und eine solche fruchtlos stundenlang zu schwingen, ist recht ermüdend.

Zudem ist eine derartige Ausrüstung reichlich kostspielig und ich zweifle, daß sich mit Rücksicht auf den sehr problematischen Erfolg jemand leichthin zu ihrer Anschaffung entschließen wird. Und wer schon die Kosten der Reise und des sonstigen Aufenthaltes nicht scheut, der wird kaum gewillt sein, Seeforellen lediglich mit der Fliege erbeuten zu wollen, und sich aller Wahrscheinlichkeit nach auf erfolgversprechendere Methoden verlegen, höchstens daß er eine sich zufällig bietende Möglichkeit, die Fluggerte in Anwendung zu bringen, ausnützen wird. Das ist auch die Ansicht von Heintz, und man muß ihm rechtgeben, wenn er sagt, daß selbst zwei Bootangler, von denen der eine die Fliege, der zweite die Spinnangel führt, gleich wenig Chancen haben, einen Fisch zu erbeuten, wenn er nicht gerade in den oberflächlichen Wasserschichten und in Bootsnähe jagt.

Die Meerforelle.

In den deutschen Küstenflüssen wird der Angler vielfach Gelegenheit haben, diesem schönen Fische seine Fliegen anzubieten und mit ihm zu kämpfen. Wenn er auch im allgemeinen keine exorbitanten Größen und Gewichte erreicht, so sind doch Exemplare von vielen Pfunden nicht gerade selten. Da die Meerforelle dem Lachse täuschend ähnlich sieht, so ist die Ansicht von Heintz, daß die in deutschen Gewässern gefangenen Lachse meist Meerforellen gewesen seien, nicht gut zu bestreiten.

Die beste Saison für ihren Fang ist der Sommer; wenn ein Regen die Flüsse zum Steigen bringt, wandern die Meerforellen in diese hinauf, sonst leben sie vorzugsweise an der Mündung und treten nur im Verlaufe der Gezeiten in den Fluß ein und aus.

Für ihren Fang genügt eine gute Forellengerte. Als Fliegen werden in England eigene Muster erzeugt, ziemlich farbenprächtige

Phantasiefliegen an reichlich großen Haken. Nun hat sich aber eine große Zahl hervorragender Angler direkt auf den Fang der Meerforellen spezialisiert und nach der Ansicht dieser Kenner genügt die Größe der Fliegen in Hakennummer 10—8 und in den Ausführungen der Fliegen, wie sie zum Angeln auf die Bachforellen in den Seen verwendet werden; als wirkungsvollstes Muster bezeichnen sie die „Mallard and Claret“ (Weinrote mit Erpelfederflügel) und die berühmten Pennellfliegen. Auch sind diese Angler von den bislang meist gebrauchten Vorfächern aus feinem Lachsgut abgekommen und verwenden solche von gezogenem Gut in den Stärken ¼× bis 1×. Nach der Ansicht der neuesten Autoren ist das dankbarste Fischen bei Nacht in stillen dunklen Nächten, indem man sich bei Tage schon die Standplätze für die Nacht ausmacht und zu diesen dann bei beginnender Dämmerung hinwatet. Man bleibt an seinem Platze stehen und wirft die Umgebung ab, jeweils mit kürzerer oder längerer Leine, ähnlich wie ich es beim nächtlichen Forellenfang beschrieben habe.

Die besten Plätze hierfür sind die Mündungen der Flüsse in das Meer, allerdings muß man über die Wasserstände bei Ebbe und Flut genau unterrichtet sein, wenn man nicht in unangenehme und gefährliche Situationen kommen will. Nun besitzt doch Deutschland eine Menge kleinerer und größerer Küstenflüsse, welche alle Eigenschaften aufweisen, welche die englischen Flüsse, die für den Fang der Meerforellen in Betracht kommen, besitzen.

Da man in der Fachpresse so ziemlich gar nichts vom Fange der Meerforelle liest, muß man geradezu annehmen, daß viele Angler jener Gebiete gar nicht wissen, was für köstlichen Sport ihnen ihre Flußläufe bieten und vielleicht fühlt sich mancher durch diese Zeilen veranlaßt, den Fang der Meerforelle an der Fliege zu versuchen.

Als Kämpfer gibt sie dem Lachse wenig nach, weite scharfe Fluchten, wilde Sprünge übers Wasser, das ist ihre Kampfesweise. Es ist sehr anzuraten, Rollen von größerem Durchmesser, mindestens 8—9 cm, und sehr leichtem Lauf, womöglich mit Kugellager, zu führen, welche aber trotzdem eine sehr exakte, wenn auch weiche Hemmung haben müssen. Ein Anhieb, besonders bei Nacht, erübrigt sich, da der Fisch die Fliege erfaßt und sich stromabwendend selbst den Widerhaken ins Fleisch rennt. Um so wichtiger ist aber die Möglichkeit des leichten Ablaufes der Rolle trotz der vorgelegten Hemmung und jene des raschen Einrollens. Ebenso wichtig ist ein recht geräumiges Landungsnetz, das ja trotz seiner Größe namentlich bei der Nachtfischerei nicht stört.

Die Nichtsalmoniden.

Es war bis vor kurzem eine weitverbreitete irrige Ansicht vieler Angler, daß sie von dem hohen Sport des Flugangelns ausgeschlossen seien, weil ihr Wasser keine Salmoniden enthielt. Als ob es einzig und allein darauf ankäme und andere Fische für den Flugangler nicht in Frage kämen. Warum sich diese Idee so in den Köpfen und Herzen festgewurzelt hat, ist schwer zu sagen, aber die Tatsache ist nicht zu leugnen. Viel mag dazu beigetragen haben, daß die Nichtsalmoniden seit altersher ein für allemal als Hauptdomäne des Grundanglers bezeichnet wurden und die ältere Literatur diese Einteilung beibehielt. Wenn sich dann auch in den einzelnen Kapiteln über den Fang der und jener Fischgattung eine mehr oder minder kurze Bemerkung fand, daß man diese auch mit der Kunstfliege erbeuten könne, so war das für den Durchschnittsangler viel zu wenig gesagt, als daß er sich ernstlich daran gemacht hätte, zur Fliegengerte zu greifen, schon gar nicht, wenn er keinen Lehrer fand und in den Büchern das Erlernen der Flugangelkunst als ein geheimnisvolles Etwas geschildert wurde, welches sich nur unter den größten Schwierigkeiten und nur von dazu von Gott und der Natur besonders Auserwählten erlernen lasse.

Die Sache liegt nun aber ganz anders:

Erstens ist das Flugangeln keine Geheimwissenschaft, sondern an der Hand einer faßlichen Anleitung auch von jenen zu lernen, die nie einen eine Fluggerte handhaben sahen, und zweitens sind auch die Nichtsalmoniden ideale Beuteobjekte für den Flugangler, wenn dieser sich nicht seinerseits in die unmotivierte Idee verrannt hat, daß nur Forellen u. dgl. wert und würdig seien, mit der Fluggerte gefangen zu werden. Unser schöner Angelsport ist in seinem ganzen Wesen etwas Universelles, das in sich frei von jeder Zünftelei ist, welche leider nur durch uns selbst hineingetragen wird und wurde.

Mancher „zünftige“ Forellenfischer wird baß erstaunen, daß so ein ganz proletarischer Döbel ihm absolut nicht den Gefallen tut, nach seinen Fliegen zu steigen und wird zur Einsicht kommen, daß er noch verschiedenes hinzuzulernen hat.

Daher soll man von Haus aus das engherzige Zunftwesen aus unserem Sporte entfernen, weil es mit dessen Geist und Wesen unvereinbar ist und jeder trachte, von diesem Geiste so viel wie möglich zu erfassen und sich so vielseitig auszubilden, als ihm die gegebenen Verhältnisse erlauben. Wer die Gelegenheit nicht nützt, welche sich ihm bietet, wer wider bessere Erkenntnis sich gegen Neues und Gutes sträubt und verschließt, der gleicht dem Manne, der sein anvertrautes Pfund in die Erde grub, statt damit zu wuchern, und sündigt gegen den erhabenen Geist unseres Angelsportes. Darum sage ich allen, die es hören wollen: Ihr seid vom hohen Sport nicht deshalb ausgeschlossen, weil keine Salmoniden eure Wasser bevölkern, sondern deshalb, weil ihr euch selbst davon ausschließt.

Nicht das, „was“ er fängt, sondern das, „wie“ er fängt und wie er's treibt, charakterisiert den wahren Angler und bestimmt seinen persönlichen Wert und den des von ihm betriebenen Angelns.

Darum greift getrost zur Fliegengerte und überzeugt euch durch eigene Erfahrung, daß es auch guter, ehrlicher und hoher Sport ist, Nichtsalmoniden mit dem Gebilde aus Seide, Haar und Federn zu fangen, wenn man's kunstgerecht und weidgerecht treibt.

Der Döbel oder das Aitel.

Ihn habe ich von den Nichtsalmoniden an erste Stelle gesetzt, einmal weil er von allen der bestgekannte und weitest verbreitete ist, zum andern Male, weil er von allen der am schwersten zu fangende ist, trotz seiner Gefräßigkeit, die nichts verschmäht. Man betrachte ihn nur, wie er an heißen Sommertagen im Schatten der Uferbäume steht, still, bewegungslos, scheinbar apathisch und doch ist alles an ihm auf sofortiges Verschwinden gestimmt, sobald das geringste Verdächtige auftaucht. Versuch's, wirf ihm die Fliege vor sein gefräßiges Maul, ob er sie nimmt?

Bestimmt nicht, aber lautlos gleitet er in die schützende Tiefe. Das ist unser Döbel, der Verachtete, der Minderwertige. Ich meine gewiß nicht jene ungenießbaren, unappetitlichen Vertreter seiner Art, die man in den Kanalmündungen der Städte stehen sieht, aber den Döbel des reinen, strömenden Wassers, das ist ein ganz anderer Geselle. Und wenn man ihn erst einmal mit der zarten Fluggerte zu drillen hat und der Bursche am anderen Ende der Schnur zwei oder drei Pfund wiegt, dann staunt man, was er für kräftige Risse machen kann und wie langsam er klein beigibt.

Wenn im Frühjahre das Wasser anfängt, sich zu erwärmen und die Sonne ihn zur Oberfläche lockt, dann kann man ihm schon die Fliege anbieten und ihn dann, ausgenommen die Laichzeit, das ganze Jahr hindurch bis in den Herbst, so lange dieser sonnig und warm ist und das Wasser sich nicht zu schnell abkühlt, fangen.

In den Gewässern, wo er neben Forellen und Äschen vorkommt, schnappt er gelegentlich auch noch die für jene bestimmten Fliegen, wenn auch selten und nicht gerade die größten seiner Gattung, denn der Döbel ist ein Freund großer Bissen. Die viel bewährte Schneidersche Aitelfliege, große Palmer, Zulu, Alexandra, das sind die richtigen Sorten, recht dick und buschig. In England sind die Spezialfliegen für Aitel mit einem Schweif aus weißem Waschleder versehen, ich habe aber nicht gefunden, daß sie deshalb fängiger wären, als solche ohne Beigabe.

Viel wichtiger ist es, die Fliege richtig zu werfen und zu führen und vor allem keine zu dicken Vorfächer zu nehmen: 1 ×-Gut ist hinlänglich stark, auch für den schwersten Döbel, wenn es nur intakt und von bester Qualität ist. Im allgemeinen kann gerade zumeist vom Döbel gesagt werden: „Die Fische, die man stehen sieht, bekommt man am wenigsten". Es ist kaum zu glauben, wie vorsichtig der Bursche ist und wie empfindlich gegen Erschütterungen am Ufer, selbst wenn er weit draußen im Flusse steht. Kann man solchen hochstehenden Fischen nicht unter Ausnützung jeder kleinsten Deckung und das womöglich stromauf ankommen, dann lasse man sie besser in Ruhe und warte auf eine günstigere Gelegenheit. Als solche erweist sich ein warmer Wind, der das Wasser in ansehnliche Wellen hebt — dazu noch warmer Sonnenschein, dann kann man schon auf einen Erfolg hoffen, allerdings, eine Bedingung wenigstens für ruhiges oder sehr langsam strömendes Wasser ist und bleibt ein sehr genauer Wurf. Die Fliege muß knapp neben dem Kopf des Fisches einfallen; absolute Lautlosigkeit ist nicht gerade unbedingt erforderlich, denn ein großes Insekt, wie es ein Palmer imitiert, oder eine große Raupe, fallen ja auch nicht wie Schneeflocken auf den Wasserspiegel. Aber der Fisch darf keine Zeit zum Überlegen und Betrachten haben, andernfalls verzichtet er auf das Zugreifen. Darum mache man es sich zur Regel, lieber einen Leerwurf mehr als einen zu wenig zu machen, denn vom gelungenen ersten Wurf hängt der Erfolg ab. Im scharf rinnenden Wasser steht der Döbel zu Zeiten auch, besonders nach der Laichzeit, aber meist steht er in ruhigerem Wasser neben dem Strom oder im Rücklauf. Die großen Exemplare findet man stets nur dort.

Im allgemeinen liebt er mehr das Stauwasser und ruhige Gumpen und Tümpel, den Rand des Schilfwuchses, dort, wo die Schilfwand ein Eck bildet, hinter dem das Wasser fast stillsteht. Ferner liebt er den Stand unter überhängenden Bäumen und Stauden, wenn ihm die Strömungsverhältnisse zusagen. Die kleineren Exemplare bis zu einem Pfund und darüber findet man im ganzen Wasser oft einzeln, meist aber in größeren oder kleineren Schwärmen. Auch der große Döbel ist meist kein Einsiedler, sondern steht regelmäßig mit einigen Artgenossen zusammen.

Wenn der Döbel im ruhigen Wasser die Fliege auf den ersten Wurf nicht nimmt oder besser gesagt nicht nach deren ersten Einfall zugreift, dann lasse man ihm oder den anderen nicht viel Zeit zur genauen Betrachtung, sondern wiederhole den Wurf so rasch als möglich; beißt er dann auch nicht, dann gebe man den Versuch auf. Mitunter bewährt es sich, die Fliege in schnellenden Rucken übers Wasser zu ziehen, so ungefähr, wie eine Ruderwanze sich fortbewegt. Manchmal versagt auch dieses Verfahren. Wenn man zwei Fliegen am Vorfach hat, dann kann man versuchen, den Springer am Wasser tanzen oder auch besser kreisen zu lassen, so wie ein ins Wasser gefallenes Insekt darauf herumschwimmt, das geht aber nur, wenn man keine zu lange Leine draußen hat und die Fliege so buschig und von steifen Hecheln gebunden ist, daß sie auch ohne Ölung schwimmt. Jedenfalls ist der Fang des Döbels an der Fliege nicht die einfache Sache, wie man anzunehmen geneigt wäre, und viel öfter ist das erzielte Resultat weit unter der Erwartung, namentlich im offenen Wasser und ganz besonders an Seen.

Die besten Strecken erzielt man regelmäßig am Abfluß von Mühlgerinnen, Gräben, Bächen und Turbinenanlagen sowie an Schleusen, wenn man die Fliege vom Strom ins Hinterwasser treiben läßt.

An solchen Stellen bewähren sich auch die kleinen Fly Orenos hervorragend, von denen ich die mit grünem Rücken und gelbem Bauch als die fängigsten bezeichnen kann. In früheren Zeiten fing ich viele und große Döbel an einem kleinen Federkielphantom, aber auch die kleinen Löffelchen bringen mitunter gute Beute.

So gierig sich der Döbel auf einen Grundköder stürzt, den er für gewöhnlich so blitzschnell raubt, daß ein unaufmerksamer Angler mit dem Anhieb zu spät kommt, so langsam und vorsichtig, um nicht zu sagen phlegmatisch, nimmt er die Fliege, weniger im rinnenden Wasser, da ihn dieses doch zu rascherem Zugriff zwingt, als im ruhigen. Wer an den raschen oder a tempo-Anhieb von anderen Fischarten her gewöhnt ist, wird im Anfang regelmäßig die Fliege vom Wasser nehmen, ehe der Döbel richtig sein Maul geöffnet hat. Es empfiehlt sich also, in den Anhieb ebensoviel Phlegma hineinzulegen als die Gegenseite beim Anbiß zur Schau trägt und erst dann das Handgelenk in Bewegung zu setzen, wenn die Wasseroberfläche den gewissen „Schwall" zeigt, welchen der Döbel erzeugt, wenn er, die Fliege im Maule, sich wendet.

Also nicht früher, aber ja auch keinen Augenblick später, denn im nächsten Moment hat er das Truggebilde auch schon ausgespuckt.

Zur Schwarmzeit der Mai- und Brachkäfer kann man diese sehr gut mit der Fliegengerte werfen, da ihre harten Körper durch den Wurf nicht so leicht zerrissen werden wie die weichen Leiber anderer Insekten, so daß man mit ihnen auch weite Würfe machen kann. Bei ihrer Benützung kommt man mit dem Anhieb fast nie zu spät, da sie der Fisch stets gierig einschlürft und nicht mehr ausläßt, es wäre denn, er hätte sich an den vorstehenden Hakenspitzen verletzt. An sehr großen Flüssen, Altwässern und auf großen Teichen oder Seen ist es mitunter dankenswert, vom Boote aus die Fliege zu schleppen, 20 und mehr Meter seitlich hinter dem Boote, so daß sie vom Kielwasser bewegt wird. Ich habe dabei gefunden, daß das Rudern, wenn es nicht gar zu lärmend betrieben wird, die Fische nicht sonderlich beunruhigt. Besser ist es noch, besonders auf Seen, zu segeln, mit ganz wenig Leinwand, so daß das Boot gerade noch Fahrt macht und entlang den Schilfkanten und Grasbetten zu fahren, so daß die Fliege neben diesen hinstreift; das Wellenspiel, der Wind und die Fahrt geben ihr dann ein eigenes Leben. Wichtig ist aber bei dieser Art zu schleppen, daß Leine und Vorfach gut eingefettet sind, damit die Fliege nicht unter Wasser gezogen werde, sondern immer an der Oberfläche bleibe. Die Fliege selbst ist nicht zu fetten, wohl aber von Zeit zu Zeit durch Auspressen und darauffolgende Leerwürfe vom Wasser zu befreien und zu trocknen, damit sie besser schwimme. An solchen Wassern und bei nicht zu starkem, aber vor allem warmem Winde, kann man mitunter ungeahnte Beute mit der Blow-Leine machen, sowohl mit natürlichen Insekten als Köder, wie auch mit Kunstfliegen, die man da und dort, wo man Fische vermutet, auf die Wasseroberfläche wehen läßt. Auch hierbei ist es stets von mehr Vorteil, Schilfstauden und Grasbetten oder Wasserrosenbeete abzusuchen, als das offene Wasser. Wo der Wind Schaumstreifen treibt, wird man auch mit Sicherheit einen Döbel erbeuten, wenn man seinen Köder in jenen richtig zu setzen vermag. Auch bei dieser Art zu fischen vergesse man nicht, die Fliege ab und zu vom angezogenen Wasser zu befreien und zu trocknen. Zum Schleppen und zum Blowleinefischen empfehlen sich recht große Fliegen, besonders Palmer mit sehr steifen und reichlichen Hecheln. Zu Zeiten und an manchen Wässern sind Haken Nr. 1 oder 1/0 (alter Skala) durchaus nicht zu groß.

Alles in allem: ich wüßte keinen Fisch, der wie der Döbel so geeignet wäre, Flugangler zu reizen, auszubilden und vor Probleme zu stellen; der außerdem noch den Vorzug besitzt, überall vorzukommen und für jedermann als Fangobjekt erreichbar zu sein.

Der Häsling oder Hasel.

Als nächster Verwandter zum Döbel, dem er in Gestalt und auch in der Farbe täuschend ähnlich sieht, unterscheidet er sich von diesem oft nur durch die Form der Afterflosse, welche bei ihm einen Konkavrand besitzt. Es ist nur schade, daß dieser reizende Fisch nicht das weite Verbreitungsgebiet seines Vetters hat und nicht die Größe desselben erreicht, denn Hasel von einem Pfund sind seltene Exemplare. Meist wird er durchschnittlich nur ein halbes Pfund schwer.

Dafür gewährt sein Fang mit der Flugangel viel Vergnügen; er ist nicht so scheu und vorsichtig wie der Döbel, im Gegenteil, er beißt mit Gier, und aus einem Schwarm Häsel kann man einige herausfangen, ehe die anderen mißtrauisch werden.

Zu seinem Fange dienen die landläufigen Forellenfliegen in kleinen Hakennummern, etwa 2 oder 1 neuer Skala. Besonders gut bewähren sich solche mit goldenem oder silbernem Körper, wie Wickhams Fliege oder Butcher, ferner der Kutscher oder die orange oder gelben Spinnenfliegen mit Goldfaden und schwarzen Hecheln.

Er steht sowohl in der Strömung wie auch im ruhigen Wasser am Auslaufe einer Rolle oder in einem Rücklauf. Wo er besonders häufig vorkommt, das ist zumeist in den Flüssen der Vorberge und der Ebene, teils in der Äschenregion oder an der Grenze dieser gegen die Barbenregion, teilweise auch in dieser kann man große Strecken erzielen.

Wenn er auch etwas grätig ist, hat er doch ein sehr wohlschmeckendes Fleisch und liefert daher auch einen nicht zu verschmähenden Beitrag für den Tisch.

Eigentümlicherweise ist er nicht in jedem Wasser daheim oder wenigstens nicht gleich häufig. In den sehr kalten und meist reißenden typischen Alpenflüssen fehlt er nahezu ganz, wenigstens im Oberlaufe. Auch liebt er keinen felsigen oder grobschotterigen Grund, vielmehr feinkiesigen oder sandigen und schon etwas höhere Wassertemperaturen. Trotzdem ist er bei gleichen Lebensbedingungen in manchem Wasser sehr spärlich vertreten, ohne daß man dafür eine Erklärung hätte.

Was an ihm besonders zu schätzen ist, ist die Tatsache, daß er, wie schon erwähnt, nicht besonders scheu und vorsichtig, aber auch schon gar nicht launisch ist, sondern gern und willig nach der Fliege steigt. Für einen Anfänger im Flugangeln ist er nebst der Laube unbedingt das dankbarste Lehrobjekt, denn selbst ungeschickte Würfe vergrämen ihn nicht allzu leicht und schnell und was anderseits sein Tempo im Angriff anbelangt, so steht dies nicht viel hinter jenem der Forellen und Äschen, so daß man am Fang des Hasels eine gute Schule für den Anhieb bekommt.

Man kann auf ihn mit der nassen und trockenen Fliege mit gleich gutem Erfolge angeln und daß er in der heißesten Tageszeit der Hochsommermonate, wo man kaum mit dem Fange einer Forelle oder Äsche rechnen darf, unbeirrt an die Angel geht, macht ihn uns doppelt sympathisch.

Ein besonderes Angelzeug ist zu seinem Fange nicht nötig, höchstens daß man feinere Vorfächer nehmen mag, etwa bis zu 3 × oder 4 × abnehmend, als für die anderen Fische, und wie gesagt, kleine Fliegen.

Von einem Drill kann man bei der durchschnittlichen Kleinheit des Hasels nicht viel reden, auch die ausnahmsweise großen Exemplare sind rasch abgekämpft, lediglich durch den elastischen Widerstand der Gerte. Nur behandle man den Fisch beim Hereinbringen zart, weil er ein sehr weiches Maul hat, aus dem die feindrähtigen Häkchen leicht ausschneiden.

Die Plötze und die Rotfeder.

Ich beschreibe den Fang dieser beiden Fische miteinander, schon aus dem Grunde, weil die beiden nebeneinander vorkommen und leben.

In großen Flüssen und Strömen wird man allerdings im offenen Strom auf den einen oder anderen nicht viel mit der Flugangel ausrichten, es wäre denn gerade, daß jene Seitenarme und Altwässer hätten, mit Grasbetten und Schilfbestand und nicht zu großer Tiefe.

An solchen Plätzen kann man hinwider sehr gute Strecken erzielen, besonders dann, wenn die Schilfbestände nicht mauerartig dick sind, sondern mehr inselförmige Anordnung besitzen. Seerosenbetten sind ein weiterer günstiger Fleck, ebenso Grasbetten; welche teilweise bis zur Oberfläche reichen. In ausgedehnteren Altwässern und in Seen wird ein Boot eine große Hilfe sein, da man in ihm die verschiedenen Standplätze abpürschen kann. In kleineren Flüssen dagegen wird man als Uferfischer überall sein Auskommen finden.

Plötze und Rotfeder kommen für die Flugangel nur in den heißesten Monaten richtig in Betracht, wenn die Sonne grell aufs Wasser herniederscheint und höchstens ein leises Lüftchen den Wasserspiegel zart kräuselt. Dann stehen beide nahe der Oberfläche, an den Schilfkanten, unter den Wasserrosen und in den Grasbetten.

Man angelt mit feinen Vorfächern aus 3 × oder 4 × Gut am besten mit nur einer Fliege in kleinen Hakengrößen, Nummer 1 oder 0 (neuer Skala). Als bewährt gelten: der Kutscher, aber auch die Wickham mit Goldleib, der Butcher mit Silberleib, die Hasenohrfliege und an manchen Wässern schwarze und rote Ameisenfliegen und zur Schwarmzeit eine weißgraue Fliege um Mitte August, dort, wo der Weißwurm (Oligonuria) vorkommt.

Man angelt in der Manier der Trockenfliege, Schnur und Vorfach gefettet, ich habe es für besser gefunden, die Fliege selbst nicht zu fetten. Aber abweichend von der korrekten Trockenfliegenfischerei ist es gut, die Fliege übers Wasser zu ziehen.

Man wirft im offenen Wasser auf den Strom, meist sieht man ja die Fische direkt stehen und setzt ihnen dann die Fliege knapp vor die Nase, aber seitlich davon.

Während man die Plötzen nahezu immer in den Stellen neben der Strömung findet, wo das Wasser gleichmäßig fließt oder steht, wird man die Rotfeder an den seichteren Stellen, wo das Wasser über Kies und Schotter fließt, also in einer Schnelle oder Rolle, ev. noch in deren Auslauf oder am Rande einer Schotterbank suchen müssen, wenn man den Wurf auf Geratewohl macht. Im ruhigen Wasser und im See sucht man, wenn man gerade keine Fische stehen sieht, die Kanten, Buchten und Ecken der Schilfgehege ab, die Lücken zwischen den Seerosen und in den Grasbänken sowie deren Ränder. Die Fliege soll leicht auf das Wasser fallen.

Plötze und Rotfeder beißen ziemlich rasch und energisch. Größere Exemplare liefern auch einen kleinen Kampf. Die Fliegenfischerei auf beide ist unter Umständen sehr lohnend. Bedingung auf Erfolg ist aber immer warmes, sonniges Wetter, klares Wasser und niedriger Stand desselben, leichter Wind ist mitunter von Vorteil. Da zu solcher Zeit das Angeln mit anderen Methoden ohnedies nicht sehr lohnend und auch nicht sehr aussichtsreich ist, hat man wenigstens eine Chance, die Fische mit der eleganten Flugangel zu erbeuten und einen interessanten Sport ausüben zu können.

Der Rapfen oder Schied.

Es ist fast nicht zu glauben, aber es ist eine Tatsache, daß es auch heute noch eine Menge Angler gibt, welche diesen schönen und interessanten Fisch nie gefangen haben, trotzdem er in ihren Fischwassern recht zahlreich vorkommt. Noch verwunderlicher ist es, daß der Rapfen in manchen Gegenden als „Brassen" und in manchen sogar als „Asch" bezeichnet wird, und den Leuten nicht beizubringen ist, daß es doch ein von diesen Gattungen grundverschiedener Fisch ist.

Mag es nun sein wie es wolle, der Rapfen ist dort, wo er vorkommt, einer der idealsten Fische für den Fang mit der Flugangel. Schon die Tatsache, daß er beachtenswert groß wird, 2, 3 und 4 kg schwere Fische sind nichts Außergewöhnliches, geht er vehement an die Fliege und liefert einen aufregenden Drill. Gründe genug dafür, daß es genug Spezialisten gibt, welche den Rapfenfang mit der Flugangel unter Umständen sogar der Forellenfischerei vorziehen.

Sobald das Wasser anfängt warm zu werden, also in normalen Jahren im Mai, kommt der Rapfen aus seinem Winterquartier, den tiefen, ruhigen Wasserlöchern und Gumpen, an die Wasseroberfläche, weil die Lauben, seine Hauptnahrung, auch in die höheren und warmen Wasserschichten übersiedeln. Dort, wo man Laubenschwärme beobachten kann, wird man auch die Anwesenheit eines Schied annehmen dürfen.

Als guter Schwimmer steht er auch im Strom, wenn er auch gemeinhin das ruhigere Hinterwasser an Uferleitwerken, Hafenein- und -ausgängen, ferner Wehrtümpel, Rückläufe an den Schleusen und Mühlgerinnen vorzieht. Sehr gerne steht er auch im Einlauf eines Seitenarmes oder Altwassers sowie in und an der Mündung eines Zuflusses. Nichtsdestoweniger aber steht er auch — und gar nicht selten — direkt im Überfall eines Wehres.

Zu seinem Fange genügt eine gute einhändige Forellengerte. Das Vorfach kann man von kräftigerem Gut nehmen, Regular, oder auch, wo sehr große Fische vorkommen, Padron und vor allem große Fliegen, denn wie der Döbel liebt auch er nicht zu kleine Bissen. Hakengröße von 4—1 (alter Skala) sind eben recht und als Fliegen sind der Soldatenpalmer und die Alexandra diejenigen, mit welchen ich die meisten und größten Schiede erbeutet habe. Gut sind auch die verschiedenen Palmer und Zulu, schwarz und rot, sowie Löffelchen und Kielphantome.

Da er sich auf alles gierig stürzt, was in seinem Bereiche auftaucht und halbwegs genießbar und vor allem lebendig ausschaut, ist es wichtig, der Fliege Leben zu geben, also nicht bloß sie schwimmen zu lassen, sondern sie durchs Wasser zu führen, hebend und senkend, dann in langen oder kurzen Rucken und Zügen, und endlich sie ruckweise knapp am Ufer bis zu sich zu führen, ihr immer durch einen Ruck neuen Impuls gebend.

Ein alter Rapfenspezialist versah seine Fliegen mit mehreren, einige Zentimeter langen Schweiffäden aus weißer und roter Wolle, von denen er behauptete, daß sie zum Lebenderscheinen der Fliege viel beitragen. Ich zweifle nicht daran, daß die in der Strömung flottierenden Fäden irgendeine Ähnlichkeit mit Würmern, Flossen usw. haben. Ein anderer Rapfenfischer meiner Bekanntschaft band als Schweif einen schmalen, 5—6 cm langen Streifen aus Schweinsschwarte ein und ich gestehe, daß ich es im Hinblick auf seine Erfolge nachmachte und tatsächlich fand, daß so armierte Fliegen auf den Fisch geradezu unwiderstehlich wirkten. Jahre später lernte ich dann in Amerika die Verwendung von Schweinsschwarte zum Angeln auf den Baß kennen, sowohl allein wie in Verbindung mit Kunstfliegen wie mit Spinnern. Auch hier nur zu dem Zwecke, dem Köder mehr Leben zu geben, da ja der Baß auch einen lebendig scheinenden Köder verlangt.

Diese Schwarte bekommt man heute in jeder Angelgerätehandlung konserviert als amerikanische Spezialität fertig zu kaufen, sogar außer in der Naturfarbe grün und rot gefärbt. Außerdem eine

Imitation aus Gummi, welche auch nicht schlecht ist. Ich kann diese Zugabe tatsächlich bestens empfehlen, da ich mit ihr die besten Erfahrungen gemacht habe.

Wenn man einen Rapfen jagen sieht, dann kann man bei einiger Übung getrost behaupten, er sei auch schon gefangen, denn man braucht nur das Wasser sorgfältig abzufischen. Beißt er nicht gleich beim ersten Abgehen der Strecke, dann kann man ruhig wieder von oben anfangen und das so lange wiederholen, bis er tatsächlich nach dem Köder steigt. Das läßt sich nicht leicht ein anderer Fisch so geduldig gefallen. Und selbst nach einem mißlungenen Angriff läßt er sich binnen kurzem zu einem neuen verleiten, wenn man nur immer wieder die Fliege recht lebendig führt und sie durch alle Wasserschichten zu bringen versteht.

Der Anbiß des Fisches erfolgt vehement, aber trotzdem darf man den Anhieb nicht übereilen, da der Rapfen erst eine Drehung machen muß, um mit seinem Maule den Köder zu fassen. Hat er gefaßt, dann ist ein Anhieb eigentlich nicht mehr nötig, da er sich meist allein durch sein Ungestüm den Widerhaken einrennt. Wie ich schon andeutete: man fischt stromab, also mit nasser Fliege, von denen man in Anbetracht ihrer Größe und Schwere am besten nur eine führt, um die Gerte nicht zu überanstrengen. Der Wurf erfolgt am besten nicht direkt über den Strom und sei im Anfang nicht zu weit. Meist steht auch der Fisch nicht direkt im Strom, sondern daneben oder im ruhigen Wasser zwischen zwei Strömungen, wie es am Ende von Uferleitwerken, an Hafenspitzen u. dgl. Orten meist der Fall ist. An einem Wehr werfe man zuerst stromauf, direkt in den Überfall, und lasse die Fliege von diesem herunterbringen. Die Rapfen stehen hier meistens unter oder besser gesagt hinter dem überfallenden Wasser, wo es ruhig ist, im Schutze der Wehrkrone und warten auf die ihnen zutreibende Beute. Das Befischen des Wehrtümpels bzw. der Rückläufe und Wirbel in demselben hebe man sich für später auf.

Im Drill ist der Rapfen kein zu verachtender Gegner und liefert an dem leichten Flugangelzeug einen interessanten Kampf von längerer Dauer und größerer Heftigkeit, als man ihn erlebt, wenn man den Fisch an der unvergleichlich schwereren und kräftigeren Grund- oder Spinnangel fängt. Da der Rapfen in großen Rissen kämpft, ist es von Vorteil, hinter der Wurfschnur eine ansehnliche Menge Verlängerung auf der Rolle zu haben. Man braucht nicht ängstlich zu sein, daß der Haken ausschneide, denn erstens tut das ein großer Haken nicht so leicht, zweitens hat der Rapfen ein hartes Maul und drittens faßt er so gierig zu, daß der Haken nahezu immer irgendwo tief drin im Rachen sitzt, so daß auch ein langer Kampf ihn nicht locker werden läßt.

Wer in seinem Wasser Rapfen hat, der soll sich die Gelegenheit nicht entgehen lassen, ihnen mit der Flugangel nachzustellen, schon gar nicht, wenn der Bestand ein guter ist und die Fische ansehnliche Größen erreichen. Aber wie mich eine lange Erfahrung gelehrt hat, wissen die wenigsten, was für herrlicher Sport ihnen geboten wäre, wenn sie sich dazu entschließen könnten, die Grund- oder Fischchengerte mit der Fluggerte zu vertauschen, welche in den Augen der überwiegenden Mehrzahl der Grundangler ganz zu unrecht noch immer als das Spezialgerät und als unantastbares Vorrecht der Salmonidenangler angesehen wird.

Laube (Ukelei) und Schneider

sind äußerst dankbare Objekte für die Flugangel, vornehmlich die erstere. Für den angehenden Flugangler ist sie wohl das Beste, um sich den weichen, leichten Wurf und vor allem jene weiche Bewegung anzueignen und das Fühlen der Fliege beim Rückschwung zu erlernen. Es ist nicht die Massenstrecke, welche man im Laufe kurzer Zeit erzielen kann, wenn anders es auch ganz angenehm ist, sich auf so kurzweilige und doch kunstvolle Art einen Vorrat von Köderfischen zu beschaffen, als vielmehr die Tatsache, daß man an keinem Fisch so leicht und gut die Fliegenfischerei lernen kann, den Hasel vielleicht ausgenommen, was besonders für jene Angler wichtig ist, welche sonst keine oder wenig andere Gelegenheit zum Flugangeln haben.

Die Fischchen beißen unermüdlich, selbst wenn der Anfänger seine Würfe herzlich ungeschickt aufs Wasser placiert, was ihm in anderen Fällen unweigerlich jeden Erfolg von vorneherein ausschließen würde. Da die Lauben rasch beißen, wird auch Nervenleitung und Auge für den raschen Anhieb erzogen. Ich kann es jedem Anfänger nur raten, seine Fangübungen an Lauben zu beginnen, wenn er sonst keine anderen Gelegenheiten hat. Erreicht er dann die nötige Fertigkeit und Sicherheit in der Handhabung der Flugangel, dann kann er getrost jede andere Fischart mit ihr angeln.

Als Fliegen nimmt man kleinste Muster von schwarzen, roten oder gelben Spinnen oder Madenfliegen nach Baxmann an Haken Nr. 00 oder 0 neuer Skala.

Hecht, Zander und Barsch.

Ich fasse diese drei absichtlich in ein Kapitel zusammen. Im allgemeinen wird es nur wenig Flugangler geben, welche ihr Gerät mit Willen und Absicht eigens zum Fange dieser typischen Raubfische verwenden. Und doch kann man ganz ungeahnte Erfolge haben. In unserer Literatur, auch in der englischen, findet man nur sehr spärliche Andeutungen hierüber. Der Altmeister v. d. Borne hat zwar wiederholt bei der Besprechung von Lachsfliegen darauf hingewiesen, daß diese für den Fang unserer Raubfische mehr in Betracht gezogen werden sollen, ohne aber mehr darüber zu sagen. Aus früheren Zeiten erinnere ich mich, daß alte Angler mit eigenen Hechtfliegen ausgerüstet waren, doch scheint dieses Angeln in Vergessenheit geraten zu sein. Heintz erwähnt zwar die Hechtfliege zum Huchenfange, aber er führt sie an der Spinnangel. Und jene alten

Angler in meiner Jugendzeit führten auch keine Fliegen- bzw. Lachsruten, sondern handhabten die ziemlich plumpen Gebilde von gewöhnlichen Grundgerten, vielfach sogar ohne Rolle.

Als ich meine erste Lachsgerte bekam, erbte ich mit ihr auch eine Hechtfliege außer verschiedenen Lachsfliegen und ging daran, Hechte und Zander zu erbeuten, weil v. d. Bornes Buch und Angaben mich anregten, nachzuprüfen, was man damit erreichen könne.

Ganz ehrlich gestanden, ich zweifelte an der Erfolgsmöglichkeit; aber ich fing doch Hechte und Zander, allerdings nicht ein nennenswert großes Exemplar, obzwar ich Wasser befischte, welche beide Fischarten reichlich und in großen Stücken beherbergten. Zum mindesten die großen Hechte zeigten gar keine Neigung auf die ihnen gebotene Fliege, einerlei was es für eine war, zu beißen. Eher noch erbeutete ich einen leidlich guten Zander an großen Lachsfliegen, welche ich durch Beschwerung am Kopfe bis zum Grunde senken konnte, wie denn überhaupt das Angeln auf den einen wie auf den anderen in der Hauptsache nur ein Heben und Senken mit der Fliege ist, was die Lachsfischer „Pumpen" nennen, und von einer kunstvollen Führung nicht gesprochen werden kann. Nimmt man dazu die immerhin ermüdende Handhabung einer 17 Fuß langen Lachsrute und hält dagegen die verhältnismäßig recht bescheidenen Erfolge, so kann man sagen, daß die Methode, wenigstens was Hechte und Zander anbelangt, nicht übermäßig lohnend ist und gegen die anderen erheblich zurücksteht, soweit es sich um Angeln mit der Fliege als solches handelt.

Bessere Erfolge hatte ich unleugbar, wenn ich statt der Fliege ein Löffelchen oder Phantom, in späteren Zeiten einen Behmschen Kugelspinner führte.

Dafür hatte ich aber ganz unerwartete und ungeahnte Erfolge auf große Barsche, wenn ich mit möglichst glänzenden großen Lachsfliegen fischte. Noch besser wurde es, als ich die auffällige Beschwerung am Kopfe wegließ und dafür meine Fliegen in der Weise band, daß ich die Beschwerung in den Körper hinein verlegte. Ich fing auf diese Weise zum Erstaunen meiner damaligen Angelkollegen eine Menge Barsche zu einer Zeit, wo dieselben Wurm- und Fischchenköder ignorierten, ganz besonders in den großen, tiefen und klaren Altwässern, welche zu unserem Fischereirevier gehörten. Auch meine Erfolge auf Zander besserten sich, seit ich die Fliegen mit Bleieinlage verwendete, aber wie gesagt, ich erinnere mich, nicht einen von ihnen gefangen zu haben, welcher mehr als vier Pfund gewogen hätte, auch in der March nicht, welche damals als der beste Zanderfluß galt.

Ich beschränkte mich in der Folge ganz darauf, nur Barsche mit der Fliege zu angeln und ging mit der Zeit von der schweren Lachsgerte zur einhändigen Fliegengerte über. Aus Bequemlichkeitsgründen, wenn ich auch ganz unumwunden zugebe, daß in vielen Fällen die Lachsrute vorteilhafter ist, besonders in Gewässern mit starken Gras- und Seerosenbeeten und Schilfwuchs.

Im rinnenden Wasser kommt man mit der Einhändigen vollkommen aus und wirft seine Fliege in Wirbel und Rückläufe, Mühlgerinne und Hinterwasser von Schleusen usw., besonders ruhige Buchten und Tümpel fische man gründlich ab.

Mit Rücksicht auf die schweren Fliegen muß man ein kräftigeres Vorfach nehmen aus Gut der Sorte Regular oder Padron, das aber nicht länger als 1,50 m zu sein braucht und vorteilhaft grün oder braun gefärbt ist. Wegen der Möglichkeit, daß doch ein Hecht die Fliege nimmt, habe ich nach verschiedenen Verlusten infolge durchgescheuerten oder abgesprengten Guts ein knappes Endchen, 5—6 cm, Stahl- oder Messingdraht zwischen Fliege und Vorfach eingeschaltet. Heute würde ich nur die feine Stahlseide „Soie d'acier Phénix" dünnster Sorte nehmen, wenn ich schon nicht daran denken würde, direkt das ganze Vorfach aus diesem nahezu unsichtlichen Materiale zu machen, welches äußerste Feinheit mit Schmiegsamkeit und enormer Festigkeit verbindet.

Später lernte ich — es war in Odessa im letzten Kriegsjahre — bei den dortigen Makrelenanglern ein Paternoster mit Kunstfliegen kennen, welches mir sofort als zum Barschfange außerordentlich brauchbar erschien. Auf meinem Urlaube versuchte ich es sofort auf einem galizischen Flusse und war durch den Erfolg mehr als überrascht. Die Sache ist sehr einfach. An einem Vorfach von 1½ bis 2 m Länge sind vier bis sechs Fliegen als Springer an ganz kurzen Gutfäden von nur 4 bis 5 cm Länge eingebunden, die unterste knapp über dem Blei. Die anderen in Abständen von ca. 25 bis 30 cm.

Die Fliegen selbst sind an Haken Nr. 1 alter Skala gebunden, weiß mit weißen Flügeln und breiter Silberrippung. Ich glaube aber, daß man ruhig auch eine Alexandra oder etwa eine Fliege mit Leib von Silber- oder Goldlametta mit schwarzen, roten oder hellblauen Hecheln mit dem gleichen oder vielleicht noch größerem Erfolge verwenden kann. Es käme ja nur auf den Versuch an. Ich selbst habe leider keine Gelegenheit, diese Methode weiter auszuüben oder auszubauen, weil ich kein Barschwasser zur Verfügung habe. Da sich aber dieses Verfahren mit den vorgenannten Fliegenmustern auch auf große Forellen hervorragend bewährt hat, habe ich nicht den geringsten Grund zu glauben, daß es auf Barsche versagen sollte. Jedenfalls gewährt das Angeln auf den Barsch mit der Fliege zur heißen Sommerzeit Aussicht auf ganz besondere Erfolge, welche man gerade zu dieser Zeit mit den anderen Angelmethoden nicht erreicht, und sollte mehr gepflegt werden und weiteren Anglerkreisen bekannt werden als bisher. Manch einer, der seine Angelrute gelangweilt bei Tag in die Ecke stellt, weil ja die Barsche nicht beißen sollen, wird dann finden, daß sie gerade die Fliege hervorragend nehmen und wird zur Überzeugung kommen, daß der Angelsport doch eine überraschende Vielseitigkeit in sich hat, wenn man sich nicht auf eine Methode versteift und auch einmal eine andere, scheinbar ganz außergewöhnliche, in Anwendung bringt.

III. Schlußwort.

Mit dem Endkapitel des vorliegenden Bandes schließe ich auch meine Bücherfolge „Angelsport".

Ich hoffe, daß meine Leser mit meinen Ausführungen in der Einleitung zum dritten Bande einverstanden sind, ebenso wie ich annehme, daß Sie mir nicht darob gram sein werden, wenn ich die in anderen Büchern enthaltenen Besprechungen über den Bachsaibling und die beiden amerikanischen „Baß"-Arten, den „groß"- und „kleinmauligen" Barsch nicht gebracht habe. Beide sind der Typus verunglückter Akklimatisations- und Einbürgerungsversuche, und ich gestehe, daß mich nichts so schmerzlich enttäuscht hat, als das Mißlingen der Einbürgerung der Barsche, auf welche der Altmeister v. d. Borne und mit ihm eine Menge Angler so große Hoffnungen gesetzt hatten. Doppelt schmerzlich ist die Enttäuschung für den, welcher das Glück hatte, auf diese einzigartigen Fische in ihrer Heimat angeln zu können, wo dieselben eine derartige Fülle aufregenden und interessanten Sports gewähren, wie kaum ein anderer Fisch diesseits oder jenseits des Ozeans, so daß es vom Standpunkte des sportfreudigen Anglers wirklich sehr zu bedauern ist, daß diese beiden Fremdlinge bei uns nicht heimisch wurden.

Aber anderseits, wenn sie sich wirklich in der Art bei uns entwickelt hätten, wie es Heintz in seinen Erfahrungen mit ihnen in heimischen Wassern schildert: daß von ihrer Eigenschaft als Sportfische höchster Klasse nichts übriggeblieben wäre, daß sie also weder für die Flug- noch für die Spinnangel als Beuteobjekte in Frage kommen, lediglich auf den vielen unsympathischen Wurmköder beißen und nichts von jener tollwütigen Wehrhaftigkeit mehr haben, welche ihnen in der Heimat die große Beliebtheit verschafft, brauchen wir um das Fehlschlagen des Einbürgerungsversuches nicht zu trauern.

Einen positiven Gewinn haben uns aber die verschiedenen Einbürgerungsversuche doch gebracht: wenn auch keine nennenswerte oder begrüßungswerte Bereicherung unserer Fischbestände, so doch die Erkenntnis, daß wir kontinentalen Angler, Fischer und Fischzüchter nichts besseres tun können, als mit aller Kraft und aller Hingebung an der Hebung unseres eigenen heimischen Fischbestandes zu arbeiten und vor allem an der Erhaltung und Hochzucht unserer wertvollen heimischen Fischrassen interessiert zu sein.

Diese Erkenntnis scheint heute schon ziemlich Allgemeingut geworden zu sein, auch bei den Behörden, welche zum größten Teile schon den Besatz mit Exoten, wenigstens in öffentlichen Gewässern, verbieten.

Ohne auf dem Standpunkte eines Kirchturmpolitikers oder chauvinistischen Lokalpatrioten zu stehen, muß man doch zugeben, daß es unsere erste und vornehmste Pflicht ist, das angestammte Vätererbe zu erhalten und zu mehren; die hierfür verwendete Mühe und Ausgaben kommen unserem eigenen Volkstum und unserer eigenen Wirtschaft zugute, und beide zu fördern und zu stützen ist heute mehr Pflicht und Notwendigkeit denn je. Und so übergebe ich denn diesen Band und mit ihm den ganzen „Angelsport“ den Händen und den kritischen Augen der Anglerwelt.

Was ich an verschiedenen Stellen des Buches wiederholt betont habe, wiederhole ich am Schlusse noch einmal: Wenn es auch ein Lehrbuch der Angelsports sein soll, so darf nie und nimmer daran gedacht werden, daß mich bei der Abfassung je der Gedanke erfüllt hätte, irgendwelche starre Regeln oder unanfechtbare Lehrsätze aufzustellen. Im Gegenteil, ich bin mir dessen bewußt, daß das, was heute neu ist, morgen veraltet und überholt sein wird; aber ich will und wollte mit meinem Werke den Brüdern der Petrusgilde ein Stück Boden bereiten, auf dem gedeihlich weitergearbeitet werden soll, damit unser Sport nicht verdorre, sondern sich gesund und ewig jugendfrisch weiterentwickle.

So bitte ich denn, diese Bände aufzufassen und zu nehmen als das, was sie sind — als die Wiedergabe eines langen und reichen Anglerlebens — nicht mehr und nicht weniger.

In diesem Sinne wünsche ich meinen lieben Lesern ein frohes

„Gut Wasserweid allewege“.

SCHUTZMARKE
Springer
Schnüre